清华
开发者书库

Arduino in Action

Game, Intelligent Hardware, Human-Computer Interaction, Smart Home and
Internet of Things Design in 30 Cases

Arduino实战指南

游戏开发、智能硬件、人机交互、智能家居
与物联网设计 30 例

李永华　王思野　高英◎编著

Li Yonghua　　Wang Siye　　Gao Ying

清华大学出版社

北京

<h1 style="text-align:center">内 容 简 介</h1>

本书系统论述了 Arduino 开源硬件的开发方法及 30 个完整项目开发案例。全书内容包括以下六部分：Arduino 项目设计基础、智能控制类开发案例、生活便捷类开发案例、物联网络类开发案例、人机交互类开发案例、其他创意类开发案例。

全书项目开发案例部分，详尽论述了实际开发案例，包括项目背景、功能及总体设计(含软件设计流程图、硬件电路图)、各种传感器和模块等。此外，对于所有实例，也给出了实际制作的产品机械结构、故障及问题分析、元器件清单等。本书案例的叙述采用由整体到部分，先模块后代码，创新思维与实践设计相结合，以符合读者的学习认知规律；同时，本书配套提供了项目案例的硬件设计图和源代码，供读者动手实践，二次开发。

本书可作为电子信息类专业的本科生教材，也可以作为智能硬件爱好者的参考用书；对于从事物联网、创新开发和设计的工程技术人员，也极具参考价值。

图书在版编目(CIP)数据

Arduino 实战指南：游戏开发、智能硬件、人机交互、智能家居与物联网设计 30 例/李永华，王思野，高英编著.--北京：清华大学出版社，2016 (2018.12 重印)
(清华开发者书库)
ISBN 978-7-302-44639-2

Ⅰ．①A…　Ⅱ．①李…　②王…　③高…　Ⅲ．①单片微型计算机－程序设计　Ⅳ．①TP368.1

中国版本图书馆 CIP 数据核字(2016)第 179433 号

责任编辑：盛东亮
封面设计：李召霞
责任校对：胡伟民
责任印制：宋　林

出版发行：清华大学出版社
　　　网　　　址：http://www.tup.com.cn，http://www.wqbook.com
　　　地　　　址：北京清华大学学研大厦 A 座　　　　　　邮　　编：100084
　　　社　总　机：010-62770175　　　　　　　　　　　　邮　　购：010-62786544
　　　投稿与读者服务：010-62776969，c-service@tup.tsinghua.edu.cn
　　　质量反馈：010-62772015，zhiliang@tup.tsinghua.edu.cn
　　　课件下载：http://www.tup.com.cn，010-62795954

印　装　者：三河市龙大印装有限公司
经　　销：全国新华书店
开　　本：186mm×240mm　　印　张：24.75　　　字　　数：618 千字
版　　次：2016 年 10 月第 1 版　　　　　　　　　印　　次：2018 年 12 月第 3 次印刷
定　　价：59.80 元

产品编号：068609-01

前 言
PREFACE

物联网、智能硬件和大数据技术给社会带来了巨大的冲击,个性化、定制化和智能化的硬件设备成为未来的发展趋势。"中国制造 2025"计划,德国的"工业 4.0",美国的"工业互联网",都是将人、数据和机器连接起来,其本质是工业的深度信息化,为未来智能社会的发展提供制造技术基础。

在"大众创业,万众创新"的时代背景下,人才的培养方法和模式,也应该满足当前的时代需求。作者依据当今信息社会的发展趋势,结合 Arduino 开源硬件的发展及智能硬件的发展要求,探索基于创新工程教育的基本方法,并将其提炼为适合我国国情、具有自身特色的创新实践教材。本书将实际教学中应用智能硬件的工程教学经验进行总结,包括具体的创新方法和开发案例,希望对教育界及工业界有所帮助,起到抛砖引玉的作用。

本书系统地介绍了如何利用 Arduino 平台进行产品开发,包括相关的设计、实现与产品制作。

本书的内容和素材,主要取自于作者所在的学校近几年承担的教育部和北京市的教育、教学改革项目和成果。北京邮电大学信息工程专业,通过基于 CDIO 工程教育方法的实施,使同学们的创新产品得到了实现。同学们不但学到了知识,提高了能力,而且为本书提供了第一手素材和资料。本书的主要内容包括六个方面:Arduino 项目设计基础、智能控制类开发案例、生活便捷类开发案例、物联网络类开发案例、人机交互类开发案例、其他创意类开发案例。

本书的编写得到了教育部电子信息类专业教学指导委员会、信息工程专业国家第一类特色专业建设项目、信息工程专业国家第二类特色专业建设项目、教育部 CDIO 工程教育模式研究与实践项目、教育部本科教学工程项目、信息工程专业北京市特色专业建设、北京邮电大学教学综合改革项目的大力支持,在此表示感谢!

同时,也特别感谢林家儒教授的鼎力支持和悉心指导,感谢谭扬、郑铖等研究生的大力协助,感谢北京邮电大学信息工程专业所有同学,感谢父母妻儿在精神上给予的支持与鼓励,才使得此书得以问世!

本书是北京市教育科学"十二五"规划重点课题(优先关注),得到了北京市职业教育产教融合专业建设模式研究(ADA15159)资助,特此表示感谢!

本书内容由总到分、先思考后实践,创新思维与实践案例相结合,以符合学习认知规律;同时,本书附有实际项目的硬件设计图和软件实现代码,供读者动手实践使用。本书可作为信息与通信工程学科的本科生教材,也可以作为智能硬件爱好者的参考用书,还可以为"创客"的需求分析、产品设计、产品实现提供帮助。

由于作者的水平有限,书中不当及错误之处在所难免,衷心地希望各位读者多提宝贵意见及具体的整改措施,以便作者进一步修改和完善。

李永华

于北京邮电大学

2016 年 7 月

目 录
CONTENTS

第 1 章

Arduino 项目设计基础

1.1　开源硬件简介

　　电子电路是人类社会发展的重要成果,早期的硬件设计和实现上,都是公开的,包括电子设备、电器设备、计算机设备以及各种外围设备的设计原理图,大家认为公开是十分正常的事情,所以,早期公开的设计图并不称为开源。1960 年左右,很多公司根据自身利益,选择了闭源,由此也就出现了贸易壁垒、技术壁垒、专利版权等问题,不同公司之间的互相起诉。例如,国内外的 IT 公司之间由于知识产权而法庭相见,屡见不鲜。虽然这种做法在一定程度上有利于公司自身的利益,但是,不利于小公司或者个体创新者的发展。特别是,在互联网进入 Web2.0 的个性化时代,更加需要开放、免费和开源的开发系统。

　　因此,在"大众创业,万众创新"的时代背景下,Web2.0 时代的开发者思考硬件是不是可以重新进行开源。电子爱好者、发烧友及广大的创客一直致力于开源的研究,推动开源的发展,最初从很小的东西发展,到现在已经有 3D 打印机、开源的单片机系统等。一般认为,开源硬件是指与开源软件采取相同的方式,进行设计各种电子硬件的总称。也就是说,开源硬件是考虑对软件以外的领域进行开源,是开源文化的一部分。开源硬件是可以自由传播硬件设计的各种详细信息,如电路图、材料清单和电路板布局数据,通常使用开源软件来驱动开源的硬件系统。本质上,共享逻辑设计、可编程的逻辑器件重构也是一种开源硬件,是通过硬件描述语言代码实现电路图共享。硬件描述语言通常用于芯片系统,也用于可编程逻辑阵列或直接用在专用集成电路中,这在当时称之为硬件描述语言模块或 IP cores。

　　众所周知,Android 就是开源软件之一,开源硬件和开源软件类似,通过开源软件可以更好地理解开源硬件,就是在之前已有硬件的基础之上进行二次开发。二者也有差别,即在复制成本上,开源软件的成本几乎是零,而开源硬件的复制成本较高。另外,开源硬件延伸着开源软件代码的定义,包括软件、电路原理图、材料清单、设计图等都使用开源许可协议,自由使用分享,完全以开源的方式去授权,避免了以往的 DIY 分享的授权问题;同时,开源硬件把开源软件常用的 GPL、CC 等协议规范带到硬件分享领域,为开源硬件的发展提供了规范。

1.2　Arduino 开源硬件

本节主要介绍 Arduino 开源硬件的各种开发板和扩展板的使用方法、Arduino 开发板的特性以及 Arduino 开源硬件的总体情况，以便更好地应用 Arduino 开源硬件进行开发创作。

1.2.1　Arduino 开发板

Arduino 开发板是基于开放原始代码的 Simple I/O 平台，并且具有使用类似 Java、C/C++语言的开发环境，可以快速使用 Arduino 语言与 Flash 或 Processing 软件，实现各种创新的作品。Arduino 开发板可以使用各种电子元件、如各种传感器、显示设备、通信设备、控制设备或其他可用设备。

Arduino 开发板也可以独立使用，成为与其他软件沟通的平台，如 Flash、Processing、Max/MSP、VVVV 或其他互动软件。Arduino 的开发板种类很多，包括 Arduino Uno、Yun、Due、Leonardo、Tre、Zero、Micro、Esplora、Mega、Mini、Nano、Fio、Pro 以及 LilyPad Arduino。随着开源硬件的发展，将会出现更多的开源产品。下面介绍几种典型的 Arduino 开发板。

如图 1-1 所示，Arduino Uno 是 Arduino USB 接口系列的常用版本，作为 Arduino 平台的参考标准模板。Arduino Uno 的处理器核心是 ATmega328，具有 14 路数字输入输出口（其中 6 路可作为 PWM 输出）、6 路模拟输入、1 个 16MHz 晶体振荡器、1 个 USB 口、1 个电源插座、1 个 ICSP header 和 1 个复位按钮。

如图 1-2 所示，Arduino Yun 是一款基于 ATmega32U4 和 Atheros AR9331 的单片机开发板。Atheros AR9331 可以运行基于 Linux 和 OpenWRT 的操作系统 Linino。这款单片机开发板具有内置的 Ethernet、WiFi、1 个 USB 端口、1 个 Micro 插槽、20 个数字输入输出端口（其中 7 个可以用于 PWM、12 个可以用于 ADC）、1 个 Micro USB、1 个 ICSP 插头和 3 个复位开关。

图 1-1　Arduino Uno

图 1-2　Arduino Yun

如图 1-3 所示,Arduino Due 是一块基于 Atmel SAM3X8E CPU 的微控制器板。它是第一块基于 32 位 ARM 核心的 Arduino 开发板,它有 54 个数字输入输出接口(其中 12 个可用于 PWM 输出)、12 个模拟输入口、4 路 UART 硬件串口、84 MHz 的时钟频率、1 个 USB OTG 接口、2 路 DAC(模数转换)、2 路 TWI、1 个电源插座、1 个 SPI 接口、1 个 JTAG 接口、1 个复位按键和 1 个擦写按键。

图 1-3　Arduino Due

如图 1-4 所示,Arduino Mega2560 也是采用 USB 接口的核心电路板,它最大的特点就是具有多达 54 路数字输入输出接口,特别适合需要大量输入输出接口的设计。Mega2560 的处理器核心是 ATmega2560,具有 54 路数字输入输出口(其中 16 路可作为 PWM 输出)、16 路模拟输入、4 路 UART 接口、1 个 16MHz 晶体振荡器、1 个 USB 口、1 个电源插座、1 个 ICSP header 和 1 个复位按钮。Arduino Mega2560 也能兼容为 Arduino Uno 设计的扩展板。Arduino Mega2560 已经发布到第三版,与前两版相比有以下新的特点:

(1) 在 AREF 处增加了两个引脚 SDA 和 SCL,支持 I^2C 接口;增加 IOREF 和 1 个预留引脚,将来扩展板能够兼容 5V 和 3.3V 核心板。改进了复位电路设计。USB 接口芯片由 ATmega16U2 替代了 ATmega8U2。

(2) Arduino Mega2560 可以通过 3 种方式供电:外部直流电源通过电源插座供电,电池连接电源连接器的 GND 和 VIN 引脚,USB 接口直接供电,而且能自动选择供电方式。

电源引脚说明如下:

(1) VIN:当外部直流电源接入电源插座时,可以通过 VIN 向外部供电,也可以通过此引脚向 Mega2560 直接供电;VIN 供电时将忽略从 USB 或者其他引脚接入的电源。

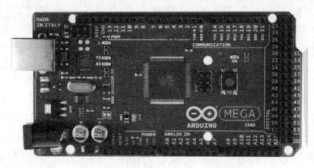

图 1-4　Arduino Mega2560 开发板

（2）5V：通过稳压器或 USB 的 5V 电压，为 Uno 上的 5V 芯片供电。

（3）3.3V：通过稳压器产生的 3.3V 电压，最大驱动电流 50mA。

（4）GND：接地引脚。

如图 1-5 所示，Arduino Leonardo 是一款基于 ATmega32u4 的微控制器板。它有 20 个数字输入输出引脚（其中 7 个可用作 PWM 输出、12 个可用作模拟输入）、1 个 16 MHz 晶体振荡器、1 个 Micro USB 连接、1 个电源插座、1 个 ICSP 头和 1 个复位按钮。它包含了支持微控制器所需的一切功能，只需通过 USB 电缆将其连至计算机或者通过电源适配器、电池为其供电即可使用。

Leonardo 与先前的所有电路板都不同，ATmega32u4 具有内置式 USB 通信，从而无须二级处理器。这样，除了虚拟（CDC）串行/通信端口，Leonardo 还可以充当计算机的鼠标和键盘，它对电路板的性能也会产生影响。

如图 1-6 所示，Arduino Ethernet 是一款基于 ATmega328 的微控制器板。它有 14 个数字输入/输出引脚、6 个模拟输入、1 个 16 MHz 晶体振荡器、1 个 RJ45 连接、1 个电源插座、1 个 ICSP 头和 1 个复位按钮。引脚 10、11、12 和 13 用于连接以太网模块，不能它用，可用引脚减至 9 个，其中 4 个可用作 PWM 输出。

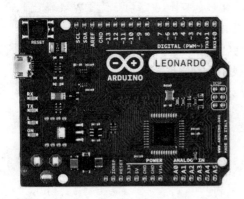

图 1-5　Arduino Leonardo

图 1-6　Arduino Ethernet

Arduino 以太网没有板载 USB 转串口驱动器芯片，但是有 1 个 Wiznet 以太网接口。该接口与以太网盾上的相同。板载 microSD 读卡器可用于存储文件，能够通过 SD 库进行访问。引脚 10 留作 Wiznet 接口，SD 卡的 SS 在引脚 4 上。6 引脚串行编程头与 USB 串口适配器兼容，与 FTDI USB 电缆或 Sparkfun 和 Adafruit FTDI 式基本 USB 转串口分线板也兼容。它支持自动复位，从而无须按下电路板上的复位按钮即可上传 sketch 程序代码。插入 USB 转串口适配器时，Arduino Ethernet 由适配器供电。

Arduino Robot 是一款有轮子的 Arduino 开发板，如图 1-7 所示。Robot 有控制板和电机板，每个电路板上有 1 个处理器，共 2 个处理器。电机板控制电机，控制板读取传感器的数值并决定如何操作。每个电路板都是完整的 Arduino 开发板，用 Arduino IDE 进行编程。电机和控制板都是基于 ATmega32u4 的微控制器板。Robot 将它的一些引脚映射到板载的传感器和制动器上。

图 1-7　Arduino Robot

　　Arduino Robot 编程的步骤与 Arduino Leonardo 类似,2 个处理器都有内置式 USB 通信,无须二级处理器,可以充当计算机的虚拟(CDC)串行/通信端口。Robot 有一系列预焊接连接器,所有连接器都标注在电路板上,通过 Robot 库映射到指定的端口上,从而使用标准 Arduino 函数,在 5V 电压下,每个引脚都可以提供或接受最高 40mA 的电流。

　　如图 1-8 所示,Arduino Nano 是一款小巧、全面、基于 ATmega 328 的开发板,与 Arduino Duemilanove 的功能类似,但封装不同,没有 DC 电源插座,采用 Mini-B USB 电缆。Nano 上的 14 个数字引脚都可用作输入或输出,利用 pinMode()、digitalWrite()和 digitalRead()函数可以对它们操作。工作电压为 5V,每个引脚都可以提供或接受最高 40mA 的电流,都有 1 个 20~50kΩ 的内部上拉电阻器(默认情况下断开)。Nano 有 8 个模拟输入,每个模拟输入都提供 10 位的分辨率(即 1024 个不同的数值)。默认情况下,它们的电压为 0~5V,可以利用 analogReference()函数改变其范围的上限值,模拟引脚 6 和 7 不能用作数字引脚。

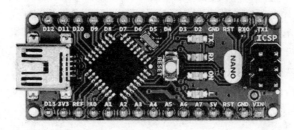

图 1-8　Arduino Nano

1.2.2　Arduino 扩展板

　　Arduino 开源硬件系列,除了主要开发板之外,还有与之配合使用的各种扩展板,可以插到开发板上增加额外的功能。选择适合的扩展板,可以增强系统开发的功能,常见的扩展板,如 Arduino Ethernet Shield、Arduino GSM Shield、Arduino Motor Shield、Arduino 9 Axes Motion Shield 等。

　　Arduino Ethernet Shield 如图 1-9 所示,有 1 个标准的有线 RJ45 连接,具有集成式线路变压器和以太网供电功能,可将 Arduino 开发板连接到互联网;基于 Wiznet W5500 以太网芯片,提供网络(IP)堆栈支持 TCP 和 UDP 协议,可以同时支持 8 个套接字连接,使用以太网库写入 sketch 程序代码。

以太网盾板利用贯穿盾板的长绕线排与 Arduino 开发板连接,保持引脚布局完整无缺,以便其他盾板可以堆叠其上。有 1 个板载 micro-SD 卡槽,可用于存储文件,与 Arduino Uno 和 Mega 兼容,通过 SD 库访问板载 micro-SD 读卡器。以太网盾板带有 1 个供电(PoE)模块,用于从传统的 5 类电缆获取电力。

Arduino GSM Shield 如图 1-10 所示,为了连接蜂窝网络,电路板需要一张由网络运营商提供的 SIM 卡。通过移动通信网将 Arduino 开发板连接到互联网,拨打/接听语音电话和发送/接收 SMS 信息。

图 1-9   Arduino Ethernet Shield   图 1-10   Arduino GSM Shield

GSM Shield 采用 Quectel 的无线调制解调器 M10,利用 AT 命令与电路板通信。GSM Shield 利用数字引脚 2、3 与 M10 进行软件串行通信,引脚 2 连接 M10 的 TX 引脚,引脚 3 连接 RX 引脚,调制解调器的 PWRKEY 引脚连接 Arduino 引脚 7。

M10 是一款四频 GSM/GPRS 调制解调器,工作频率如下:GSM850MHz、GSM900MHz、DCS1800MHz 和 PCS1900MHz。它通过 GPRS 连接支持 TCP/UDP 和 HTTP 协议。GPRS 数据下行链路和上行链路的最大传输速度为 85.6 kbps。

Arduino Motor Shield 如图 1-11 所示,用于驱动电感负载(如继电器、螺线管、DC 和步进电机)的双全桥驱动器 L298,利用 ArduinoMotor Shield 可以驱动 2 个 DC 电机,独立控制每个电机的速度和方向。因此,2 条独立的通道,即 A 和 B,每条通道使用 4 个 Arduino 引脚来驱动或感应电机,Arduino Motor Shield 上使用的引脚共 8 个。不仅可以单独驱动 2 个 DC 电机,也可以将它们合并起来驱动 1 个双极步进电机。

Arduino 9 Axes Motion Shield 如图 1-12 所示,基于德国博世传感器技术有限公司推出的 BNO055 绝对方向传感器。它为系统级封装,集成三轴 14 位加速计、三轴 16 位陀螺仪、三轴地磁传感器,并运行 BSX3.0 FusionLib 软件的 32 位微控制器。BNO055 在三个垂直的轴上具有三维加速度、角速度和磁场强度数据。

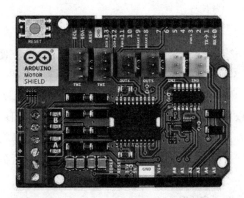

图 1-11　Arduino Motor Shield

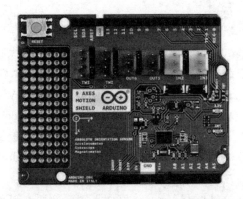

图 1-12　Arduino 9 Axes Motion Shield

另外,它还提供传感器融合信号,如四元数、欧拉角、旋转矢量、线性加速、重力矢量。结合智能中断引擎,可以基于慢动作或误动作识别、任何动作(斜率)检测、高 g 检测等项触发中断。

Arduino 9 Axes Motion Shield 兼容 Uno、Yun、Leonardo、Ethernet、Mega 和 Due 电路板。在使用 Arduino 9 Axes Motion Shield 时,要根据使用的电路板将中断桥和重置桥焊接在正确位置。

1.3　Arduino 软件开发平台

本书主要介绍 Arduino 的开发环境的特点及使用方法,包括 Arduino 的开发环境的安装,以及简单的硬件系统与软件调试方法。

1.3.1　Arduino 平台特点

作为目前最流行的开源硬件开发平台,Arduino 具有非常多的优点,正是这些优点使得 Arduino 平台得以广泛的应用,包括:

(1) 开放原始码的电路图设计,程序开发界面,免费下载,也可依需求自己修改; Arduino 可使用 ISCP 线上烧录器,将 Bootloader 烧入新的 IC 芯片;可依据官方电路图,简化 Arduino 模组,完成独立运作的微处理控制。

(2) 可以非常简便地与传感器、各式各样的电子元件连接(如红外线、超音波、热敏电阻、光敏电阻、伺服电机等);支持多样的互动程序,如 Flash、Max/Msp、VVVV、PD、C、Processing 等;使用低价格的微处理控制器;USB 接口,无须外接电源;可提供 9 VDC 电源输入以及多样化的 Arduino 扩展模块。

(3) 应用方面,通过各种各样的传感器来感知环境,并通过控制灯光、电机和其他装置来反馈、影响环境;可以方便地连接以太网扩展模块进行网络传输,使用蓝牙传输、WiFi 传输、无线摄像头控制等多种应用。

1.3.2 Arduino IDE 的安装

Arduino IDE 是 Arduino 的开放源代码的集成开发环境,其界面友好,语法简单且方便下载程序,这使得 Arduino 的程序开发变得非常便捷。作为一款开放源代码的软件,Arduino IDE 也是由 Java、Processing、AVR-GCC 等开放源码的软件写成。Arduino IDE 另一个特点是跨平台的兼容性,适用于 Windows、Max OS X 以及 Linux。2011 年 11 月 30 日,Arduino 官方正式发布了 Arduino1.0 版本,可以下载不同操作系统的压缩包,也可以在 GitHub 上下载源码重新编译自己的 Arduino IDE。到目前为止,Arduino IDE 已经更新到 1.7.8 版本。安装过程如下:

(1) 从 Arduino 官网下载最新版本 IDE,下载界面如图 1-13 所示。

如图 1-13 所示,选择适合自己计算机操作系统的安装包,这里以介绍 Windows 7 64 位系统安装过程为例。

(2) 双击 EXE 文件选择安装,如图 1-14 所示。

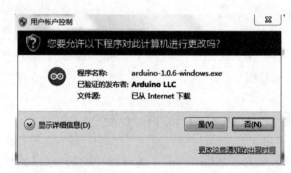

v1.7.8
- Windows: 下载
- Windows: ZIP file (针对非管理员安装)
- Mac OS X: Zip file (需要 Java 7或更高版本)
- Linux: 32 bit, 64 bit

图 1-13　Arduino 下载界面　　　　　　　　图 1-14　Arduino 安装界面

(3) 同意协议,如图 1-15 所示。

(4) 选择需要安装的组件,如图 1-16 所示。

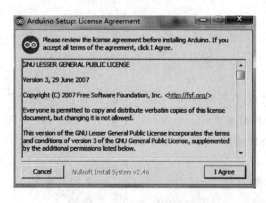

图 1-15　Arduino 协议界面

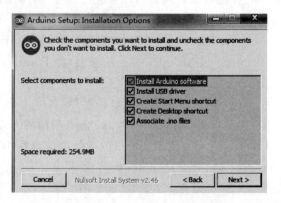

图 1-16　Arduino 选择安装组件

（5）选择安装位置，如图 1-17 所示。

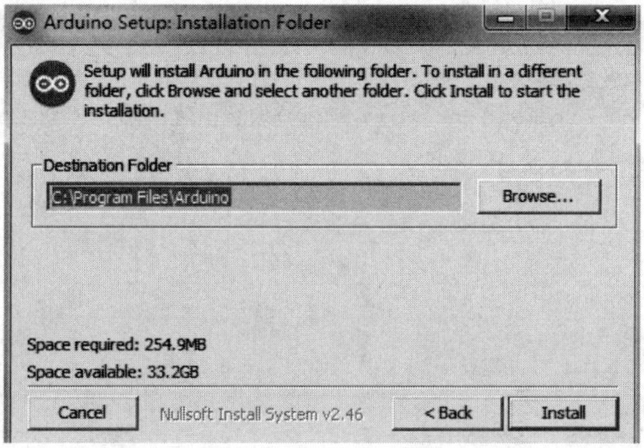

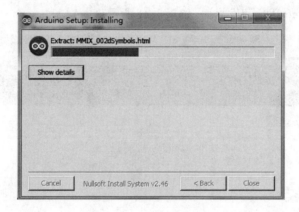

图 1-17　Arduino 选择安装位置

（6）安装过程，如图 1-18 所示。

图 1-18　Arduino 安装过程

（7）安装 USB 驱动，如图 1-19 所示。

图 1-19　Arduino 安装 USB 驱动

（8）安装完成，如图 1-20 所示。

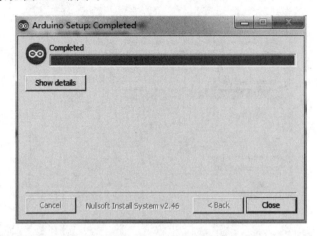

图 1-20   Arduino 安装完成

（9）进入 Arduino IDE 开发界面，如图 1-21 所示。

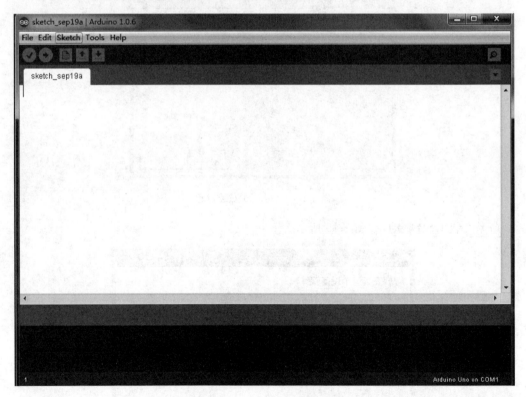

图 1-21   Arduino IDE 主界面

1.3.3　Arduino IDE 的使用

第一次使用 Arduino IDE,需要将 Arduino 开发板通过 USB 线连接到计算机,计算机会为 Arduino 开发板安装驱动程序,并分配相应的 COM 端口,如 COM1、COM2 等,不同的计算机和系统分配的 COM 端口是不一样的,所以,安装完毕,要在计算机的硬件管理中查看 Arduino 开发板被分配到哪个 COM 端口,这个端口就是计算机与 Arduino 开发板的通信端口。

Arduino 开发板的驱动安装完毕之后,需要在 Arduino IDE 中设置相应的端口和开发板类型。方法如下：在 Arduino 集成开发环境启动后,在菜单栏中打开"工具"→"端口",进行端口设置,设置为计算机硬件管理中分配的端口；然后,在菜单栏打开"工具"→"开发板",选择 Arduino 开发板的类型,如 Uno、Due、Yun 等各种上面介绍的板子,这样计算机就可以与开发板进行通信。工具栏显示的功能如图 1-22 所示。

图 1-22　Arduino IDE 的工具栏功能

在 Arduino IDE 中带有很多种示例,包括基本的、数字的、模拟的、控制的、通信的、传感器的、字符串的、存储卡的、音频的、网络的等。下面介绍一个最简单、最具有代表性的例子 Blink,以便于读者快速熟悉 Arduino IDE,从而开发出新的产品。

在菜单栏打开"文件"→"示例"→01Basic→Blink,这时在主编辑窗口会出现可以编辑的程序,如下所示。这个 Arduino 的 Blink 范例程序的功能是控制 LED 灯的亮灭。在 Arduino 编译环境中,是以 C/C++ 的风格来编写的。例如,下面程序的前面几行是注释行,介绍程序的作用及相关的声明等；然后,是变量的定义,最后是 Arduino 程序的两个过程：void setup()

和 void loop（）。在 void setup（）中的代码，在导通电源时会执行一次，void loop（）中的代码会不断重复地执行。由于在 Arduino Uno 开发板上，第 13 引脚上有 LED 灯，所以定义整型变量 led＝13，用于函数的控制。另外，程序中用了一些函数，pinMode（）是设置引脚的作用——输入或者输出；delay（）是设置延迟的时间，单位为毫秒；digitalWrite（）是向 led 变量写入相关的值，使得 13 脚的 LED 灯的电平发生变化，即 HIGH 或者 LOW，这样 LED 灯就会根据延迟的时间交替地亮灭。这些函数将在下一节介绍。

对程序编辑完成之后，在工具栏中找到存盘按钮，将程序进行存盘；然后，在工具栏中找到上传按钮，该按钮将被编辑的程序上传到 Arduino 开发板中，使得开发板按照修改后的程序运行；同时，还可以单击工具栏的窗口监视器，观看串口数据的传输情况。它是非常直观高效的调试工具。

```
/*
  Blink 例程,重复开关
  LED 灯各 1 秒.
*/
//多数 Arduino 开发板的 13 引脚有 LED 灯
//定义引脚名称
int led = 13;
//setup()程序运行一次
void setup() {
  //initialize the digital pin as an output.
  pinMode(led, OUTPUT);
}
//loop()程序不断重复运行.
void loop() {
  digitalWrite(led, HIGH);            //开 LED 灯(高电平)
  delay(1000);                        //等待 1 秒
  digitalWrite(led, LOW);             //关 LED 灯(低电平)
  delay(1000);                        //等待 1 秒.
}
```

当然，目前还有其他支持 Arduino 的开发环境，如 SonxunStudio，是由松迅科技开发的集成开发环境，目前只支持 Windows 系统的 Arduino 系统开发，包括 Windows XP 以及 Windows 7，使用方法与 Arduino IDE 大同小异。由于篇幅的关系，这里不再一一赘述。

1.4 Arduino 编程语言

Arduino 编程语言是建立在 C/C++ 语言基础上的，即以基础的 C/C++ 语言，通过把 AVR 单片机（微控制器）相关的一些寄存器参数设置等进行函数化，以利于开发者更加快速地使用，其主要使用的函数包括数字 I/O 操作函数、模拟 I/O 操作函数、高级 I/O 操作函数、时间函数、中断函数、通信函数和数学库等多种函数。

1.4.1　Arduino 编程基础

关键字：if、if …else、for、switch、case、while、do …while、break、continue、return、goto。

语法符号：每条语句以分号";"结尾，每段程序以花括号{}括起来。

数据类型：boolean、char、int、unsigned int、long、unsigned long、float、double、string、array、void。

常量：HIGH 或者 LOW，表示数字 I/O 口的电平，HIGH 表示高电平(1)，LOW 表示低电平(0)；INPUT 或者 OUTPUT，表示数字 I/O 口的方向，INPUT 表示输入(高阻态)，OUTPUT 表示输出(AVR 能提供 5V 电压 40mA 电流)；TRUE 或者 FALSE，TRUE 表示真(1)，FALSE 表示假(0)。

程序结构：主要包括两部分，即 void setup()和 void loop()。其中，前者是声明变量及接口名称(如 int val；int ledPin=13；)，是在程序开始时使用，初始化变量、引脚模式，调用库函数等(如 pinMode(ledPin，OUTUPT)；)。而 void loop()是在 setup()函数之后，void loop()程序不断地循环执行，是 Arduino 的主体。

1.4.2　数字 I/O 口的操作函数

1. pinMode(pin,mode)

pinMode 函数用以配置引脚与输出或输入模式，它是一个无返回值函数。函数有两个参数：pin 和 mode。pin 参数表示要配置的引脚，mode 参数表示设置的参数为 INPUT(输入)或 OUTPUT(输出)。

INPUT 参数用于读取信号，OUTPUT 用于输出控制信号。pin 的范围是数字引脚 0~13，也可以把模拟引脚(A0~A5)作为数字引脚使用，此时编号为 14 脚对应模拟引脚 0,19 脚对应模拟引脚 5。一般会放在 setup 里，先设置再使用。

2. digitalWrite(pin,value)

该函数的作用是设置引脚的输出电压为高电平或低电平。该函数也是一个无返回值的函数。

pin 参数表示所要设置的引脚，value 参数表示输出的电压为 HIGH(高电平)或 LOW(低电平)。

注意：使用前必须先用 pinMode 设置。

3. digitalRead(pin)

该函数在引脚设置为输入的情况下，可以获取引脚的电压情况：HIGH(高电平)或者 LOW(低电平)。

数字 I/O 口操作函数使用例程如下：

```
int button = 9;              //设置第 9 脚为按钮输入引脚
int LED = 13;                //设置第 13 脚为 LED 输出引脚,内部连上板上的 LED 灯
void setup()
```

```
{ pinMode(button,INPUT);          //设置为输入
pinMode(LED,OUTPUT);              //设置为输出
}
void loop()
{ if(digitalRead(button) == LOW)  //如果读取高电平
        digitalWrite(LED,HIGH);   //13 脚输出高电平
    else
        digitalWrite(LED,LOW);    //否则输出低电平
}
```

1.4.3 模拟 I/O 口的操作函数

1. analogReference(type)

该函数用于配置模拟引脚的参考电压。有 3 种类型,DEFAULT 是默认值,参考电压是 5V;INTERNAL 是低电压模式,使用片内基准电压源 2.56V;EXTERNAL 是扩展模式,通过 AREF 引脚获取参考电压。

注意:若不使用本函数,默认是参考电压 5V。使用 AREF 作为参考电压,需接一个 $5k\Omega$ 的上拉电阻。

2. analogRead(pin)

用于读取引脚的模拟量电压值,每读取一次需要花 $100\mu s$ 的时间。参数 pin 表示所要获取模拟量电压值的引脚,返回为 int 型。精度 10 位,返回值从 0 到 1023。

注意:函数参数 pin 的取值范围是 $0\sim5$,对应板上的模拟口 A0~A5。

3. analogWrite(pin,value)

该函数是通过 PWM(Pulse-Width Modulation),即脉冲宽度调制的方式在引脚上输出一个模拟量。图 1-23 所示为 PWM 输出的一般形式,也就是在一个脉冲的周期内高电平所占的比例。主要用于 LED 亮度控制、电机转速控制等方面的应用。

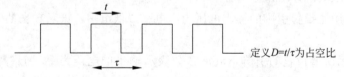

定义$D=t/\tau$为占空比

图 1-23　占空比的定义

PWM 波形的特点:波形频率恒定,其占空间比 D 可以改变。

Arduino 中的 PWM 的频率大约为 490Hz,Uno 板上支持以下数字引脚(不是模拟输入引脚)作为 PWM 模拟输出:3、5、6、9、10、11。板上带 PWM 输出的都有"~"号。

注意:PWM 输出位数为 8 位,从 0 到 255。

模拟 I/O 口的操作函数使用例程如下:

```
int sensor = A0;                  //A0 引脚读取电位器
int LED = 11;                     //第 11 引脚输出 LED
```

```
void setup()
{ Serial.begin(9600);
}
void loop()
{ int v;
     v = analogRead(sensor);
  Serial.println(v,DEC);        //可以观察读取的模拟量
     analogWrite(LED,v/4);      //读回的值范围是0～1023,结果除以4才能得到0～255的区间值
  }
```

1.4.4 高级 I/O Pulseln(pin,state,timeout)

该函数用于读取引脚脉冲的时间长度,脉冲可以是 HIGH 或者 LOW。如果是 HIGH,该函数将先等引脚变为高电平,然后开始计时,一直等到变为低电平。返回脉冲持续的时间长度,单位为毫秒,如果超时没有读到时间,则返回 0。

例程说明:做一个按钮脉冲计时器,测一下按钮的持续时间,测测谁的反应快,看谁能按出最短的时间,按钮接在第 3 引脚。程序如下:

```
int button = 3;
int count;
void setup()
{
pinMode(button,INPUT);
}
void loop()
{ count = pulseIn(button,HIGH);
    if(count!= 0)
    { Serial.println(count,DEC);
      count = 0;
    }
}
```

1.4.5 时间函数

1. delay()

该函数是延时函数,参数是延时的时长,单位是 ms(毫秒)。应用延时函数的典型例程是跑马灯的应用,使用 Arduino 开发板控制四个 LED 灯依次点亮。程序如下:

```
void setup()
{
pinMode(6,OUTPUT);            //定义为输出
    pinMode(7,OUTPUT);
pinMode(8,OUTPUT);
pinMode(9,OUTPUT);
}
```

```
void loop()
{
int i;
for(i = 6;i <= 9;i++)        //依次循环四盏灯
{
digitalWrite(i,HIGH);        //点亮 LED
    delay(1000);             //持续 1s
    digitalWrite(i,LOW);     //熄灭 LED
    delay(1000);             //持续 1s
    }
}
```

2. delayMicroseconds()

delayMicroseconds()也是延时函数,不过单位是 μs(微秒),1ms＝1000μs。该函数可以产生更短的延时。

3. millis()

millis()为计时函数,应用该函数可以获取单片机通电到现在运行的时间长度,单位是 ms。系统最长的记录时间为 9 小时 22 分,超出从 0 开始。返回值是 unsigned long 型。

该函数适合作为定时器使用,不影响单片机的其他工作(而使用 delay 函数期间无法进行其他工作)。计时时间函数使用示例,延时 10s 后自动点亮的灯程序如下:

```
int LED = 13;
unsigned long i,j;
void setup()
{
pinMode(LED,OUTPUT);
i = millis();                //读入初始值
}
void loop()
{
j = millis();                //不断读入当前时间值
    if((j - i)> 10000)       //如果延时超过 10s,点亮 LED
     {
digitalWrite(LED,HIGH);
     }
   else digitalWrite(LED,LOW);
}
```

4. micros()

micros()也是计时函数,该函数返回开机到现在运行的微秒值。返回值是 unsigned long 型,70 分钟溢出。例程如下:显示当前的微秒值。

```
unsigned long time;
void setup()
```

```
{
Serial.begin(9600);
}
void loop()
{
Serial.print("Time: ");
time = micros();              //读取当前的微秒值
Serial.println(time);         //打印开机到目前运行的微秒值
delay(1000);                  //延时 1s
}
```

以下例程为跑马灯的另一种实现方式：

```
int LED = 13;
unsigned long i,j;
void setup()
{
pinMode(LED,OUTPUT);
i = micros();                 //读入初始值
}
void loop()
{
j = micros();                 //不断读入当前时间值
    if((j - i)> 1000000)      //如果延时超过 10s,点亮 LED
        {
digitalWrite(LED1 + k,HIGH);
        }
    else digitalWrite(LED,LOW);
}
```

1.4.6　中断函数

什么是中断？实际上在人们的日常生活中非常常见。例如,图 1-24 所示的中断概念。

你在看书,电话铃响,于是你在书上做上记号,去接电话,与对方通话；门铃响了,有人敲门,你让打电话的对方稍等一下,你去开门,并在门旁与来访者交谈,谈话结束,关好门；回到电话机旁,继续通话,接完电话后再回来从做记号的地方接着看书。

同样的道理,在单片机中也存在中断概念,如图 1-25 所示,在计算机或者单片机中中断是由于某个随机事件的发生,计算机暂停原程序的运行,转去执行另一程序(随机事件),处理完毕后又自动返回原程序继续运行的过程,也就是说,高优先级的任务中断了低优先级的任务。在计算机中中断包括如下几部分：

中断源——引起中断的原因,或能发生中断申请的来源。

主程序——计算机现行运行的程序。

中断服务子程序——处理突发事件的程序。

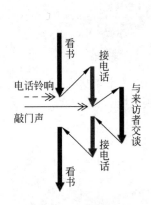

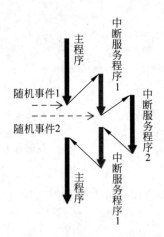

图 1-24　中断的概念　　　　　　　　　图 1-25　单片机中的中断

1. attachInterrupt(interrupt,function,mode)

该函数用于设置中断,函数有 3 个参数,分别表示中断源、中断处理函数和触发模式。中断源可选 0 或者 1,对应 2 或者 3 号数字引脚。中断处理函数是一段子程序,当中断发生时执行该子程序部分。触发模式有 4 种类型:LOW(低电平触发)、CHANGE(变化时触发)、RISING(低电平变为高电平触发)、FALLING(高电平变为低电平触发)。例程功能如下:

数字 D2 口接按钮开关,D4 口接 LED1(红色),D5 口接 LED2(绿色)。在例程中,LED3 为板载的 LED 灯,每秒闪烁一次。使用中断 0 来控制 LED1,中断 1 来控制 LED2。按下按钮,立即响应中断,由于中断响应速度快,LED3 不受影响,继续闪烁。使用不同的 4 个参数,例程 1 试验 LOW 和 CHANGE 参数,例程 2 试验 RISING 和 FALLING 参数。

例程 1:

```
volatile int state1 = LOW, state2 = LOW;
int LED1 = 4;
int LED2 = 5;
int LED3 = 13;                          //使用板载的 LED 灯
void setup()
{
pinMode(LED1,OUTPUT);
  pinMode(LED2,OUTPUT);
  pinMode(LED3,OUTPUT);
  attachInterrupt(0,LED1_Change,LOW);       //低电平触发
  attachInterrupt(1,LED2_Change,CHANGE);    //任意电平变化触发
}
void loop()
{
digitalWrite(LED3,HIGH);
  delay(500);
```

```
    digitalWrite(LED3,LOW);
    delay(500);
}
void LED1_Change()
{
state1 = ! state1;
    digitalWrite(LED1,state1);
    delay(100);
}
void LED2_Change()
{
state2 = ! state2;
  digitalWrite(LED2,state2);
delay(100);
}
```

例程 2：

```
volatile int state1 = LOW,state2 = LOW;
int LED1 = 4;
int LED2 = 5;
int LED3 = 13;
void setup()
{
pinMode(LED1,OUTPUT);
    pinMode(LED2,OUTPUT);
    pinMode(LED3,OUTPUT);
    attachInterrupt(0,LED1_Change,RISING);    //电平上升沿触发
    attachInterrupt(1,LED2_Change,FALLING);   //电平下降沿触发
}
void loop()
{
digitalWrite(LED3,HIGH);
    delay(500);
    digitalWrite(LED3,LOW);
    delay(500);
}
void LED1_Change()
{
state1 = ! state1;
    digitalWrite(LED1,state1);
    delay(100);
}
void LED2_Change()
{
state2 = ! state2;
    digitalWrite(LED2,state2);
```

```
delay(100);
}
```

2. detachInterrupt(interrupt)

该函数用于取消中断,参数 interrupt 表示所要取消的中断源。

1.4.7 串口通信函数

串行通信接口(Serial Interface)是指数据一位位地顺序传送,其特点是通信线路简单,只要一对传输线就可以实现双向通信的接口,如图 1-26 所示。

串行通信接口出现是在 1980 年前后,数据传输率是 115～230kbps。串行通信接口出现的初期是为了实现计算机外设的通信,初期串口一般用来连接鼠标和外置 Modem 以及老式摄像头和写字板等设备。

图 1-26 串行通信接口

由于串行通信接口(COM)不支持热插拔及传输速率较低,目前部分新主板和大部分便携电脑已开始取消该接口,目前串口多用于工控和测量设备以及部分通信设备中,包括各种传感器采集装置,GPS 信号采集装置,多个单片机通信系统,门禁刷卡系统的数据传输,机械手控制、操纵面板控制电机等,特别是广泛应用于低速数据传输的工程应用。

1. Serial. begin()

该函数用于设置串口的波特率,即数据的传输速率,每秒钟传输的符号个数。一般的波特率有 9600、19 200、57 600、115 200 等。

示范:Serial. begin(57 600);

2. Serial. available()

该函数用来判断串口是否收到数据,函数的返回值为 int 型,不带参数。

3. Serial. read()

该函数不带参数,只将串口数据读入。返回值为串口数据,int 型。

4. Serial. print()

该函数向串口发数据。可以发变量,也可以发字符串。

例 1:Serial. print("today is good");

例 2:Serial. print(x,DEC);   //以十进制发送 x

例 3:Serial. print(x,HEX);   //以十六进制发送变量 x

5. Serial. println()

该函数与 Serial. print()类似,只是多了换行功能。

串口通信函数使用例程:

```
int x = 0;
void setup()
```

```
{ Serial.begin(9600);                                //波特率 9600
}
void loop()
{
  if(Serial.available())
     {   x = Serial.read();
         Serial.print("I have received:");
         Serial.println(x,DEC);                        //输出并换行
     }
     delay(200);
}
```

1.4.8　Arduino 的库函数

如同 C 语言和 C++一样，Arduino 也有相关的库函数，提供给开发者使用，这些库函数的使用，与 C 语言的头文件使用类似，需要♯include 语句，将为函数库加入 Arduino 的 IDE 编辑环境中，如♯include "Arduino.h"语句。

在 Arduino 开发中主要库函数的类别如下：数学库主要包括数学计算；EEPROM 库函数用于向 EEPROM 中读写数据；Ethernet 库用于以太网的通信；LiquidCrystal 库用于液晶屏幕的显示操作；Firmata 库实现 Arduino 与 PC 串口之间的编程协议；SD 库用于读写 SD 卡；Servo 库用于舵机的控制；Stepper 库用于步进电机控制；WiFi 库用于 WiFi 的控制和使用等。诸如此类的库函数非常多，还包括一些 Arduino 爱好者自己开发的库函数也可以使用。例如下列数学库中的函数：

(1) min(x,y);　　　　　//求两者最小值
(2) max(x,y);　　　　　//求两者最大值
(3) abs(x);　　　　　　//求绝对值
(4) sin(rad);　　　　　//求正弦值
(5) cos(rad);　　　　　//求余弦值
(6) tan(rad);　　　　　//求正切值
(7) random(small,big);　//求两者之间的随机数

举例如下：
数学库 random(small,big)，返回值为 long

```
long x;
x = random(0,100);                        //可以生成从 0 到 100 以内的整数
```

1.5　Arduino 硬件设计平台

电子设计自动化(EDA,Electronic Design Automation)是 20 世纪 90 年代初，从计算机辅助设计(CAD)、计算机辅助制造(CAM)、计算机辅助测试(CAT)和计算机辅助工程

(CAE)的概念上发展而来的。EDA 设计工具的出现使得电路设计的效率性和可操作性都得到了大幅度的提升。本书针对 Arduino 的学习,主要介绍和使用 Fritzing 工具,配以详细的示例操作说明。当然很多软件也支持 Arduino 的开发,在此不再一一罗列。

　　Fritzing 是一款支持多国语言的电路设计软件,可以同时提供面包板、原理图、PCB 图三种视图设计,设计者可以采用任意一种视图进行电路设计,软件都会自动同步生成其他两种视图。此外,Fritzing 软件还能用来生成制版厂生产所需用的 greber 文件、PDF、图片和CAD 格式文件,这些都极大地推广和普及了 Fritzing 的使用。下面将具体对软件的使用说明进行介绍,有关 Fritzing 的安装和启动请参考相关的书籍或者网络。

1.5.1　Fritzing 软件简介

1. 主界面

　　总体来说,Fritzing 软件的主界面由两部分构成,如图 1-27 所示。一部分是图中左边黄绿框的项目视图部分,这一部分将显示设计者开发的电路,包含面包板图、原理图和 PCB 图三种视图。另外一部分是图中右边绿框的工具栏部分,包含了软件的元件库、指示栏、导航栏、撤销历史栏和层次栏等子工具栏,这一部分是设计者主要操作和使用的地方。

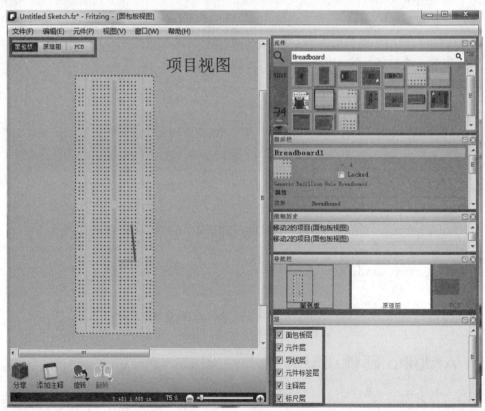

图 1-27　Fritzing 主界面

2．项目视图

设计者可以在项目视图中自由选择面包板、原理图或 PCB 视图进行开发，且设计者可以利用项目视图框中的视图切换器快捷轻松地在这三种视图中进行切换，视图切换器如图 1-27 项目视图中红色框图部分所示。此外，设计者也可以利用工具栏中的导航栏进行快速切换，这将在工具部分进行详细说明。下面分别给出这三种视图的操作界面，按从上到下的顺序依次是面包板视图、原理图视图和 PCB 视图，分别如图 1-28～图 1-30 所示。

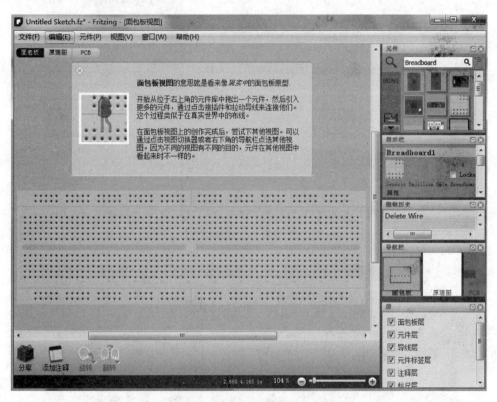

图 1-28　Fritzing 面包板视图

细心的读者至此可能会发现，在这三种视图下的项目视图中操作可选项和工具栏中对应的分栏内容都只有细微的变化。而且，由于 Fritzing 的三个视图是默认同步生成的，在本教程中，首先选择以面包板为模板对软件的共性部分进行介绍，然后再对原理图、PCB 图与面包板视图之间的差异部分进行补充。在本教程中之所以选择面包板视图作为模板，是为了方便 Arduino 硬件设计者从电路原理图过渡到实际电路，尽量减少可能出现的连线和端口连接错误。

3．工具栏

用户可以根据自己的兴趣爱好选择工具栏显示的各种窗口，左键单击窗口下拉菜单，然后对希望出现在右边工具栏的分栏进行勾选，用户也可以将这些分栏设成单独的浮窗。为了方便初学者迅速掌握 Fritzing 软件，本教程具体介绍各个工具栏的作用。

图 1-29　Fritzing 原理图视图

图 1-30　Fritzing PCB 视图

1）元件库

元件库中包含了许多的电子元件，这些电子元件是按容器分类盛放的。Fritzing 一共包含 8 个元件库，分别是 Fritzing 的核心库、设计者自定义的库和其他 6 个库。下面将对这 8 个库进行详细地介绍，也是设计者进行电路设计前所必须掌握的。

（1）MINE：MINE 元件库是设计者自定义元件放置的容器。如图 1-31 所示，设计者可以在这部分添加一些自己的常用元件，或是添加软件缺少的元件。具体有关的操作将在后面进行详细说明。

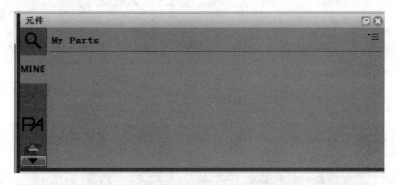

图 1-31　MINE 元件库

（2）Arduino：Arduino 元件库主要放置与 Arduino 相关的开发板，这也是 Arduino 设计者需要特别关心的一个容器，这个容器中包含了 Arduino 的 9 块开发板，分别是 Arduino、Arduino UNO R3、Arduino Mega、Arduino Mini、Arduino Nano、Arduino Pro Mini 3.3V、Arduino Fio、Arduino LilyPad、Arduino Ethernet Shield，如图 1-32 所示。

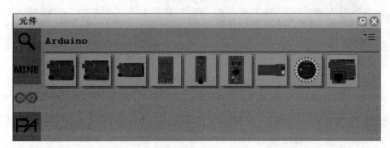

图 1-32　Arduino 元件库

（3）Parallax：Parallax 容器中主要包含了 Parallax 的微控制器 Propeller D40 和 8 款 Basic Stamp 微控制器开发板，如图 1-33 所示。该系列微控制器是由美国 Parallax 公司开发的，这些微控制器与其他微控制器的区别主要在于它们在自己的 ROM 内存中内建了一套小型、特有的 BASIC 编程语言直译器 PBASIC，这为 BASIC 语言的设计者降低了嵌入式设计的门槛。

（4）Picaxe：Picaxe 库中主要包括 PICAXE 系列的低价位单片机、电可擦只读存储器、

图 1-33　Parallax 元件库

实时时钟控制器、串行接口、舵机驱动等器件,如图 1-34 所示。Picaxe 系列芯片也是基于 BASIC 语言,设计者可以迅速掌握。

图 1-34　Picaxe 元件库

（5）SparkFun：SparkFun 库也是 Arduino 设计者需要重点关注的一个容器,这个容器中包含了许多 Arduino 的扩展板。此外,这个元件库中还包含了一些传感器和 LilyPad 系列的相关元件,如图 1-35 所示。

（6）Snootlab：Snootlab 包含了 4 块开发板,分别是 Arduino 的 LCD 扩展板、SD 卡扩展板、接线柱扩展板和舵机的扩展驱动板,如图 1-36 所示。

（7）Contributed Parts：Contributed Parts 包含带开关电位表盘、开关、LED、反相施密特触发器和放大器等器件,如图 1-37 所示。

（8）Core：Core 库里包含许多平常会用到的基本元件,如 LED 灯、电阻、电容、电感、晶体管等,还有常见的输入、输出元件,集成电路元件,电源、连接、微控器等元件。此外,Core 中还包含面包板视图、原理图视图和印刷版视图的格式以及工具（主要包含笔记和尺子）的选择,如图 1-38 所示。

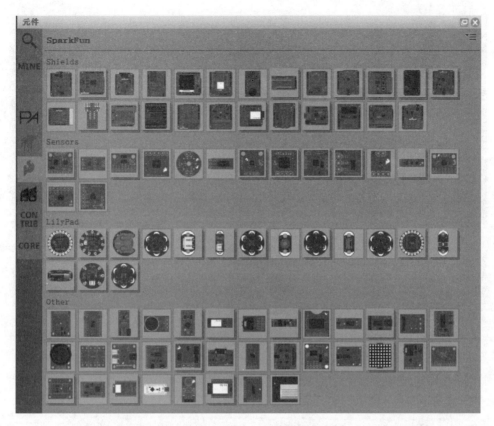

图 1-35　SparkFun 元件库

图 1-36　Snootlab 元件库

图 1-37　Contributed Parts 元件库

2）指示栏

指示栏会给出元件库或项目视图中鼠标所选定的元件的详细相关信息,包括该元件的名字、标签及在三种视图下的形态、类型、属性和连接数等。设计者可以根据这些信息加深对元件的理解,或者检验选定的元件是否是自己所需要的,甚至设计者能在项目视图中选定相关元件后,直接在指示栏中修改元件的某些基本属性性质,如图 1-39 所示。

3）撤销历史栏

撤销历史栏中详细记录了设计者的设计步骤,并将这些步骤按照时间的先后顺序依次

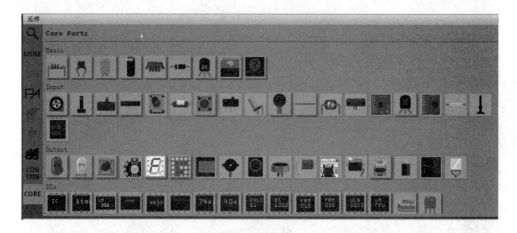

图 1-38　Core 元件库

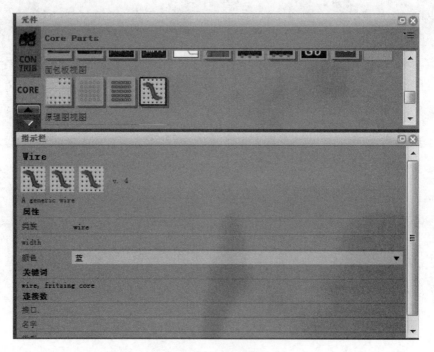

图 1-39　指示栏

进行排列,优先显示最近发生的步骤,如图 1-40 所示。设计者可以利用这些记录步骤回到之前的任一设计状态,这为开发工作带来了极大的便利。

　　4)导航栏

　　导航栏里提供了对面包板视图、原理图视图和 PCB 视图的预览,设计者可以在导航栏中任意选定三种视图中的某一视图进行查看,如图 1-41 所示。

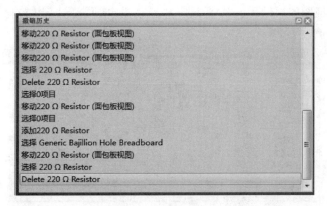

图 1-40　撤销历史栏

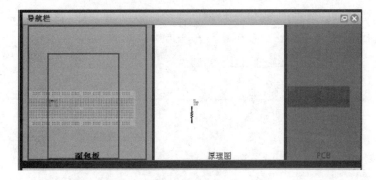

图 1-41　导航栏

5）层

不同的视图有不同的层结构,详细了解层结构有助于读者进一步理解这三种视图和提升设计者对它们的操作能力。下面将依次给出面包板视图、原理图视图、PCB 视图的层结构。首先关注面包板视图的层结构。从图 1-42 中可以看出,面包板视图一共包含 6 层,且设计者可以通过勾选这 6 层层结构前边的矩形框以决定是否在项目视图中显示相应的层。

图 1-42　面包板层结构

其次,关注原理图的层结构。从图1-43中可以看出,原理图一共包含了7层,相对面包板而言,原理图多包含了Frame层。

图1-43 原理图层结构

PCB视图是层结构最多的视图。从图1-44中可以看出,PCB视图具有15层层结构。在此由于篇幅有限,不再对这些层结构进行一一详解。

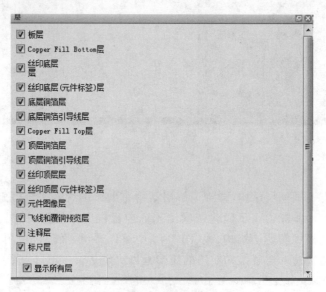

图1-44 PCB图层结构

1.5.2 Fritzing使用方法

1. 查看元件库已有元件

设计者在查看容器中的元件时,既可以选择按图标形式查看,也可以选择按列表形式查看,界面分别如图1-45和图1-46所示。

设计者可以直接在对应的元件库中寻找自己所需要的元件,但由于Fritzing所带的库和元件数目都相对比较多,有些情况下,设计者可能很难明确确定元件所在的具体位置,这

图 1-45　元件图标形式

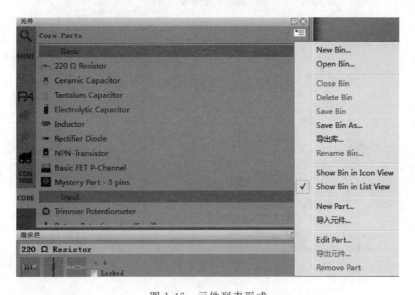

图 1-46　元件列表形式

时设计者就可以利用元件库中自带的搜索功能从库中找出自己所需要的元件,这个方法能大大提升设计者的工作效率。在此,举一个简单的例子来进行说明,如设计者要寻找 Arduino Uno,那么,设计者可以在搜索栏输入 Arduino Uno,按下 Enter 键,结果栏就会自动显示出相应的搜索结果,如图 1-47 所示。

2. 添加新元件到元件库

1) 从头开始添加新元件

设计者可以通过选择"元件"→"新建"命令进入添加新元件的界面,如图 1-48 所示,也

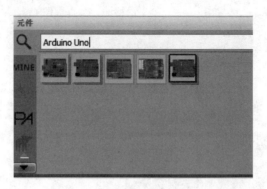

图 1-47　查找元件

可以通过单击元件库中左侧的 New Part 选项进入，如图 1-49 所示。无论采用这两种方式中的哪一种，最终进入的新元件编辑界面都如图 1-50 所示。

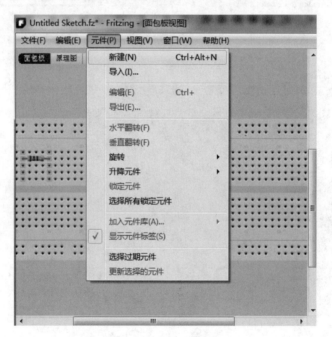

图 1-48　添加新元件

　　设计者在新元件的添加界面填写相关的信息，如新元件的名字、属性、连接等和导入相应的视图图片，尤其是一定要注意添加连接，然后单击“保存”按钮，便能创建新的元件。但是在开发过程中，建议设计者们尽量在已有的库元件基础上进行修改来创建用户需要的新元件，这样可以减少设计者的工作量，提高开发效率。

　　2）从已有元件添加新元件

　　关于如何基于已有的元件添加新元件，下面举两个简单的例子。

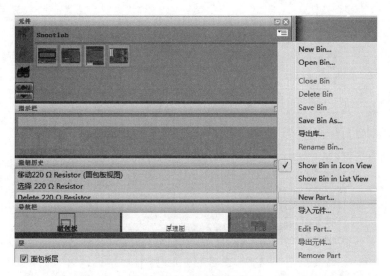

图 1-49　添加新元件

图 1-50　新元件添加界面

（1）针对 ICs、电阻、引脚等标准元件。例如，现在设计者需要一个 2.2kΩ 的电阻，可是在 Core 库中只有 220Ω 的标准电阻，这时，创建新电阻的最简单方法就是先将 Core 库中 220Ω 的通用电阻添加到面包板上，然后单击鼠标左键选定该电阻，直接在右边的指示栏中将电阻值修改为 2.2kΩ，如图 1-51 所示。

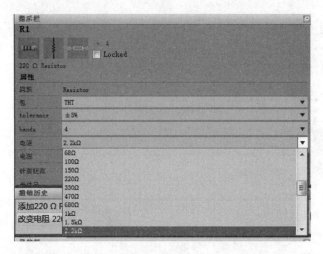

图 1-51　修改元件属性

除此之外,选定元件后,也可以选择"元件"→"编辑"选项,如图 1-52 所示。

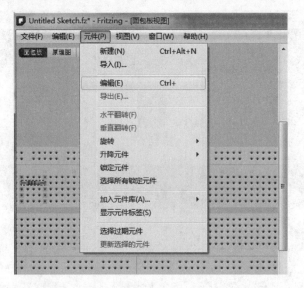

图 1-52　新元件添加界面

然后进入元件编辑界面,如图 1-53 所示。

将 resistance 相应的数值改为 2200Ω,单击"另存为新元件"按钮,设计者即在自己的元件库中成功创建了一个电阻值为 2200Ω 的电阻,如图 1-54 所示。

此外,设计者还能在选定元件后,直接单击鼠标右键,从弹出的快捷菜单中选择"编辑"选项进入元件编辑界面,如图 1-55 所示。

其他基于标准元件添加新元件的操作,具有类似的操作,或改变引脚数,或修改接口数目等,在此不再赘述。

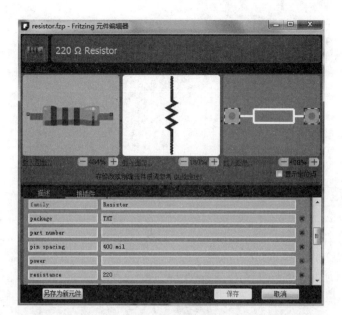

图 1-53　元件编辑界面

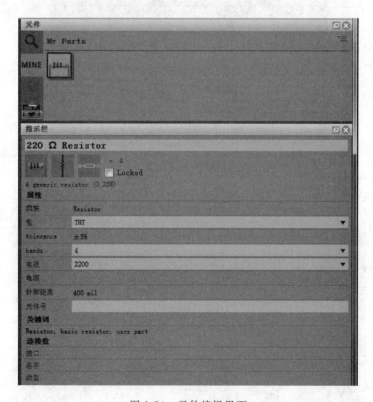

图 1-54　元件编辑界面

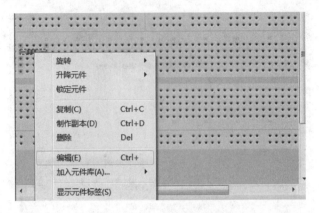

图 1-55　新元件添加界面

（2）相对复杂的元件。完成了基本元件的介绍后，下面介绍一个相对复杂的例子。在这个例子中，要添加一个自定义元件 SparkFun T5403 气压仪，它的 PCB 图如图 1-56 所示。

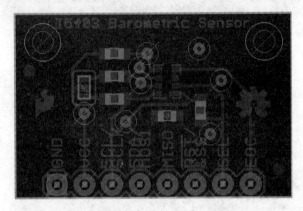

图 1-56　SparkFun T5403 PCB 图

首先，在元件库里寻找该元件，在搜索框中输入 T5403，如图 1-57 所示。

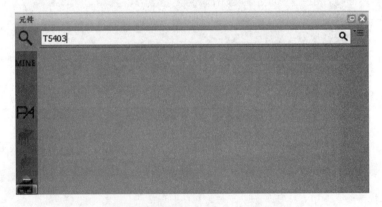

图 1-57　SparkFun T5403 搜寻图

若发现没有该元件,则可以在该元件所在的库中寻找是否有类似的元件(根据名字容易得知,SparkFun T5403 是 SparkFun 系列的元件),如图 1-58 所示。

图 1-58　SparkFun 系列元件

若发现还是没有与自定义元件相类似的元件,则这时可以选择从标准的集成电路 ICs 开始,选择 Core 元件库,找到 ICs 栏,将 IC 元件添加到面包板中,分别如图 1-59 和图 1-60 所示。

图 1-59　Core ICs

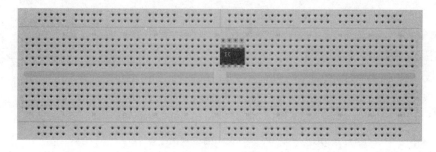

图 1-60　添加 ICs 到面包板

选定该 IC 元件,在指示栏中查看该元件的属性。将元件的名字命名为自定义元件的名字 T5403 Barometer Breakout,并将引脚数修改成所需的数量。在本例中,需要的引脚数为 8,如图 1-61 所示。

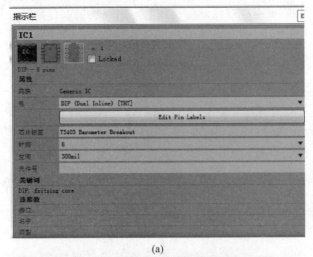

(a)

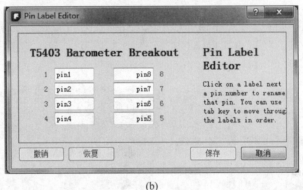

(b)

图 1-61 参数修改

修改之后,面包板上的元件如图 1-62 所示。

右击面包板视图中的 IC 元件,从弹出的快捷菜单中选择 "编辑"命令,会出现如图 1-63 所示的编辑窗口。设计者需要 根据自定义元件的特性修改图中的 6 个部分,分别是元件图 标、面包板视图、原理图视图、PCB 视图、描述和接插件。由于 这部分的修改大都是细节性的问题,在此不再加以赘述,请设 计者自行参考下面的链接进行深入学习: https://learn. sparkfun.com/tutorials/make-your-own-fritzing-parts。

图 1-62 T5403 Barometer Breakout

3. 添加新元件库

设计者不仅可以创建自定义的新元件,也可以根据自己的需求创建自定义的元件库,并 对元件库进行管理。设计者在设计电路结构前,可以将所需的电路元件列一个清单,并将所 需要的元件都添加到自定义的库中,这可以为后续的电路设计提高效率。用户添加新元件 库时,只需选择图 1-46 所示的元件栏中的 New Bin 选项便会出现如图 1-64 所示的界面。

图 1-63　T5403 Barometer Breakout 编辑窗口

如图 1-64 所示,给这个自定义的元件库取名为 Arduino Project,单击 OK 按钮,新的元件库便创造成功了,如图 1-65 所示。

图 1-64　添加新元件库

图 1-65　成功添加新元件库

4. 添加或删除元件

下面主要介绍如何将元件库中的元件添加到面包板视图中,当设计者需要添加某个元件时,可以先在元件库相应的子库中寻找所需要的元件,然后在目标元件的图标上按下左键选定元件,按住鼠标将元件拖曳到面包板上目的位置,松开左键即可将元件插入面包板。但是,需要特别注意的是,在放置元件时,一定要确保元件的引脚已经成功插入面包板,如果插入成功,元件引脚所在的连线会显示绿色,如果插入不成功,元件的引脚则会显示红色,如图1-66所示(其中左边表示添加成功,右边则表示添加失败)。

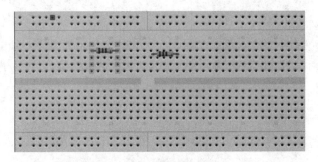

图 1-66　引脚状态图

如果在放置元件的过程中有误操作,设计者可以直接用鼠标左键选定目标元件,然后再单击 Delete 按钮即可将元件从视图上删除。

5. 添加元件间连线

添加元件间的连线是用 Fritzing 绘制电路图所必不可少的过程,在此将对连线的方法给出详细的介绍。连线的时候单击想要连接的引脚后按住不放,将光标拖曳到要连接的目的引脚松开即可。这里需要注意的是,只有当连接线段的两端都显示绿色时,才代表导线连接成功,若连线的两端显示红色,则表示连接出现问题,如图1-67所示(左边代表成功,右边代表失败)。

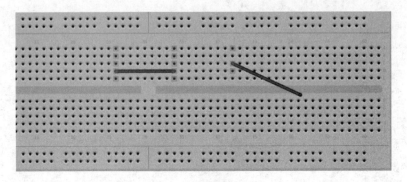

图 1-67　连线状态图

此外,为了使电路更清晰明了,设计者还能根据自己的需求在导线上设置拐点,使导线可以根据设计者的喜好而改变连线角度和方向。具体方法如下:直接在导线上单击鼠标左键并按住不放,光标处即为拐点处,然后设计者能自由移动拐点的位置。此外设计者也可以先选定导线,然后将鼠标光标放置在想设置的拐点处,单击鼠标右键,从弹出的快捷菜单中选择"添加拐点"即可,如图1-68所示。

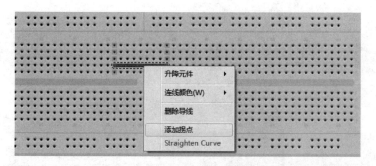

图 1-68 拐点添加图

除此之外,在连线的过程中,设计者还可以更改导线的颜色,不同的颜色将帮助设计者更好地掌握绘制的电路。具体的修改方法为用鼠标左键单击选定要更改颜色的导线,然后单击鼠标右键,选择更改颜色,如图 1-69 所示。

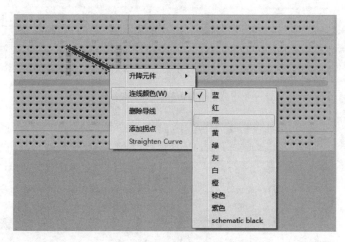

图 1-69 导线颜色修改图

1.5.3 Arduino 电路设计

至此,已经完成了对软件主界面和基本功能的详细介绍,接下来,将用一个具体的例子来系统地介绍如何利用 Fritzing 软件来绘制一个完整的 Arduino 电路图即用 Arduino 主板来控制 LED 灯的亮灭。设计的效果图。下面首先给出最终效果图,以便使读者从总体上进行把握,如图 1-70 所示。

下面介绍 Arduino Blink 例程的电路图详细设计步骤。首先打开软件并新建一个新的项目,具体操作为单击软件的运行图标,在软件的主界面选择“文件”→“新建”选项,如图 1-71所示。

完成项目新建后,先保存该项目,选择“文件”→“另存为”命令,出现如图 1-72 所示的界面,在该对话框中输入保存的名字和路径,然后单击“保存”按钮,即可完成对新建项目的保存。

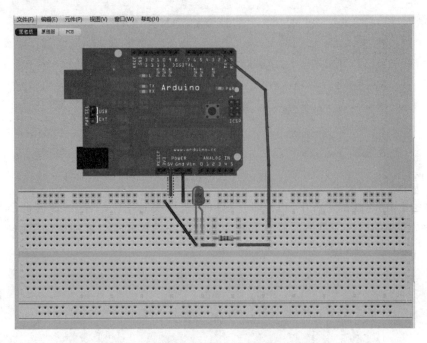

图 1-70　Arduino Blink 示例整体效果图

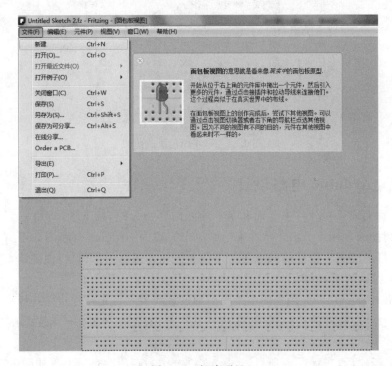

图 1-71　新建项目

图 1-72 保存项目

一般来说，在绘制电路前，设计者应该先对开发环境进行设置。这里的开发环境主要指设计者选择使用的面包板型号和类型，以及原理图和 PCB 视图的各种类型。本教程以面包板视图为重点，所以将编辑视图切换到面包板视图，并在 Core 元件库中选好开发所用的面包板类型和尺寸。图 1-73 中给出了各种尺寸的面包板图。

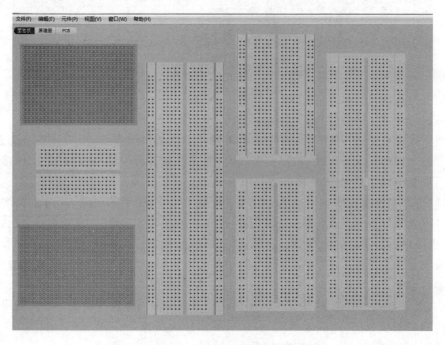

图 1-73 面包板类型和尺寸

由于本示例中所需的元件数比较少,此处省去建立自定义元件库的步骤,而是直接先将所有的元件都放置在面包板上,如图 1-74 所示。在本例中,需要一块 Arduino 的开发板、一个 LED 灯和一个 220Ω 的电阻。

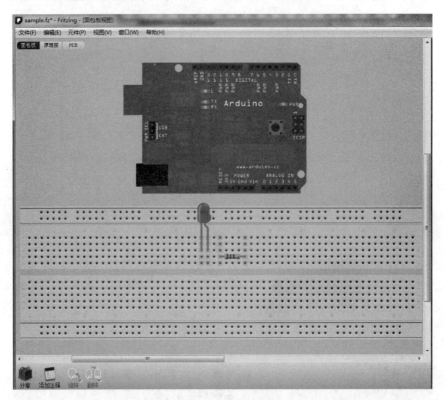

图 1-74   元件的放置

然后进行连线,得到最终的效果图如图 1-75 所示。

在编辑视图中切换到原理图,会看到如图 1-76 所示的效果。

此时布线没有完成,开发者可以单击编辑视图下方的自动布线,但要注意自动布线后,是否所有的元件都完成了布线,对没有完成的,开发者要进行手动布线,即手动连接端口间的连线。最终得到如图 1-77 所示的效果图。

同理,可以在编辑视图中切换到 PCB 图,观察 PCB 视图下的电路,此时也要注意编辑视图窗口下方是否提示布线未完成,如果是,开发者可以单击下面的"自动布线"按钮进行布线处理,也可以自己手动进行布线。这里,将直接给出最终的效果图,如图 1-78 所示。

完成所有这些操作后,就可以修改电路中各元件的属性。在本例中不需要修改任何值,在此略过这部分。完成所有这些步骤后,设计者就能根据需求导出所需要的文档或文件。在本例中,将以导出一个 PDF 格式的面包板视图为例对该流程进行说明。首先确保将编辑视图切换到面包板视图,然后选择"文件"→"导出作为图像"→PDF 命令,如图 1-79 所示。输出的最终 PDF 格式的文档如图 1-80 所示。

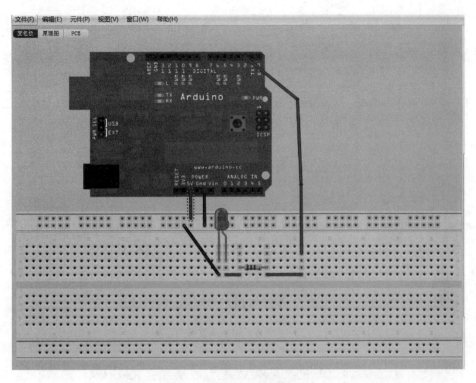

图 1-75　连线图

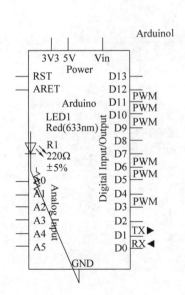

图 1-76　原理图效果

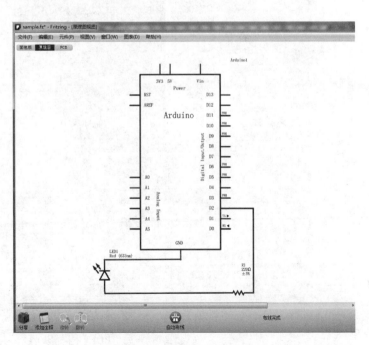

图 1-77　原理图自动布线图

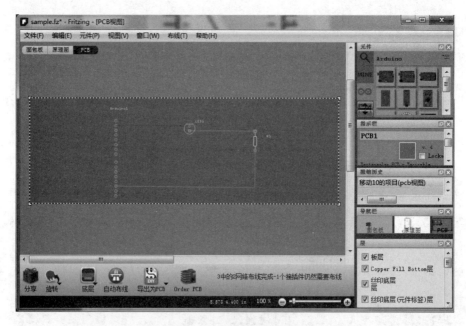

图 1-78　PCB 视图效果图

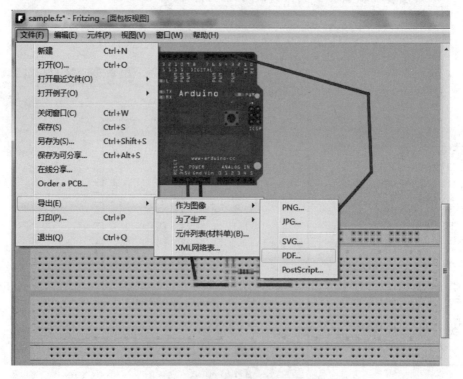

图 1-79　PDF 图生成步骤

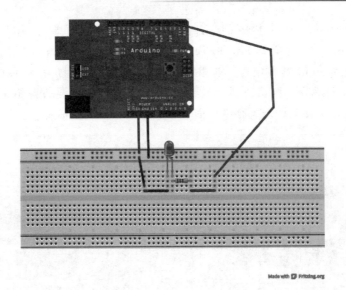

图 1-80　面包板 PDF 图

1.5.4　Arduino 样例与编程

Fritzing 软件除了能很好地支持 Arduino 的电路设计之外，还提供了对 Arduino 样例电路的支持，如图 1-81 所示。用户可以选择"文件"→"打开例子"，然后再选择相应的 Arduino，如此层层推进，最终选择想打开的样例电路。

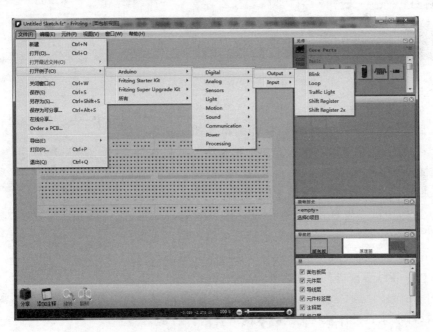

图 1-81　Fritzing 对 Arduino 样例支持

这里将以 Arduino 数字化中的交通灯进行举例说明,选择"元件"→"打开例子"→Arduino→Digital→Output→Traffic Light,就能在 Fritzing 软件的编辑视图中得到如图 1-82 所示的 Arduino 样例电路。这里需要注意的是,不管用户在哪种视图进行操作,打开的样例电路都将编辑视图切换到面包板视图,如果设计者想要获得相应的原理图视图或 PCB 视图,可以在打开的样例电路中从面包板视图中切换到目标视图。

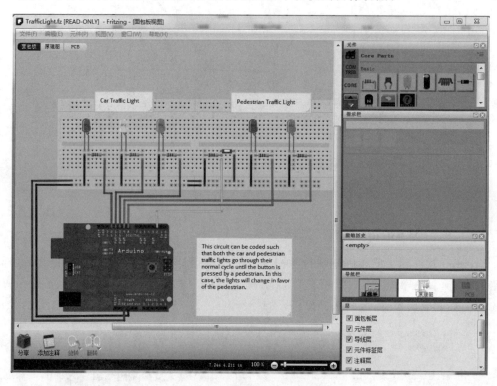

图 1-82　Arduino 交通灯样例

除了对 Arduino 样例的支持外,Fritzing 还将电路设计和编程脚本放置在了一起。对于每个设计电路,Fritzing 都提供了一个编程界面,用户可以在编程界面中编写将要下载到微控制器的脚本。具体操作如图 1-83 所示,选择"窗口"→"打开编程窗口",即可进入编程界面,如图 1-84 所示。

从图 1-84 中可以发现,虽然每个设计电路只有一个编程界面,但设计者可以在一个编程界面创造许多编程窗口来编写不同版本的脚本,从而在其中选择最合适的脚本。单击"新建"按钮即可创建新编程窗口。除此之外,从编程界面中也可以看出,目前 Fritzing 主要支持 Arduino 和 PICAXE 两种脚本语言,如图 1-85 所示。设计者在选定脚本的编程语言后,就只能

图 1-83　编程界面进入步骤

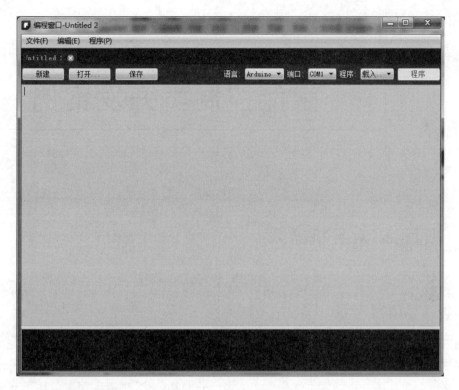

图 1-84 编程界面

编写该语言的脚本,并将脚本保存成相应类型的后缀格式。同理,选定编程语言后,设计者也只能打开同种类型的脚本。

选定脚本语言后,设计者还应该选择串行端口。从 Fritzing 界面可以看出,该软件一共有两个默认端口,分别是 COM1 和 LPT1,如图 1-86 所示。当设计者将相应的微控制器连接到 USB 端口时,软件里会增加一个新的设备端口,然后设计者可以根据自己的需求选择相应的端口。

图 1-85 编程语言支持

图 1-86 支持端口

值得注意的是,虽然 Fritzing 提供了脚本编写器,但是它并没有内置编译器,所以设计者必须自行安装额外的编程软件将编写的脚本转换成可执行文件。但是,Fritzing 提供了和编程软件交互的方法,设计者可以通过单击图 1-84 中所示的"程序"按钮获取相应的可执行文件信息,所有这些内容都将显示在下面的控制端。

第 2 章 智能控制类开发案例

2.1　项目1：六足机器人

设计者：尹东伟，包发哲，王丹顿

2.1.1　项目背景

随着电子科学技术的发展，人类希望制造一种像人一样的机器，以便代替人类完成各种工作的梦想逐渐成为现实。1959年，第一台工业机器人在美国诞生，近几十年，各种用途的机器人相继问世。随着机器人工作环境和工作任务的复杂化，机器人简单的轮子和履带的移动机构已不能适应多变复杂的环境要求，现如今我们的目标是制造出具有更高的运动灵活性和在特殊未知环境仍然具有较高适应性的仿生机器人。在仿生技术、控制技术和制造技术不断发展的今天，各种各样的仿生机器人相继被研制出来，仿生机器人已经成为机器人家族中的重要成员。

美国、日本、德国、英国、法国等国家都开展了蛇形机器人的研究，并研制出许多样机。日本东京大学的 Hirose 教授从仿生学的角度，在1972年研制了第一台蛇形机器人样机。美国卡内基梅隆大学近日研究出一种可以攀爬管道的蛇形机器人，这种蛇形机器人大部分由轻质的铝或塑料组成，最大也只有成人手臂大小。机器人配有摄像机和电子传感器，可以接受遥控指挥。

我国步行机器人的研究开始较晚，真正开始是在20世纪80年代初。1980年，中国科学院长春光学精密机械研究所采用平行四边形和凸轮机构研制出一台八足螃蟹式步行机，主要用于海底探测作业，并做了越障、爬坡和通过沼泽地的试验。1989年，北京航空航天大学孙汉旭博士进行了四足步行机的研究，试制成功一台四足步行机，并进行了步行实验。钱晋武博士对地、壁两用六足步行机器人进行了步态和运动学方面的研究。1991年，上海交通大学马培荪等研制出 JTUWM 系列四足步行机器人，该机器人采用计算机模拟电路两级分布式控制系统，JTUWM-III 以对角步态行走，脚底装有 PVDF 测力传感器，同时对多足步行机器人的运动规划与控制，以及机器人的腿、臂功能融合和模块化实现的控制体系及其设计进行了研究。

本项目围绕六足仿生机器人的前沿技术,主要仿生对象为蚂蚁,主要实现机器人前后左右移动,具有良好仿生特性,研究具有抗冲击性以及地形适应能力的仿生机构设计技术、六足仿生机器人系统模型。

六足机器人的基本结构的设计主要包括机器人足部关节自由度转换机构的设计和躯干整体支架的设计。本项目中为了实现机器人前后左右移动功能,结合蚂蚁的行走模式,在各关节处安装相应的舵机,从而实现结合三角步态作为机器人行进的典型步态的目的。三角步态的行进模式是行走时以三条腿为一组进行的,即一侧的前、后足与另一侧的中足为一组,这样就形成了一个三角形支架结构,在行进过程中重心总是落在三角支架内,从而实现了机器人的前后左右移动能力。

本项目基于 Arduino 开源平台,通过舵机控制板实现对 18 个舵机的控制,使其转动不同的角度来实现动作功能。同时,本项目结合蓝牙控制模块,将六足机器人与手机相连,从而实现了通过手机界面发出让六足机器人变换动作的指令。

2.1.2　创意描述

本项目通过模仿六足昆虫的三角步态,较为方便地实现了仿生动物机器人的制作,并且利用 SSC-32 路舵机控制板,基本实现了一些特殊动作。同时,加入了蓝牙模块,通过手机APP 实现不同行为功能的选择,使得蓝牙操控六足机器人的各项功能均得以实现。本产品的创新之处在于可以自己开发、自己设计动作、自己控制机器人做出相应的行为动作组;本产品的开发意图在于针对在校大学生、年轻白领这一新型群体,开发出一个具有娱乐性、可操控的六足机器人。

2.1.3　功能及总体设计

要制作六足机器人,对机器人的控制是关键。本项目设计使用手机蓝牙无线通信和舵机控制板,解决相关的问题,具体功能和设计如下。

1. 功能介绍

实现六足机器人的基本行走功能,以及用手机蓝牙无线通信控制机器人行走的功能。

2. 总体设计

1) 整体框架图

项目的整体框架图如图 2-1 所示。

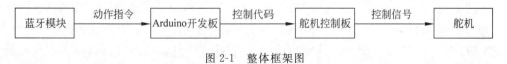

图 2-1　整体框架图

2) 系统流程图

该项目的系统流程图如图 2-2 所示。

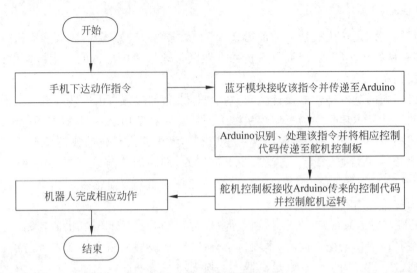

图 2-2　系统流程图

3）总电路图

该项目的总电路图如图 2-3 所示。

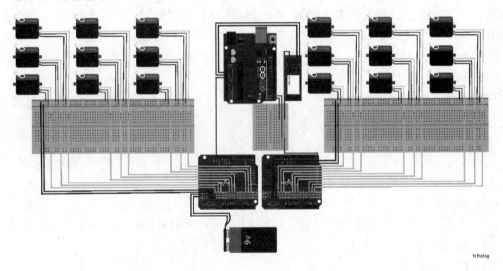

图 2-3　总电路图

本图采用两个 16 路舵机拼接成 SSC-32 路舵机，即默认两控制板的 TX、RX、GND 并联。18 个舵机的黄线、红线、黑线分别连接至舵机控制板的 Signal、VCC、GND，舵机控制板的 RX 端、GND 分别与 Arduino 开发板的 TX 端、GND 相连，从而实现 Arduino 开发板通过舵机控制板对 18 路舵机进行控制的功能。同时，HC-06 蓝牙模块的 TX 端、VCC、GND 分别与 Arduino 开发板的 RX 端、5V、GND 相连，实现手机通过蓝牙模块为 Arduino 开发板发送数据的功能。

3. 模块介绍

该项目主要由两个模块组成：舵机控制模块和蓝牙模块。

1）舵机控制模块

功能介绍：Arduino 开发板的 RX、TX 端口分别控制数据的读写功能，因为本模块的主要功能是通过 Arduino 开发板实现对舵机控制板的控制，因而只需将舵机控制的 RX 及 GND 分别与 Arduino 开发板的 TX 及 GND 相连，采用外接电源给舵机控制板供电。同时，本产品中使用的 9g 舵机，共有三线，其中，黄、红、棕色线分别与舵机控制板的 Signal、VCC、GND 相对应。正确连接各元器件后，通过在 Arduino 开发平台上编写相应的代码，借助舵机控制板实现对 18 路舵机的控制，即分别按照要求转动相应的角度，从而实现不同的行走功能。

元器件清单：该模块所使用的元器件及其数量如表 2-1 所示。

表 2-1 舵机控制模块元器件清单

元器件名称	数量
Arduino 开发板	1
SSC-32 路舵机控制板	1
9g 舵机	18
供电电源	1
杜邦线	若干

电路图：该模块的电路图即总电路图，如图 2-3 所示。

相关代码：

```
void setup()
{
  Serial1.begin(115200); //设置波特率为 115200
}

void loop()
{
Serial1.println(//归位站立
"＃0P1050＃5P1350＃13P1800＃29P2150＃24P1550＃16P1400＃14P1600＃15P1300＃6P1600＃7P1650
＃1P1950＃2P1600＃17P1350＃18P1750＃25P1200＃26P1350＃30P1350＃31P1250T500"
);
delay(1000);
Serial1.println(//全部抬起
"＃0P1050＃5P1350＃13P1800＃29P2150＃24P1550＃16P1400＃14P2300＃15P1300＃6P2300＃7P1650
＃1P2500＃2P1600＃17P900＃18P1750＃25P700＃26P1350＃30P900＃31P1250T500"
);
delay(1000);
Serial1.println(//前移
"＃0P1350＃5P1650＃13P2100＃29P1850＃24P1250＃16P1100＃14P2300＃15P1300＃6P2300＃7P1650
```

```
#1P2500#2P1600#17P900#18P1750#25P700#26P1350#30P900#31P1250T500"
);
delay(1000);
Serial1.println(//放下
"#0P1350#5P1650#13P2100#29P1850#24P1250#16P1100#14P1600#15P1300#6P1600#7P1650
#1P1950#2P1600#17P1350#18P1750#25P1200#26P1350#30P1350#31P1250T500"
);
delay(1000);

}
```

2）蓝牙模块

功能介绍：Arduino 开发板的 RX、TX 端口分别控制数据的读写功能，本模块主要功能是通过 HC-06 蓝牙模块与 Android 手机相连，读取数据从而实现不同的功能要求。因为 HC-06 蓝牙模块供电电压要求为 $3.6\sim6V$，所以，本模块需将 HC-06 蓝牙模块的 TX、VCC、GND 与 Arduino 开发板的 RX、5V 电压、GND 相连。

元器件清单：该模块所使用的元器件及其数量如表 2-2 所示。

表 2-2　蓝牙模块元器件清单

元器件名称	数量
Arduino 开发板	1
HC-06 蓝牙模块	1
杜邦线	若干

电路图：该模块电路图如图 2-4 所示。

相关代码：

```
void setup()
{
  pinMode(13,OUTPUT);
  Serial.begin(9600);
}
int i;
void loop()
{
  if(Serial.available()>0)
  {
    i = Serial.read();
    switch(i)
    {
      case'1':
          {digitalWrite(13,HIGH);break;}
      case'2':
          {digitalWrite(13,LOW);break;}
```

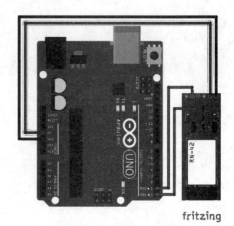

图 2-4　蓝牙模块电路图

```
      }
    }
}
```

2.1.4　产品展示

产品的整体外观图如图 2-5 所示。

(a)

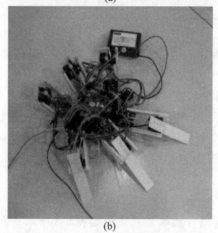

(b)

图 2-5　整体外观图

2.1.5　故障及问题分析

（1）问题：多路舵机电源供电不足。通过查阅相关资料，六足机器人通常借鉴昆虫的行走方式，在主要关节处安装舵机实现行走。因而在本项目中通过 18 个舵机控制六足机器人的行走，但是，在对舵机进行控制的过程中，当 Arduino 开发板对数量较少的舵机进行控制时，尚能完成相应的控制要求。当舵机数量增多时，会出现供电电压、电流不足的情况，导致舵机工作异常，从而无法实现功能的情况。

解决方案：为了解决这一问题，通过借助舵机控制板实现多路舵机的控制，这也是目前常用的六足机器人实现方式。通过查阅比对相关的资料参数,选用SSC-32舵机控制模块,解决了供电不足的问题,同时,也简化了相应的代码。

(2)问题:SSC-32舵机控制板工作异常。按照材料清单,将舵机控制板与Arduino开发板相连后,无法实现对舵机的驱动控制。

解决方案:通过核查相应的功能,排除了代码及舵机本身的错误,反复调试后发现原因,如果只将SSC-32舵机控制板的VCC与Arduino开发板相连,其电压供应无法支持舵机控制板正常工作。且在TX端与RX端的连接过程中也出现了小错误,通过改进连线和使用合适电源供电后,解决了这一问题。

(3)问题:机器人行走困难。将模块拼接在一起时,在实现部分行走功能时,会出现不同足之间相互碰撞的情况。在实现整体行走的过程中,因为模仿的是昆虫的六足步态,当只有三足触地的时候,使用的材料太软导致无法支持主体保持离地状态,从而妨碍了整体的行走功能。

解决方案:适当修改了部分舵机的转动角度,有效地避免了碰撞的出现。同时,多次对六足机器人的足进行了改造及加固,使其达到三足也能支持主体行走的功能。但是,鉴于目前使用的舵机及材料有限,在演示过程中仍有可能出现少许问题,因而仍有待后续深入改进。

(4)问题:蓝牙模块工作异常。在加入蓝牙模块时,因为蓝牙模块的通信波特率为9600,而舵机控制板的通信波特率为115200,无法同时实现从蓝牙模块端接收数据及向舵机控制板发送数据。

解决方案:查阅资料后发现蓝牙模块可以通过代码烧录改变波特率,但尝试过后并未解决。经过多次更改,最终采用动态更改波特率的方式,在接收数据时定义波特率为9600,在进入case程序后给舵机控制板传输数据时,将波特率更改为115200,在终止case程序时再将波特率调回9600,以便下次从蓝牙模块中读取数据。

2.1.6 元器件清单

完成本项目所需要的元器件清单及其数量如表2-3所示。

表2-3 设计六足机器人元器件清单

元器件名称	数量
Arduino开发板	1
SSC-32舵机控制板	1
HC-06蓝牙模块	1
9g舵机	18
供电电源	1
杜邦线	若干

参考文献

［1］ Simon Monk. 唐乐,译. Arduino＋Android 互动制作［M］. 北京：科学出版社,2012.

［2］ 徐小云,颜国正,等. 六足移动式微型仿生机器人的研究［J］. 机器人, 2002,vol.24(5)：427-431.

［3］ 王知行,邓宗全. 机械原理［M］. 2 版. 北京：高等教育出版社,2006.

［4］ 李永华,高英,陈青云. Arduino 软硬件协同设计实战指南［M］. 北京：清华大学出版社,2015.

2.2 项目2：实时模仿人手动作的机械手

设计者：龙非,张翔,何志敏

2.2.1 项目背景

最近几年,机器人、小车和机械手等自动操作装置非常受欢迎。其中,机械手能模仿人手和臂的某些动作功能,以按固定程序抓取、搬运物件或操作工具,是最早出现的工业机器人。它可代替人的繁重劳动,以实现生产的机械化和自动化,能在有害环境下操作以保护人身安全,因而,广泛应用于机械制造、冶金、电子、轻工和原子能等部门,对于人们的日常生活有着很大的影响。然而,本项目并不是按照传统操作一样用遥控器来操作,而是利用机械手来实时模仿人手的实际动作,最终达到人手做什么动作,机械手也能实现相同动作的目的。

2.2.2 创意描述

利用线性回归算法,建立弯曲传感器到舵机角度的映射,运用 MATLAB 中的 GUI 做绘图界面,并在界面中显示出具体的结果。完成如下两个功能：①便于通过舵机灵活带动机械手来表现出人手的具体动作；②能够更加直观地反映出舵机转动的角度,便于查看数据结果和故障分析过程。本项目通过设计实时机械手,实现人手与机械手的同步动作,最终为日常生活、工业生产以及未来多种生活场景中提供方便。

2.2.3 功能及总体设计

本项目将设计并实现一个能够在人手动作的同时模仿出相同动作的机械手,并且能通过线性回归算法自动建立从弯曲传感器到舵机角度的映射,能在图形界面中反映出机械手模仿过程中的具体数据,以便整体机械手功能的掌控与具体观察。

1. 功能介绍

机械手主要由执行的机械手、驱动机械手和控制机械手以及通信部分组成。机械手是通过精确控制舵机的转动角度来实现,机械手将表现出具有人手的动作功能,可以用来抓取持东西,理论上机械手可以实现完成各种动作,对不同形状、尺寸、质量、材料和作业要求的物体操作。驱动部分,是使机械手完成各种转动、位移、上升、下降来实现规定的动作,改变被抓物体的位置和姿势。这些动作可以被分解为独立的运动方式,称为机械手的自由度,这是机械手设计的关键参数,自由度越多,机械手的灵活性越大,通用性越广,其结构也越复杂。本项目作为探索性的机械手,研究 2~3 个自由度。

本项目的控制系统是通过 Arduino 开发板的微控制芯片对机械手每个自由度的电机进行控制,来完成特定动作。同时,接收机械手的反馈信息,通过对 Arduino 开发板进行编程实现稳定的闭环控制。通信部分,利用 XBee 模块传输信息使机械手能够在人手动作的时候模仿出相同的动作,并实现两者之间同时进行。最后,利用线性回归算法,建立弯曲传感器到舵机角度的映射,运用 MATLAB 中的 GUI 做绘图界面,并在界面中显示出来。

2. 总体设计

本项目使用 XBee 模块传输信息使得机械手可以实时模仿人手,同时使用 MATLAB 通过线性回归算法对机械手进行精确控制。

1)整体框架图

项目整体框架图如图 2-6 所示。

2)系统流程图

该项目的系统流程图如图 2-7 所示。

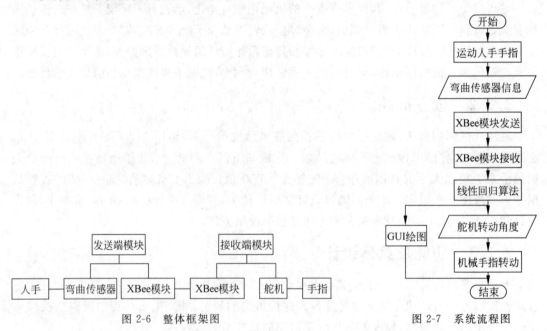

图 2-6　整体框架图

图 2-7　系统流程图

3)总电路图

该项目的总电路图如图 2-8 所示。

电路共使用了 5 个舵机,5 个弯曲传感器,2 个 Arduino 开发板,2 块 XBee 模块,2 块面包板。

发送端中:XBee1 端口接 3V3,2 端口接 TX,3 端口接 RX,10 端口接地,弯曲传感器正极连接到电池的正极,负极连接到电池的负极,负极分别连接 20kΩ 电阻后接到 A0、A1、

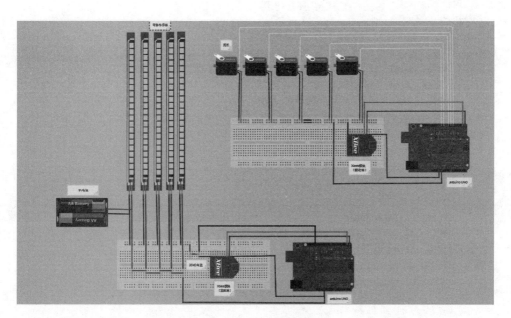

图 2-8　总电路图

A2、A3、A4。

接收端中：XBee2 端口接法同上，舵机正极接在 3V3 上，负极接地，中间端口分别连接 D5、D6、D7、D8、D9。

3. 模块介绍

该项目主要分为四个模块：XBee 模块、发送端模块、接收端模块、线性回归算法及绘图模块。

1）XBee 模块

功能介绍：与蓝牙类似，是一种短距离无线通信技术，具有远程控制能力。在本项目中用来通过两块 XBee 模块之间的数据传输来实现弯曲传感器和舵机之间的具体操作，是一个非常重要的组成部分。

元器件清单：XBee 模块。

电路图：XBee 模块图如图 2-9 所示。

相关代码：本模块的代码主要由两部分组成，一部分是向接收端发送信息，一部分是接收发送端传来的数据。

图 2-9　XBee 模块图

```
//本段代码实现功能是向接收端发送信息
  Serial.println('<');
  coora(a);
  coorb(b);
```

```
coorc(c);
coord(d);
coore(e);
coor(d,dmax,dmin);                  //弯曲传感器的数值范围
coor(e,emax,emin);

//本段代码是实现接收发送端传来的数据
if(Serial.available()>0)
  {
    ch = Serial.read();
    if(ch == '<')
    {
      a = Serial.parseInt();          //将弯曲传感器数值中的串行变量变为整型变量
      b = Serial.parseInt();
      c = Serial.parseInt();
      d = Serial.parseInt();
      e = Serial.parseInt();
    }
  }
```

2）发送端模块

功能介绍：作为 XBee 模块的数据发送端，收集弯曲传感器的数据，并且实时发送到另一块 XBee 模块中。

元器件清单：XBee 模块、弯曲传感器、Arduino 开发板。

电路图：发送端模块电路接线图如图 2-10 所示。

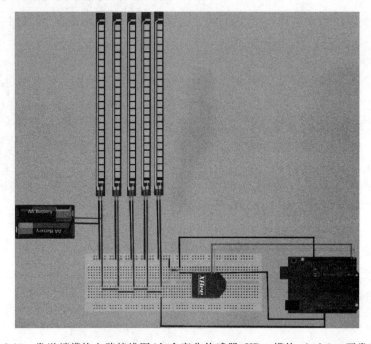

图 2-10　发送端模块电路接线图（包含弯曲传感器、XBee 模块、Arduino 开发板）

相关代码：本模块的代码主要包括读取弯曲传感器数值部分、发送端向接收端发送数值部分和查看 Arduino 内存空间部分。

```
//本段代码是所有变量和函数的定义部分
# include < MemoryFree. h >
int val;
void coora(int &a);                     //定义弯曲传感器的数值变量
void coorb(int &b);
void coorc(int &c);
void coord(int &d);
void coore(int &e);
int coor(int &num, int &nummax, int &nummin);  //弯曲传感器数值的范围
int a,b,c,d,e;
void setup() {
    Serial. begin(9600);
}

//本段代码实现功能是读取弯曲传感器数值
void loop() {
    a = analogRead(A0);                 //读取 A0 端口的传感器的数值,并赋值给变量 a
    b = analogRead(A1);                 //以下均同上
    c = analogRead(A5);
    d = analogRead(A3);
    e = analogRead(A4);

//本段代码实现功能是由发送端向接收端发送数值
    Serial. println('<');
    coora(a);
    coorb(b);
    coorc(c);
    coord(d);
    coore(e);
    coor(d,dmax,dmin);                  //确定弯曲传感器的数值最大变化范围
    coor(e,emax,emin);

//本段代码实现功能是查看 Arduino 内存空间,需要相关库函数
Serial. print("freeMemory() = ");
Serial. println(freeMemory());          //查看 Arduino 空闲内存空间
    delay(50);
}
```

3) 接收端模块

功能介绍：作为 XBee 模块的接收端,接收发送端发送过来的数据,经过相应代码转换将数据转换成适应舵机功能的数据信息,并控制舵机的转动来控制手指弯曲的角度。

元器件清单：XBee 模块、舵机、Arduino 开发板。

电路图：接收端模块电路接线图如图 2-11 所示。

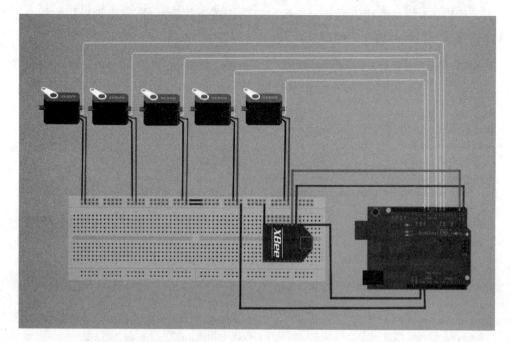

图 2-11　接收端模块电路接线图(包含舵机、XBee 模块、Arduino 开发板)

相关代码:本模块的代码主要包括接收弯曲传感器数值部分、转化弯曲传感器的数据为正确的舵机角度和查看 Arduino 内存空间部分。

```
//本段代码是所有变量和函数的定义部分
# include<MemoryFree.h>
# include<Servo.h>
Servo s1,s2,s3,s4,s5;                    //舵机
unsigned int val;
int a,b,c,d,e;
int val1,val2,val3,val4,val5;
char ch;
void setup() {
 Serial.begin(9600);
 s1.attach(6);                           //舵机角度的数值函数
 s2.attach(7);
 s3.attach(8);
 s4.attach(9);
 s5.attach(10);
}
```

```
//本段代码实现功能是接收发送端传来的数值,并且将数据限制到 0～9 之间,以防止特殊值的出现
void loop() {
if(Serial.available()>0)
  {
```

```
ch = Serial.read();
if(ch == '<')
{
    a = Serial.parseInt();
    b = Serial.parseInt();
    c = Serial.parseInt();
    d = Serial.parseInt();
    e = Serial.parseInt();
  }
}
constrain(a,0,9);                    //将 a~e 限制在 0~9 之间,防止特殊值
constrain(b,0,9);
constrain(c,0,9);
constrain(d,0,9);
constrain(e,0,9);
Serial.println('<');                 //打印到串口,以便 MATLAB GUI 输出
Serial.println(a);
Serial.println(a);
Serial.println(a);
Serial.println(a);
Serial.println(a);


//本段代码实现功能是将弯曲传感器的值转化为舵机角度
if(val1!= a * 20){
    val1 = a * 20;                   //将舵机角度设为限制过范围的 a 的 20 倍,即 0~180°
    s1.write(val1);
}
if(val2!= b * 20){
    val2 = b * 20;                   //以下均同上
    s2.write(val2);
}
if(val3!= c * 20){
    val3 = c * 20;
    s3.write(val3);
}
if(val4!= d * 20){
    val4 = d * 20;
    s4.write(val4);
}
if(val5!= e * 20){
    val5 = e * 20;
    s5.write(val5);
}
delay(15);


//本段代码实现功能是查看 Arduino 内存空间,需要相关库函数
Serial.print("freeMemory() = ");
```

```
    Serial.println(freeMemory());        //查看 Arduino 空闲内存空间
}
```

4）线性回归算法及绘图模块

功能介绍：采用 LMS 算法完成弯曲传感器数值到舵机角度的映射，运用 GUI 绘制出传感器的数据变化图像，更直观地观察弯曲传感器和舵机角度之间的数值联系与转化，实时了解手指转动的具体角度。

元器件清单：XBee 模块、舵机、Arduino 开发板、弯曲传感器。

相关代码：本段代码的功能是用线性回归算法来绘制出舵机角度和弯曲传感器角度的线性回归曲线，以及在 MATLAB 上应用 GUI 绘出各个弯曲传感器的变化数值曲线图。

（1）Arduino 部分

```
//本段代码实现功能为线性回归算法.
void coora(int &a){
    a = floor( - 24.54 + double(a)/950 * 33.67);    //线性回归方程
    if(a < 0){                                        //a 的取值严格控制在 0~9 之间
        a = 0;
    }
    if(a > 9){
        a = 9;
    }
    Serial.println(a);
}
void coorb(int &b){
    b = floor( - 1.34 + double(b)/810 * 11.41);    //线性回归方程
    if(b < 0){                                        //b 的取值严格控制在 0~9 之间
        b = 0;
    }
    if(b > 9){
        b = 9;
    }
    Serial.println(b);
}
void coorc(int &c){
    c = floor( - 4.05 + double(c)/175 * 12.23);    //线性回归方程
    if(c < 0){                                        //c 的取值严格控制在 0~9 之间
        c = 0;
    }
    if(c > 9){
        c = 9;
    }
    Serial.println(c);
}
void coord(int &d){
    d = floor( - 2.1 + double(d)/550 * 12.12);     //线性回归方程
```

```
    if(d<0){                                            //d 的严格控制取值在 0~9 之间
        d = 0;
    }
    if(d>9){
        d = 9;
    }
    Serial.println(d);
}
void coore(int &e){
    e = floor(-6.15 + double(e)/100 * 15.5);            //线性回归方程
    if(e<0){                                            //e 的取值严格控制在 0~9 之间
        e = 0;
    }
    if(e>9){
        e = 9;
    }
    Serial.println(e);
}


//本段代码实现功能为另一种构造映射的方法
int coor(int &num, int &nummax, int &nummin)
{
    if(num > nummax)                                    //严格控制 a~e 的数值范围(0~9)
    {
        nummax = num;
        Serial.println(9);
    }
    else if(num < nummin)
{
    nummin = num;
    Serial.println(0);
}
    else
    {
        int val = num;
        val = map(num, nummin, nummax, 0, 9);           //绘制出弯曲传感器到舵机的映射曲线
        if(val<0){
            val = 0;
        }
        Serial.println(val);
    }
}
```

(2) MATLAB 部分

```
% 本段代码实现功能分为两个部分,分别为 GUI 绘图部分的数据处理和具体绘图过程
func_lms_test.m (Script)
```

```
[z(:,1),z(:,2),z(:,3)] = textread('data.txt','%d%d%d');  %读取数据
x = z(:,1:2);
x1 = [];  %归一化
x1(:,1) = x(:,1);
x1(:,2) = x(:,2)/max(x(:,2));
y = z(:,3);
w = func_lms(x1,y)  %拟合
h = x1 * w;  %分析
plot(x(:,2),h,'.g',z(:,2),z(:,3),'.k');
title('弯曲传感器－角度')
xlabel('弯曲传感器数值'),ylabel('舵机角度')
legend('拟合','原值')
coef = corrcoef(h,y);  %相关系数
fprintf('coef:%f',coef(1,2));

%本段代码通过串口读取弯曲传感器数值
test.m (Script)
s = serial('COM7');  %串口对象
set(s,'BaudRate',9600);  %波特率
fopen(s);  %打开串口对象
t = 0;
x = 0;
while(t < 500)
        str = fgetl(s);
        x1 = str2num(fgetl(s));
        x = [x,x1];
        fprintf('%d\n',x1);
    t = t + 1;
end
fclose(s);  %关闭
x = x(2:length(x));  %对500组数据处理,排序,去重
x = unique(x);
x = sort(x);

%本代码实现功能为GUI绘图部分：主要分为Start、Serial Open和Serial Close按钮的实现
%Start按钮部分的实现
function pushbutton1_Callback(hObject, eventdata, handles)
global A;
s = serial('COM7');  %串口对象
if A == 1
    set(s,'BaudRate',9600);                    %波特率
    fopen(s);  %打开串口对象

    interval = 500;                            %读取数据个数
    t = 1;
    y1 = 0;
    y2 = 0;
    y3 = 0;
    y4 = 0;
```

```
        y5 = 0;
        x1 = 0;
        x2 = 0;
        x3 = 0;
        x4 = 0;
        x5 = 0;
while    1
        if A == 0
            fclose(s);
            break;
        end
        str = fgetl(s);
        if(str(1) == '<')
            x1 = str2num(fgetl(s));
            x2 = str2num(fgetl(s));
            x3 = str2num(fgetl(s));
            x4 = str2num(fgetl(s));
            x5 = str2num(fgetl(s));
            % fprintf('% d % d % d % d % d \n',x1,x2,x3,x4,x5);
            y1 = [y1,x1];
            y2 = [y2,x2];
            y3 = [y3,x3];
            y4 = [y4,x4];
            y5 = [y5,x5];

            cla(handles.axes1);
            cla(handles.axes2);
            cla(handles.axes3);
            cla(handles.axes4);
            cla(handles.axes5);

    % 绘图,对应坐标 axes1~axes5
    if min([length(y1),length(y2),length(y3), …
    length(y4),length(y5)])<= 10
        plot(handles.axes1,y1,'- r');
        plot(handles.axes2,y2,'- r');
        plot(handles.axes3,y3,'- r');
        plot(handles.axes4,y4,'- r');
        plot(handles.axes5,y5,'- r');
    else
        plot(handles.axes1,y1,'- r');
    while 1
        if A == 0
            fclose(s);
            break;
        end
        str = fgetl(s);
        if(str(1) == '<')
            x1 = str2num(fgetl(s));
```

```
                x2 = str2num(fgetl(s));
                x3 = str2num(fgetl(s));
                x4 = str2num(fgetl(s));
                x5 = str2num(fgetl(s));
                % fprintf('%d %d %d %d %d \n',x1,x2,x3,x4,x5);
                y1 = [y1,x1];
                y2 = [y2,x2];
                y3 = [y3,x3];
                y4 = [y4,x4];
                y5 = [y5,x5];

                cla(handles.axes1);
                cla(handles.axes2);
                cla(handles.axes3);
                cla(handles.axes4);
                cla(handles.axes5);

            if
min([length(y1),length(y2),length(y3),length(y4),length(y5)])<=10
                    plot(handles.axes1,y1,'-r');
                    plot(handles.axes2,y2,'-r');
                    plot(handles.axes3,y3,'-r');
                    plot(handles.axes4,y4,'-r');
                    plot(handles.axes5,y5,'-r');
            else
                    plot(handles.axes1,y1,'-r');
        xlim(handles.axes1,[length(y1)-10,length(y1)]);
                    ylim(handles.axes1,[0,9]);

set(handles.axes1,'xtick',length(y1)-10:1:length(y1))

                    plot(handles.axes2,y2,'-r');
                    xlim(handles.axes2,[length(y2)-10,length(y2)]);
                    ylim(handles.axes2,[0,9]);

set(handles.axes2,'xtick',length(y2)-10:1:length(y2))

                    plot(handles.axes3,y3,'-r');
                    xlim(handles.axes3,[length(y3)-10,length(y3)]);
                    ylim(handles.axes3,[0,9]);

set(handles.axes3,'xtick',length(y3)-10:1:length(y3))

                    plot(handles.axes4,y4,'-r');
                    xlim(handles.axes4,[length(y4)-10,length(y4)]);
                    ylim(handles.axes4,[0,9]);

set(handles.axes4,'xtick',length(y4)-10:1:length(y4))
```

```
                    plot(handles.axes5,y5,'-r');
                    xlim(handles.axes5,[length(y5)-10,length(y5)]);
                    ylim(handles.axes5,[0,9]);

set(handles.axes5,'xtick',length(y5)-10:1:length(y5))
                end
            t = t+1;
            drawnow;
            end
        end
    else
        fclose(s);
    end

% Serial Open 按钮部分的实现
function pushbutton2_Callback(hObject, eventdata, handles)
global A;
A = 1;

% Serial Close 按钮部分的实现
function pushbutton3_Callback(hObject, eventdata, handles)
global A;
A = 0;
```

2.2.4 产品展示

整体实物图如图 2-12 所示。

(a)

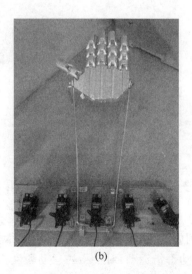
(b)

图 2-12 整体实物图

最终线性回归曲线如图 2-13 所示,弯曲传感器数值界面如图 2-14 所示。

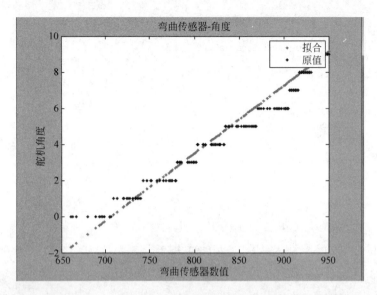

图 2-13 最终线性回归曲线

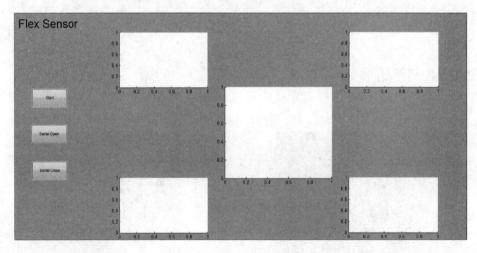

图 2-14 弯曲传感器数值界面

2.2.5 故障及问题分析

(1) 问题：机械手的制作先后经历了几个阶段，但是在制作的过程中发生了很多的问题，例如，手指不够，太容易转动，受重力影响很大等问题，这些问题直接影响到舵机能否成功带动手指运动，对手指的运动角度也有很大的影响。

解决方案：参考相关资料及视频重新制作了手指，用木头削成指节的形状并且用钉子固定，最后做出了可靠的能正常工作的机械手。

(2) 问题：弯曲传感器的连接。弯曲传感器的正负极接口很短，导线与其连接的时候非常不稳定,容易脱离,造成 XBee 模块接收结果有故障,浪费了很多时间。最后手指连接布线也比较复杂。

解决方案:采取将导线和弯曲传感器接口焊起来的方法,非常牢固且节省时间。在连线前进行合理规划布局,尽可能将复杂连线连接得美观又直观。

(3) 问题:舵机转动带动手指转动的过程。在实验过程中,用钓鱼线穿进手指的内部,在外部分别连接到舵机的两端,通过舵机角度转动来实现手指角度相应的转动,但是错误的连线方式总是无法使手指转动到正确的角度。

解决方案:经过多次的尝试,在手指弯曲角度最大的时候,将线与舵机的最远端连接到一起,在手指不弯曲的时候,将线与舵机的最近端点连接到一起,并且连接一定要足够紧。

(4) 问题:在上传程序以后,两块 XBee 模块都正常工作,从窗口上看到的接收数据也符合舵机要求,但是舵机总是会自动回复原位,且转动角度不正确。因为不够了解舵机工作的原理,在编程方面出现了问题。

解决方案:不要直接将 XBee 接收到的弯曲传感器数据应用到舵机上,而是经过进一步的处理,使接收到的数据转换为舵机可以应用的有效数据,才能正确地控制舵机的转动过程和角度。

(5) 问题:弯曲传感器与舵机角度之间的映射。如果弯曲传感器数据和舵机角度之间直接对应,即使在数据接收没问题的情况下,舵机转动角度仍然会不正确,所以要建立两者之间的映射,才能够正确控制舵机转动,并且能够直观地观察到两者之间的对应转化关系。

解决方案:采用线性回归算法完成弯曲传感器数值到舵机角度的映射,经过读取数据、拟合、分析后算出相关系数。画出线性回归曲线,并运用 GUI 绘出弯曲传感器工作时的数据曲线。

(6) 问题:将 5 个弯曲传感器一起连接到 Arduino 开发板上后,数据接收端出现乱码。

解决方案:修改代码中的语句,如果用 serial.read()就只能读出 ASCⅡ码,所以不能只用 serial.read(),而采取用 serial.parseint()读取数据的方式,将 ASCII 码转换成数字,并经过进一步处理,使其成为舵机转动的角度。

2.2.6 元器件清单

完成本项目所需要的元器件及其数量如表 2-4 所示。

表 2-4 实时模仿人手动作的机械手元器件清单

元器件名称	数量
Arduino 开发板	2
XBee 模块	2
弯曲传感器	5
舵机	5
面包板	2
杜邦线	若干
导线	若干

参考文献

［1］ Arduino 中文社区. Arduino 定时器的使用[J/OL]. http：//www. Arduino. cn/thread-2890-1-1. html

［2］ Arduino 中文社区. 通过手机控制蓝牙小车[J/OL]. http：//www. Arduino. cn/forum. php？mod＝viewthread&tid＝6590&highlight＝％E8％93％9D％E7％89％99

［3］ Arduino 中文社区. 用方便面盒子做的语音识别[J/OL]. http：//www. Arduino. cn/thread-4546-2-1. html

［4］ Arduino 中文社区. Arduino 教程——外部中断的使用[J/OL]. http：//www. Arduino. cn/thread-2421-1-1. html

［5］ 李永华,高英,陈青云. Arduino 软硬件协同设计实战指南[M]. 北京：清华大学出版社,2015.

2.3 项目3：自动调酒机

设计者：顾先华,章玥,赵梦影

2.3.1 项目背景

随着人们生活水平的提高,鸡尾酒饮料市场不断地扩大,DIY 调制鸡尾酒也越来越受人们欢迎。同时,2014 年开始,智能家居市场快速发展,人们不仅要享受美食,而且更加需要享受自己制作的过程。于是,懒人烹饪机层出不穷,但是,调酒机市场几乎一片空白,并没有广泛应用。因此,利用 Arduino 实现无人实际操作,通过机器自动调制出一杯鸡尾酒,从而迎合这两类市场需求。

本项目通过调查现有智能烹饪机的功能实现和市场现有自动调酒机,从中获得经验并完善或改善现有功能,突破市场现有大型自动调酒机的自身限制。同时,紧跟科技潮流,尝试使用 Arduino 来实现简易的自动调酒机的配酒技术,从而能够使更多的人使用自动调酒机来进行调酒,让调酒不再是一项需要专业知识才能操作的事情。通过尝试使用按键、遥控器的简单操作来完成酒品的选择,之后再自动进行调制,让其使用过程简单、方便、快捷。

2.3.2 创意描述

项目成果主要以实体形式展现,该成果实现了人们不再需要掌握很多有关调酒的专业知识,便可以调制一杯美酒的设想,将人为制作改变成自动化是最大的创新点。本项目将结合调酒专业知识,科学地设计完成调酒机。使人们能够随时随地喝到一杯美味的鸡尾酒,并且成本低廉、使用方便、制作过程简单快捷,高科技邂逅鸡尾酒,享受完美休闲的生活。

2.3.3 功能及总体设计

本项目要完成上述创意,最重要的是如何设计调酒机功能,让使用者来正确使用智能调酒机,从而调配出一杯美味的鸡尾酒。

1. 功能介绍

本项目的调酒机可以由用户选择所要调制的酒品种类,通过用户的输入来控制酒品的选择、倒入和混合,从而通过固定、单一的酒品调制出一杯混合的鸡尾酒,无须人工实际操作,完全由调酒机自动完成。通过手机 APP 遥控功能,扩充可选酒品种类,进一步完善成品。

2. 总体设计

要实现上述功能,将整个项目分为轨道部分、匀酒模块、注酒模块、遥控模块四部分。

1) 整体框架图

该项目的整体框架图如图 2-15 所示。

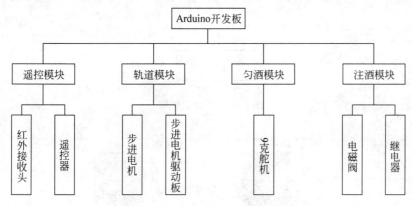

图 2-15　整体框架图

如图 2-15 所示,调酒机整体通过 Arduino 开发板控制,分为遥控模块、轨道模块、匀酒模块、注酒模块四部分。遥控模块由红外接收头和遥控器组成,遥控器发出命令,由红外接收头接收命令;轨道模块由步进电机拉动轨道模块,步进电机则需要步进电机驱动板驱动;匀酒模块由 9 克舵机组成,通过舵机旋转摇匀酒;注酒模块由继电器和电磁阀组成,继电器控制电磁阀开关以控制倒入酒量。

2) 系统流程图

该项目的系统流程图如图 2-16 所示。

用户通过使用遥控器发出命令,红外接收头接收到命令后,将命令存入命令数组,Arduino 开发板读取命令,步进电机开始移动,同时工作指示 LED 开始闪烁,运行到指定位置后,继电器常开电路工作,对应电磁阀打开,向酒杯中注入一定量的酒,然后继电器常闭电路工作,继续读取命令,重复执行,直至命令全部读取完毕后,命令操作清空,调酒结束,工作指示 LED 熄灭,全部过程完成。

3) 总电路图

该项目的总电路图如图 2-17 所示。

Arduino 开发板的 5V VCC 为 9 克舵机、红外接收头、步进电机以及继电器供电,所有器件共地,电磁阀需要外接电源以提供更高电压。两个步进电机通过一块步进电机驱动板

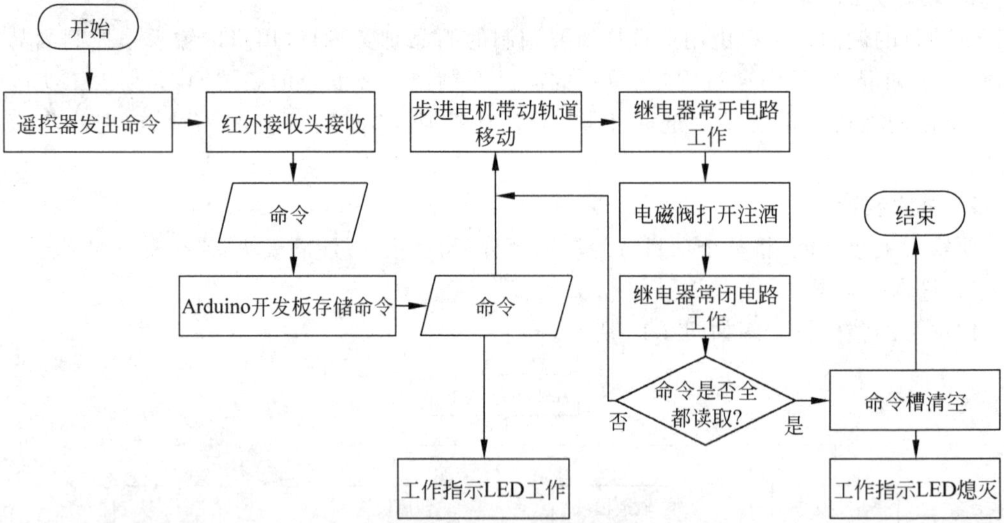

开始

遥控器发出命令 → 红外接收头接收

命令

Arduino开发板存储命令 → 命令

步进电机带动轨道移动 → 继电器常开电路工作

电磁阀打开注酒

结束

继电器常闭电路工作

命令是否全都读取？ 否 / 是

命令槽清空

工作指示LED工作

工作指示LED熄灭

图 2-16 系统流程图

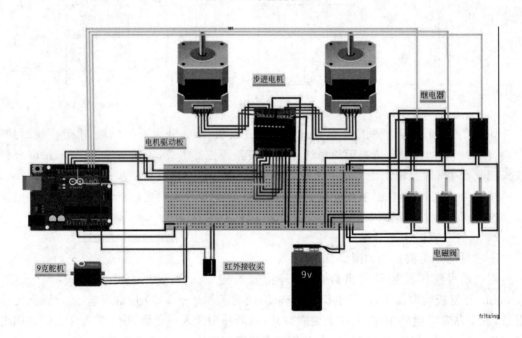

图 2-17 总电路图

驱动,驱动板的 A1 与 A2 相连共同连接到 Arduino 开发板的 10 口,B1 与 B2 相连共同连接到 Arduino 开发板的 11 口,依次类推,连接 12、13 口;红外接收头的信号端连接开发板的 3 口;9 克舵机信号端连接开发板的 9 口;三个继电器的信号端连接开发板的 4、5、6 口。

3. 模块介绍

该项目主要分为 4 个模块：轨道模块、匀酒模块、注酒模块和遥控模块。

1）轨道模块

功能介绍：完成酒杯的自由移动动作，通过步进电机提供轨道移动动力。

元器件清单：抽屉轨道、步进电机、步进电机驱动板。

电路图：该模块电路图如图 2-18 所示。

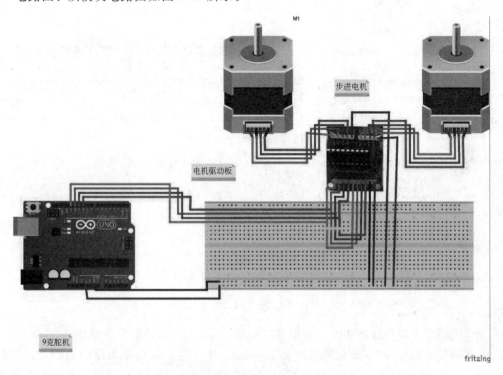

图 2-18　轨道模块电路图

如图 2-18 所示，轨道模块由 2 个步进电机、1 个步进电机驱动板和 1 个抽屉轨道组成。它工作的过程是通过 Arduino 开发板的控制使 2 个步进电机同步转动来为轨道提供动力进行移动，当选择是从 1 号酒到 2 号酒或从 2 号酒到 3 号酒、从 3 号酒到 2 号酒或从 2 号酒到 1 号酒时，步进电机转动 1 个单位时间；当选择是从 1 号酒到 3 号酒或从 3 号酒到 1 号酒时，步进电机转动 2 个单位时间，轨道移动 2 个单位长度，完成了酒杯的自由移动动作。

相关代码：

```
int Mix()
{
    for(i = 0;i < 20;i++){
    if(command[i]!= 0)                    //如果读取到命令,则执行以下代码
    {
    if(command[i] == 16720605)            //red 键,遥控器选择 1 号酒
```

```
      {
        int step_lengh = 10000;
        int step_lengh_long = 20000;
        if(command[ i + 1 ]!= NULL)
      {
        if(command[ i + 1 ] == 16712445)          //green 键,下一操作若为选择 2 号酒
          {
            while(step_lengh)
            {
          stepper_main();
          if(dir){ _step++; }                       //dir 控制电机顺时针旋转,酒杯体现为右移
          else{ _step -- ; }
          if(_step > 7){ _step = 0;}
          if(_step < 0){ _step = 7;}
          step_lengh -- ;
          delay(stepperSpeed);
        }
            digitalWrite(Ele2,HIGH);               //2 号电磁阀打开,倒 2 号酒
            delay(2000);
            digitalWrite(Ele2,LOW);
          }
          … }
  for(int j = 0;j < 20;j++)
  {
    command[ j ] = NULL;                           //清空命令数组,以便等待下一组命令
  }
    }
```

本段代码实现酒杯移动功能。首先若命令数组不为空,则读取命令数组中的命令 i,进入三个 if 语句中的一个(本段代码只展现第一个)。接着再读取 i+1 条命令,在本段示例代码中,若下一条命令要求 2 号酒,则电机控制酒杯向右运行 1 个单位长度;若要求 3 号酒,则为 2 个单位长度,执行完后则再次进入循环,读取下一个命令,重复以上过程。直到读取到的命令为空,则跳出循环,并清空命令数组,等待接收下一组命令。

2)匀酒模块

功能介绍:完成酒杯的旋转动作,使混合酒饮料能摇晃均匀。

元器件清单:9 克舵机。

电路图:该模块电路图如图 2-19 所示。

如图 2-19 所示,匀酒模块由一个 9 克舵机组成。当 Arduino 开发板读取完全部命令之后,控制 9 克舵机工作进行旋转,从而带动酒杯进行晃动,使混合酒饮料能摇晃均匀。

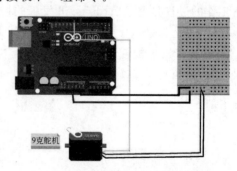

图 2-19　匀酒模块电路图

相关代码：

```
void shaker()
{
  while(time)
  {
  for(pos = 0; pos <= 180; pos += 10)          //从 0°到 180°
  {
    myservo.write(pos);                        //舵机旋转至角度 'pos'
    delay(10);                                 //等待时间
  }
 for(pos = 180; pos >= 0; pos -= 10)           //从 180°到 0°
{
    myservo.write(pos);
  delay(10);
    }
    time -- ;                                  //可自主更改摇晃时间
  }
  }
```

本段代码实现酒杯旋转匀酒功能。参数 pos 决定舵机旋转角度，利用 myservo. write()，使 pos 从 0°至 180°，则控制舵机顺时针旋转；反之，pos 从 180°至 0°则控制舵机逆时针旋转，如此重复动作使混合酒摇匀。

3）注酒模块

功能介绍：完成预定酒饮料的倒入，倒入动作由电磁阀完成，通过继电器控制。

元器件清单：电磁阀、继电器。

电路图：该模块电路图如图 2-20 所示。

注酒模块由 3 个电磁阀和 3 个继电器组成。在酒杯停止移动后，Arduino 开发板控制对应号码酒瓶下的继电器电路工作，此时继电器便会控制电磁阀打开，进行注酒，一定时间后继电器电路断开，此时电磁阀关闭，完成一次注酒工作。

相关代码：本模块代码包含在轨道模块中，以下为继电器基本代码。

```
  void loop()
  {
digitalWrite(pin3, HIGH);                      //继电器开
delay(2000);
digitalWrite(pin3, LOW);                       //继电器关
delay(2000);
  }
```

该部分代码实现继电器控制电磁阀开关的功能，由于在源代码中过于分散此处给出继电器基本代码。我们连接的电路中将电磁阀连接在继电器的常开电路上，当继电器的信号口为高电平时，继电器常开电路工作，即电路中的电磁阀打开；当继电器的信号口为低电平

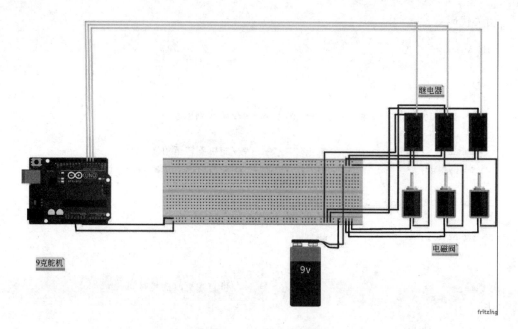

图 2-20　注酒模块电路图

时,继电器常闭电路工作,即电磁阀关闭,以此实现功能。

4)遥控模块

功能介绍:通过遥控器完成一定距离内的控制。

元器件清单:遥控器、红外接收头。

电路图:该模块电路图如图 2-21 所示。

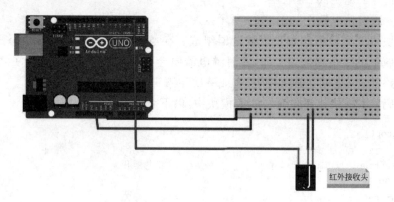

图 2-21　遥控模块电路图

如图 2-21 所示,该模块主要由遥控器和红外接收头组成。当遥控器在一定距离内指向红外接收头输入命令进行控制调酒机的工作,此时红外接收头接收到遥控器的命令后,将这些命令存入一个数组以备下一步工作进行时读取。

相关代码：

```
int command()                                    //存储一组命令
{
  while(i < 20)
  {
    if(irrecv. decode(&results)) {               //如果接收到遥控器发出的特定编码红外线
        if(results. value!= 16738455)            //如果接收到的不是终止命令
        {
        command[ i ] = results. value;           //将命令写入 command[ ]
        i++;
        }
        else {
          for(i;i < 20;i++)
          {
            command[ i ] = NULL;                 //否则写入空
          }
        }
        delay(600);
        irrecv. resume();                        //等待下一次接收
    }
  }
}
```

本代码实现存储遥控器发送的命令的功能。在这里命令数组大小定为 20,可任意更改,因此,此处循环 20 次,如果接收到遥控器发出的命令,则 irrecv. decode 将红外编码解码,results. value 被赋值,只要得到的命令不是终止命令则将命令存入命令数组,反之,若得到终止命令,则给命令数组剩余空间均赋空值。其中,每存储完一个命令需要延迟 0.6s 以避免接收过于灵敏导致乱码,并且需要利用 irrecv. resume 将接收头重置到接收状态。

2.3.4 产品展示

该项目的整体实物图如图 2-22 所示。黑色框架为调酒机的整体框架,框架上的三个酒瓶为三种酒品的容器,红色的酒杯为调酒杯,调酒杯下安装了 9 克舵机进行匀酒,酒杯下为酒杯移动的轨道,轨道两边为两个步进电机,通过步进电机的转动控制酒杯的移动。其余的电路连接面包板和 Arduino 开发板放在框架的黑色板子后面。

最终演示效果图如图 2-23 所示。调酒机共有三种酒品,通过遥控器输入酒品的号码 1、2、3 进行酒品选择,并在最终输入完成命令。当 Arduino 开发板接收到命令后,控制步进电机进行移动到所选择的 1、2、3 号相应的酒品下停住,Arduino 开发板会控制继电器常开来打开酒瓶下的电磁阀使酒品注入到酒杯中。在完成所有的酒品注入之后,Arduino 开发板会控制酒杯移动到 1 号酒品下面,通过酒杯下的 9 克舵机的转动进行匀酒,至此完成了调酒的过程。

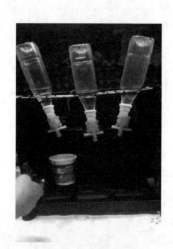

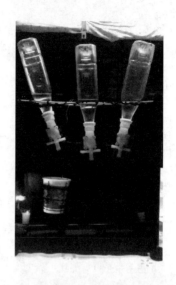

图 2-22　整体实物图　　　　　　　　　图 2-23　最终演示效果图

2.3.5　故障及问题分析

（1）问题：控制与酒杯移动同时进行，大大降低调酒机的效率。

解决方案：用数组存储命令，将输入命令与调酒机运行完全分离，酒杯移动时只需要从数组中读取即可，一组命令完成后数组将清 0，继续等待下一组命令。

（2）问题：酒杯无法按照命令到达指定位置，有时会出现走向不确定的问题。

解决方案：通过调整代码，预先读出下一位，从而决定酒杯走向，其中还需要考虑到步进电机选择顺时针旋转还是逆时针以决定方向。在调试代码的过程中发现，有时酒杯会出现走向完全不确定的问题，一开始认为是代码有误，但多次检查后仍然没有解决，最后通过在程序中加入一段红外显示编码才发现，因为遥控器连续按键太快，导致输出 0x000 000，所以无法完成功能，这应该是红外遥控固有的问题，只能从规范用户输入来解决问题。

（3）问题：发现酒杯的起始位置不同将使轨道模块代码变复杂。

解决方案：这个问题若要通过更改代码实现将使代码变复杂，所以最后的解决方法是通过强制使酒杯接完所有需要加入的酒后，统一回到起始位置，即 1 号酒下方，这样使得起始位置全部统一，代码大为简化。

（4）问题：水电无法分离。

解决方案：使用防水塑料板隔离。

（5）问题：步进电机橡胶塞绕绳时线圈会脱出。

解决方案：将橡胶塞使用订书针卡住，让线在固定范围内缠绕。

2.3.6　元器件清单

完成该项目所需的元器件及其数量如表 2-5 所示。

表 2-5　自动调酒机设计元器件清单

元器件名称	数　　量
Arduino 开发板	1
步进电机	2
步进电机驱动板	1
9 克舵机	1
遥控器	1
遥控器接收模块	1
继电器	3
电磁阀	3
LED 灯	4
导线	若干
面包板	1(大)3(小)
轨道	1
橡胶塞	5
瓶子	3
杯子	1
铁丝	若干
魔片	4

参考文献

[1] 极客工坊. Arduino 红外遥控系列教程 2013——发射与接收[J/OL]. http://www.geek-workshop. com/thread-3444-1-1.html
[2] 极客工坊. Arduino 入门教程——第二十课——红外遥控器介绍[J/OL]. http://www.geek-workshop.com/thread-2433-1-1.html
[3] 新浪微博. Arduino 控制舵机[J/OL]. http://blog.sina.com.cn/s/blog_5e4725590100d3sf.html
[4] 新浪博客. Arduino 控制直流电机[J/OL]. http://blog.sina.com.cn/s/blog_5e4725590100d2oq.html
[5] 李永华,高英,陈青云. Arduino 软硬件协同设计实战指南[M].北京:清华大学出版社,2015.

2.4　项目 4:自跟随小车

设计者:万洋,刘悦,李妍玲

2.4.1　项目背景

运用 Arduino 开发板实现小车的例子有很多,大多数是连接蓝牙或 WiFi 模块,通过手机对小车进行控制,如小车循迹、小车避障、小车跳八字、小车防跌落等。本项目将实现小车随着物体的移动而移动。经过对市场的调研发现,在高尔夫球场中,自跟随小车已经得到了应用,例如,背着球杆和球跟着运动员走。本项目用 Arduino 开发板实现自跟随小车,与已经投入应用的"球童"小车相比,大幅度地降低了成本。

2.4.2　创意描述

本项目的创新点在于大幅度降低了自跟随小车的成本。首次将小车用于智能家居方向(即超级奶爸)。如果家里有小孩,而苦于家长忙家务,没有人陪小朋友玩,本项目的小车就可以实现萌宠的功能。它能在家里跟着小朋友走,让小朋友在和它玩的乐趣中,忘记没有家长陪伴的孤独。这样,家长就可以安心地完成其他工作。同时,在你一个人逛街无人陪伴的时候,有这样一个萌萌的小东西,不用绳,不用喂食物,它都能跟着你到处逛,是不是很萌很酷炫呢?

如果在小车上安装摄像头,当家长在厨房做饭时不能照看小孩时,打开摄像头,将数据实时传入厨房中的计算机,家长就可以一边做饭,一边观察孩子的动向,是不是你想象中的智能家居?

2.4.3　功能及总体设计

根据上述创意,最重要的部分就是如何设计小车,让其可以实现自跟随的功能。在本项目中通过红外进行测距,判断后控制小车的行动。

1. 功能介绍

本项目的自跟随小车实现的主要功能有:

(1)当前方主人距离"它"的距离＜8cm 时,为了防止被主人踩伤,小车后退。

(2)当前方主人距离"它"的距离＞15cm 时,若检测到主人存在,小车前进。

(3)当前方主人距离"它"的距离＞15cm 时,若检测到主人存在,主人在左边,小车左转,主人在右边,小车右转。

(4)当前方主人距离"它"的距离＞8cm 并且＜15cm 时,与主人距离适中,小车停止。

2. 总体设计

要实现上述功能,如何控制小车的运动是关键,因此,项目中主要通过前进、后退控制部分、直流电机控制部分和左右转动控制部分分别控制小车的移动。

1)整体框架图

该项目整体框架图如图 2-24 所示。

2)系统流程图

该项目的系统流程图如图 2-25 所示。

3)总电路图

该项目的总电路图如图 2-26 所示。

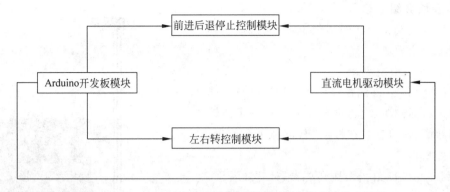

图 2-24　整体框架图

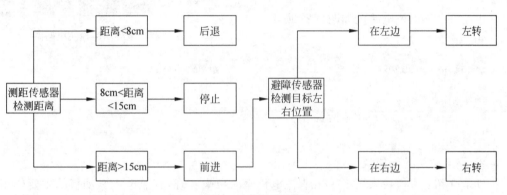

图 2-25　系统流程图

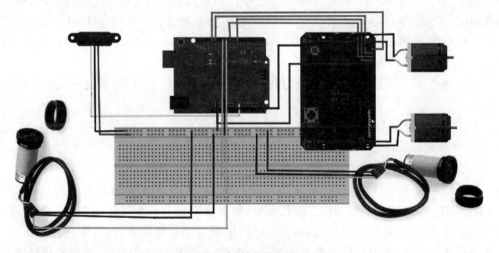

图 2-26　总电路图

3．模块介绍

该项目主要分为红外测距、直流电机控制和
红外避障三个模块。

1）红外测距模块

功能介绍：红外测距模块主要用于计算传感
器自身与目标的距离，通过转换公式将测量值转
换为实际值后，再执行选择语句，控制小车前进、
后退和停止。

元器件清单：红外测距传感器、杜邦线若干、
Arduino 开发板、传感器扩展板、MiniQ 小车
底座。

电路图：该模块电路图如图 2-27 所示。

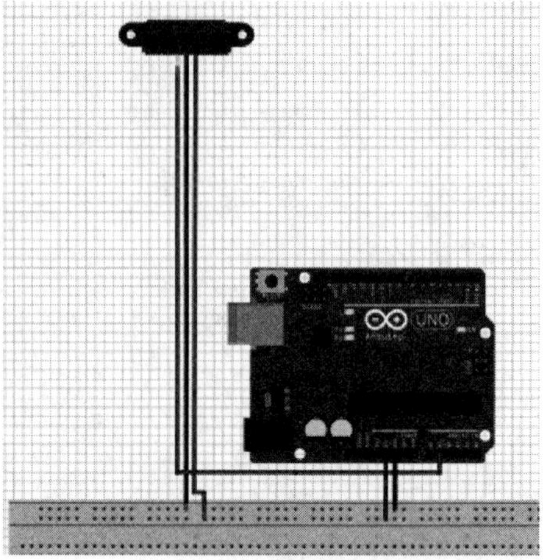

相关代码：

图 2-27　红外测距模块电路图

```
double get_gp2d120x (uint16_t value)        //距离转换公式
{
 if (value < 16) value = 16;
    return 2076.0 / (value − 11.0);
}
```

2）直流电机控制模块

功能介绍：本模块采用 L298n 直流电机驱动板来实现，直流电机驱动板的主要作用是
为直流电机提供足够大的电压，为小车的轮子提供一定的转速，使其能够带动整个车身移
动。其中，直流驱动板 L298n 的 12V 和 5V 接口都接入电压，ENA 和 ENB 端口也接入 5V
电压，IN1、IN2、IN3、IN4 分别接 Arduino 开发板上的 7、8、12、13 口。OUT1、OUT2、
OUT3、OUT4 分别接直流电机的左右正负极。如此连接后就可以通过在 Arduino IDE 中
定义 7、8、12、13 接口来控制小车前进、后退、左转、右转。

元器件清单：直流电机驱动板、杜邦线若干、Arduino 开发板、传感器扩展板、MiniQ 小
车底座。

电路图：该模块电路图如图 2-28 所示。

3）红外避障模块

功能介绍：红外避障模块主要用到了两个红外避障传感器，放置于小车的左右两边，当
传感器检测到前方物体时，对应数字端口输入低电平，并且亮起指示灯。写代码时使用
Digitalread(pin)函数读取相关接口的数字量，根据数字量选择左转还是右转。当左边传感
器检测到物体，而右边传感器未检测到物体时，说明目标在左前方，执行左转程序。当右边
传感器检测到物体，而左边传感器未检测到物体时，说明目标在右前方，执行右转程序。

元器件清单：红外避障传感器、杜邦线若干、Arduino 开发板、传感器扩展板、MiniQ 小
车底座。

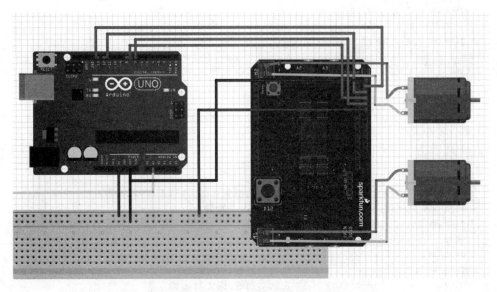

图 2-28　直流电机控制模块电路图

电路图：该模块电路图如图 2-29 所示。

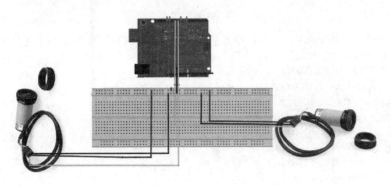

图 2-29　红外避障模块电路图

相关代码：

```
else if(distance>15)              //当距离大于15cm时,跳入switch-case选择语句
dis = 2;
else dis = 3;
switch(dis)
{case 1:                          //若与目标距离小于8cm
digitalWrite(13, HIGH);           //小车后退
  digitalWrite(12, LOW);
  digitalWrite(7, HIGH);
  digitalWrite(8, LOW);
  delay(1000);
  digitalWrite(12,LOW);           //后退一定距离后停止
```

```
    digitalWrite(13, LOW);
    digitalWrite(8, LOW);
    digitalWrite(7, LOW);
  break;
case 2:                                    //左右都检测到物体,前进
   if (!left&&!right)
   { digitalWrite(12, HIGH);
 digitalWrite(13, LOW);
    digitalWrite(8, HIGH);
   digitalWrite(7, LOW);
   delay(300);
   }
   else if(left&&!right)                   //若右边检测到物体,左边没有测到,则右转
   { digitalWrite(12, LOW);                //左轮前进,右轮静止
   digitalWrite(13, LOW);
    digitalWrite(8, HIGH);
   digitalWrite(7, LOW);
   delay(150);                             //延时控制左转角度(时长)
   digitalWrite(12, HIGH);                 //左转后前进,跟上目标脚步
   digitalWrite(13, LOW);
    digitalWrite(8, HIGH);
   digitalWrite(7, LOW);
   delay(300);
   }
    else if(!left&&right)                  //若左边检测到物体,右边未测到,则与上述相反
   { digitalWrite(12, HIGH);
     digitalWrite(13, LOW);
      digitalWrite(8, LOW);
     digitalWrite(7, LOW);
     delay(150);
    digitalWrite(12, HIGH);
     digitalWrite(13, LOW);
     digitalWrite(8, HIGH);
     digitalWrite(7, LOW);
     delay(300);
    }
   else                                    //左右都没测到,停下等待
  {
    digitalWrite(12,LOW);
    digitalWrite(13, LOW);
    digitalWrite(8, LOW);
    digitalWrite(7, LOW);
  }
  break;
```

2.4.4　产品展示

自跟随小车的整体实物图如图 2-30(a)、(b)、(c)所示,外观图如图 2-31 所示。

(a) 正面图

(b) 侧面图

(c) 背面图

图 2-30　自跟随小车整体实物图

图 2-31　自跟随小车外观图

2.4.5　故障及问题分析

(1) 问题：Arduino 开发板上 VCC 和 GND 接口不足，不能保证每一个模块的连接(供电)。若使用面包板进行扩展，则容易使导线变乱。并且使用面包板进行扩展会产生电路松动，接触不良的风险。

解决方案：在 Arduino 开发板上增加一块 Arduino 扩展板，这样每一个接口都有各自对应的 VCC 端与 GND 端，排针之间连接方便而且不容易松动。

(2) 问题：驱动直流电机时，左右两电机中有一个接触不好，进行测试时小车总是原地打转,不能完成前进或后退的功能。

解决方案:通过查找资料得知,直流电机驱动板的电源如果达不到标定电压值,就会出现控制问题,所以使用两个电池盒并联接入电压的方式,给直流电机驱动板加入 12V 的电压。

(3) 问题:测试小车左右转时发现,若检测到目标在左前方(或右前方),小车就会左转(或右转),而左转(或右转)幅度过大,使得小车转过了目标所在地点,转过弯之后前面已经找不到目标,小车就会停在原地。

解决方案:在小车的左右转和后退程序中加入 delay()延时程序,让小车左右转和后退的幅度变小,从而能够保证对目标的跟踪。

2.4.6 元器件清单

完成本项目所需要的元器件及其数量如表 2-6 所示。

表 2-6 自跟随小车元器件清单

元器件名称	数量
Arduino 开发板	1
传感器扩展板	1
直流电机驱动板	1
红外距离传感器	1
红外数字避障传感器	2
N20 电机(SKU:FIT0094)	2
橡胶轮(SKU:FIT0085)	2
万向轮	2
MiniQ 2WD 底盘	1
电机固定支架	2
固定螺钉	1
MiniQ 2WD 上顶盘	1
尼龙柱	10
电池盒	2
干电池	9
锂电池	1
杜邦线	若干
面包板	1

参考文献

[1] James Floyd Kelly, Harold Timmis. Arduino 奇妙之旅:智能车趣味制作天龙八步[M]. 程晨,译. 北京:机械工业出版社,2014.

[2] 宋楠,韩广义. Arduino 开发从零开始学[M]. 北京:清华大学出版社,2014.

[3] Michael McRoberts. Arduino 从基础到实践[M]. 杨继志,郭敬,译. 北京:电子工业出版社,2013.

[4] 李永华,高英,陈青云. Arduino 软硬件协同设计实战指南[M]. 北京:清华大学出版社,2015.

2.5　项目5：智能颜色识别追踪小车

设计者：谢吉洋，王舒彻，王艺霖

2.5.1　项目背景

物联网是新一代信息技术的重要组成部分，也是"信息化"时代的重要发展阶段。而车联网则是物联网下一个极其重要的分支。车联网是由车辆位置、速度和路线等信息构成的巨大交互网络。通过 GPS、RFID、传感器、摄像头图像处理等装置，车辆可以完成自身环境和状态信息的采集；通过互联网技术，所有的车辆可以将自身的各种信息传输汇聚到中央处理器；通过计算机技术，这些大量车辆的信息可以被分析和处理，从而计算出不同车辆的最佳路线、及时汇报路况和安排信号灯周期。

智能小车作为现代的新发明，是未来发展方向。它可以按照预先设定的模式在一个环境里自动地运作，不需要人为管理，可应用于科学勘探等用途。智能小车能够实时显示时间、速度、里程，具有自动寻迹、寻光、避障，可程控行驶速度、准确定位停车，远程传输图像等功能。在工业应用上，汽车在各项功能上发展较快，但是人为行车这一点并未改变，而长久以来始终居高不下的事故率使人们意识到，从根本上保证安全的方式可能是舍弃人工操作，改为智能行驶，以排除人工操作的多种主观错误与意外。近年来，全世界各大汽车厂商与高校研究所均在智能车上投以巨额资产，使智能车行业处于蓬勃发展时期。智能车辆已经成为世界车辆工程领域研究的热点和汽车工业增长的新动力，很多国家都将其纳入到智能交通系统中。

基于这样的背景，本项目决定对智能车进行拓展及实现，经过大量的资料阅读，决定对智能车自动调整方向行进的功能进行研究。利用 Arduino 开发板和各种模块，经过硬件组装、软件编程、整机调试等步骤，实现智能车自动调控方向与定速行驶的功能。

2.5.2　创意描述

智能小车在街道上简单明确地实现小车智能行驶是其基本功能，除行驶等基本功能外，还要实现两个重要的功能，一是方向识别，二是智能避障。经过大量资料搜集与比对，考虑到现有条件，通过颜色识别完成定位和追踪；同时为了避免路障，通过红外线的发射及接收使小车完成对周围环境的判断，实现了遇到障碍物自动停止前行，保证了小车的安全，最终以低成本和低代码量完成热门领域的功能实现。

2.5.3　功能及总体设计

本项目以 Arduino 开发板为中枢控制装置，通过搭载 W5100 网络模块传输摄像机拍摄的图片数据，在 PC 端利用 OpenCV 库进行编程，实现颜色识别功能，并以此作为定位方向的依据，同时搭载红外避障模块，通过红外线的发射及接收使小车完成对周围环境的判断，并实现遇到障碍物自动停止前行的功能。

1．功能介绍

以红色为目标标记颜色,小车能够利用摄像头观察 360°全范围的环境,并将数据传入 PC 进行图像分析,直到找到目标。然后将根据目标在视野中的位置,返回不同数据控制小车行驶方向,并最终准确停在目标物体面前,完成通过颜色识别追踪的智能驾驶功能。

2．总体设计

本项目整体由四个主要模块构成,分别为网络传输模块、小车驱动模块、红外避障模块、颜色识别模块。其中,以摄像模块为眼,拍摄周围环境获取信息;网络传输模块为神经系统,快速传导信息;颜色识别模块识别相应情况;核心模块为脑,以 Arduino 开发板为中枢处理,分析所获得的各类数据,并给予相应命令;红外避障模块为手,感应周边障碍物距离,保证安全;小车驱动模块为腿,最终实现颜色识别追踪智能小车的全部功能。

1）整体框架图

该项目的整体框架图如图 2-32 所示。

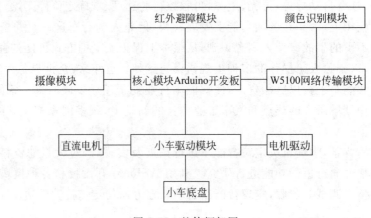

图 2-32　整体框架图

2）系统流程图

该项目的系统流程图如图 2-33 所示。

3）总电路图

该项目的总电路原理图如图 2-34 所示,电路接线图如图 2-35 所示。

3．模块介绍

本项目整体由四个主要模块构成,分别为网络传输模块、小车驱动模块、红外避障模块、颜色识别模块。

1）网络传输模块

功能介绍:W5100 是一款多功能的单片网络接口芯片,内部集成有 10/100Mbps 以太网控制器,主要应用于高集成、高稳定、高性能和低成本的嵌入式系统中,使用 W5100 可以

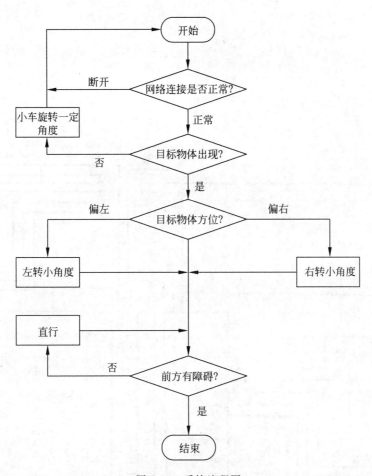

图 2-33　系统流程图

实现没有操作系统的 Internet 连接。W5100 与 IEEE802.3 10BASE-T 和 802.3u100BASE-TX 兼容，W5100 内部集成了全硬件的且经过多年市场验证的 TCP/IP 协议栈、以太网介质传输层（MAC）和物理层（PHY）。全硬件 TCP/IP 协议栈支持 TCP、UDP、IPv4、ICMP、ARP、IGMP 和 PPPoE，这些协议已经在很多领域经过了多年的验证。W5100 内部集成 16KB 存储器，用于数据传输，使用 W5100 不需要考虑以太网的控制，只需要进行简单的端口编程。W5100 提供三种接口：直接并行总线、间接并行总线和 SPI 总线。W5100 与 MCU 接口非常简单，就像访问外部存储器一样。

在本项目中，以 W5100 模块为移动传输装置，通过与 PC 端上搭建的服务端进行数据交换，可将摄像头拍摄的图片数据传输至 PC 中，通过 PC 实现快捷有效的处理分析，判断红色标示是否出现、出现方位在哪儿等问题，从而将不同的信号传出，再次由 W5100 接收，实现了网络传输的功能。

元器件清单：W5100 网络模块。

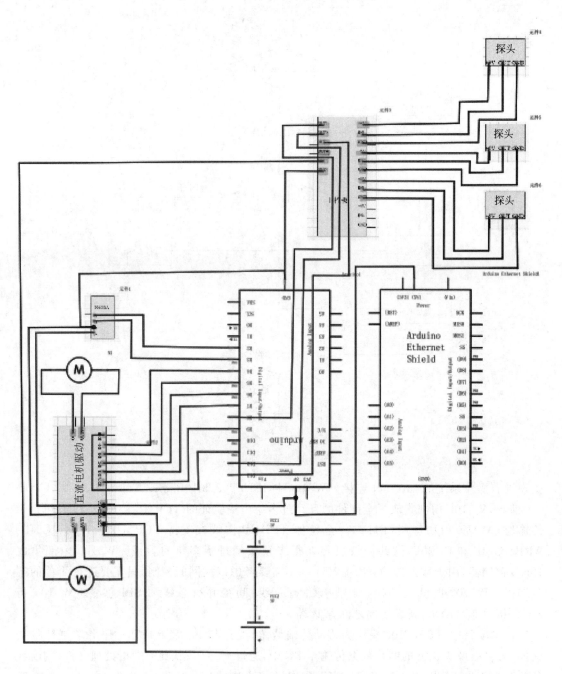

图 2-34　总电路原理图

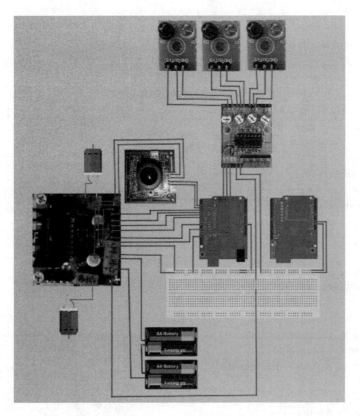

图 2-35 电路接线图

电路图：该模块电路原理图如图 2-36 所示。

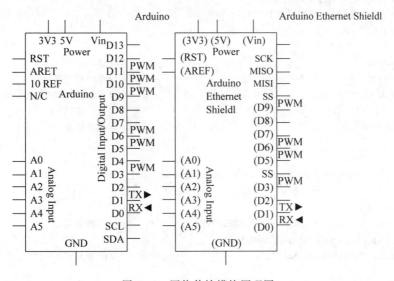

图 2-36 网络传输模块原理图

相关代码：

```
//W5100(客户端)相关代码
# include < SPI. h >
# include < Ethernet. h >
static byte mac[ ] = {0xAB,0XBC,0xAD,0xAE,0xEF,0xCD};
static IPAddress clien_ip(192,168,0,107);
static IPAddress server_ip(192,168,0,2);                   //配置 IP 地址
EthernetClient client;
void setup(){
    Serial.begin(9600);
    Ethernet.begin(mac,clien_ip);
    if(client.connect(server_ip,1080)> 0){
            client.println("hello! server! I'm client!");
    }
}
void loop(){
    if(client.available()){
        char c = client.read();
        Serial.print(c);
    }
    if(!client.connected()){
        Serial.println("disconnected!");
    }
}
//PC(服务端)相关代码
# include < WinSock2. h >
using namespace std;
//将.lib库加入到项目中进行编译
# pragma comment(lib,"ws2_32.lib")
# define MS_LEN 32

SOCKET socketClient;                                        //套接字
HANDLE event;                                               //置位信号
SECURITY_ATTRIBUTES se;                                     //为函数创建对象是提供安全性设置
LinkList socketList;                                        //客户端链表
LinkQueue msgQueue;                                         //缓存队列

//广播消息的线程
DWORD WINAPI sendMsgThreadProc(LPVOID lpThreadParameter){
    char * sendBuf; LinkNode * p; PClient pClient;
    while(1) {
        WaitForSingleObject(event,INFINITE);                //等待信号
         if (isQueueEmpty(msgQueue)) {
            ResetEvent(event);                              //信号复位
          }
        else{
```

```
                int dataLength = 0;
                DeQueue(msgQueue,sendBuf,dataLength);
                p = socketList;
                while(p->link!= NULL){
                        pClient = p->link->data;
                        if (dataLength > 0) {
                                send(pClient->socketClient,sendBuf,dataLength,0);
                                 cout <<"消息(";
                                for (int i = 0;i < dataLength;i++) {
                                        cout << sendBuf[i];
                                 }
                                cout <<")已广播"<< endl;
                        }
                p = p->link;
                }
        delete sendBuf;
    }
}
//接收消息的线程
DWORD WINAPI ThreadProc(LPVOID lpThreadParameter){
    SOCKET socketClient = ((Client * )lpThreadParameter)->socketClient;
    SOCKADDR_IN addrClient = ((Client * )lpThreadParameter)->addrClient;
    while(1){
        char recvBuf[MS_LEN] = {0};
        if ((sumNum != 0) && (sumNum == recvSumNum)){
            string filename = createImg(sumNum);           //保存图像
            char recMsg = imageAnalyses(filename);         //处理图像
            char * pcRecMsg = new char(recMsg);
            EnQueue(msgQueue,pcRecMsg,1);
            SetEvent(event);                               //event 信号置位
        }
        num = recv(socketClient,recvBuf,sizeof(recvBuf),0);//如果连接终止,则会返回
        if (num == 0) {
          cout <<"连接终止"<< endl; break;
        }
        else if (num > 0){
            char * queueRecvBuf ;
            queueRecvBuf = new char[MS_LEN];
            memcpy(queueRecvBuf,recvBuf,MS_LEN);
            EnQueue(msgQueue,queueRecvBuf,recvNum);         //把收到的消息放入队列
        }
    }
}
```

2) 颜色识别模块

功能介绍：VC0706 是中星微电子针对图像采集和处理应用而专门设计的监控摄像机

数字图像处理芯片。对来自 CMOS 传感器的视频信号进行 AWB(自动白平衡)、AE(自动曝光)、AGC(自动增益控制)等图像处理,并融合低照度下图像增强处理、图像噪声智能预测与抑制等先进技术,由标准 CCIR656 接口输出高质量的数字视频信号。VC0706 内置的 JPEG 编解码器支持对采集画面进行实时编码,外部控制器可以方便地读取 M-JPEG 视频流,轻松实现双码流摄像机的设计。VC0706 支持运动检测和 OSD 屏幕字符及图案叠加显示功能,可以自行定义检测区域和灵敏度。内置 NTSC、PAL 电视信号编码器和高质量视频信号数模转换器,可以直接输出复合视频信号到电视机等显示设备。

OpenCV 的全称是 Open Source Computer Vision Library。OpenCV 是一个基于(开源)发行的跨平台计算机视觉库,可以运行在 Linux、Windows 和 Mac OS 操作系统上。它轻量级而且高效——由一系列 C 函数和少量 C++ 类构成,同时提供了 Python、Ruby、MATLAB 等语言的接口,实现了图像处理和计算机视觉方面的很多通用算法。

在本项目中,选用 VC0706 模块进行拍摄,得到小车正前方对应的环境现状图片,通过网络传输模块传入 PC 中,调用 OpenCV 库中的函数对图片进行分析处理,判断视野内是否有设定的颜色物体,若无则返回一个信号,若有则进而判断它所在视野的具体方位,使小车能够以此为依据调整方向,并最终向目标物体驶去。

元器件清单:VC0706 摄像头模块。

电路图:该模块的电路原理图如图 2-37 所示,电路接线图如图 2-38 所示。

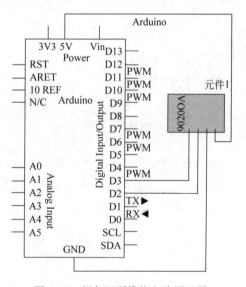

图 2-37　颜色识别模块电路原理图

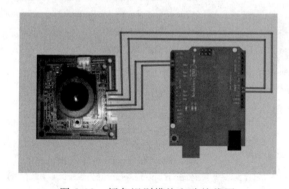

图 2-38　颜色识别模块电路接线图

相关代码:

```
//摄像头部分代码
if (!cam.takePicture())
    Serial.println("Failed to snap!");
```

```
else
    Serial.println("Picture taken!");
uint16_t jpglen = cam.frameLength();
while (jpglen > 0) {
    //一次读取 32bytes
    uint8_t * buffer;
    uint8_t bytesToRead = min(32, jpglen);
    //一次性读取 32byte 数据,过大容易不工作
    buffer = cam.readPicture(bytesToRead);
    client.write(buffer, bytesToRead);
    jpglen -= bytesToRead;
}
cam.resumeVideo();


//图像分析部分代码
IplImage * colorSearch(string pic){
    IplImage * img = cvLoadImage(pic.c_str());              //加载图
    //在 HSV 空间中处理图像
    IplImage * channelH = cvCreateImage(cvGetSize(img), IPL_DEPTH_8U, 1);
    //创建 H 通道
    IplImage * channelS = cvCreateImage(cvGetSize(img), IPL_DEPTH_8U, 1);
    //创建 S 通道
    IplImage * channelV = cvCreateImage(cvGetSize(img), IPL_DEPTH_8U, 1);
    //创建 V 通道
    IplImage * HSV = cvCreateImage(cvGetSize(img), IPL_DEPTH_8U, 3);
    //创建 HSV 图像
    cvCvtColor(img, HSV, CV_BGR2HSV);                       //将 RGB 空间转换为 HSV 空间
    //分离通道,HSV->H、S、V
    for (int i = 0;i < HSV->height;i++) {
        unsigned char * pHSV = (unsigned char * )(HSV->imageData + i * HSV->widthStep);
        unsigned char * pH = (unsigned char * )(channelH->imageData + i * channelH->widthStep);
        unsigned char * pS = (unsigned char * )(channelS->imageData + i * channelS->widthStep);
        unsigned char * pV = (unsigned char * )(channelV->imageData + i * channelV->widthStep);
        for (int j = 0;j < HSV->width;j++) {
            pH[j] = pHSV[3 * j + 0]; pS[j] = pHSV[3 * j + 1]; pV[j] = pHSV[3 * j + 2];
        }
    }
    //对单通道图像进行阈值操作得到二值图像
    cvThreshold(channelH, channelS, 8, 1, CV_THRESH_BINARY_INV);
    //0 < H < 8 的二值图像
    cvThreshold(channelH, channelH, 160, 1, CV_THRESH_BINARY);
    //160 < H < 180 的二值图像
    //将 H、S 通道合并,并转换为二值图像
    for (int i = 0;i < channelH->height;i++) {
```

```
        unsigned char * pH = (unsigned char *)(channelH -> imageData + i * channelH ->
widthStep);
        unsigned char * pS = (unsigned char *)(channelS -> imageData + i * channelS ->
widthStep);
        for (int j = 0;j < channelH -> width;j++) {
            if (pH[j] || pS[j]){
                pH[j] = (unsigned char)255;
            }
        }
    }
    return channelH;
}
```

3）红外避障模块

功能介绍：YL-70 四路红外避障模块是为智能小车、机器人等自动化机械装置提供一种多用途的红外线探测系统的解决方案。该传感器对环境光线适应能力强，其具有一对红外线发射与接收管，发射管发射出一定频率的红外线，当检测方向遇到障碍物时，红外线反射回来被接收管接收，经过比较器电路处理之后，同时信号输出接口输出数字信号，可通过电位器旋钮调节检测距离，有效距离范围为 2～60cm，工作电压为 3.3～5V。该传感器的探测距离可以通过电位器调节。其具有干扰小、便于装配、使用方便等特点，可以广泛应用于机器人避障、避障小车等众多场合。

本项目中的小车在向目标行进过程中，利用 YL-70 模块向各个方向发射红外线，检测在规定范围内是否有障碍物，如果在规定范围内出现障碍物，则接收机接收到被反射回来的红外线信号，并返回信号至 Arduino 开发板，利用开发板向小车驱动模块发出停止命令，使小车能够实现避障功能。

元器件清单：YL-70 四路红外避障模块、Arduino 开发板。

电路图：该模块的电路接线图如图 2-39 所示，电路原理图如图 2-40 所示。

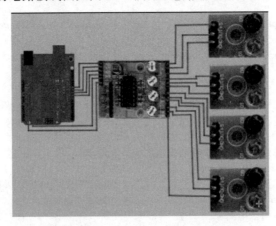

图 2-39　避障模块电路接线图

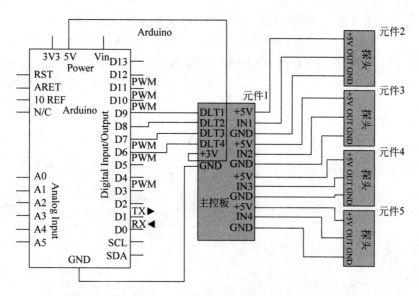

图 2-40　避障模块电路原理图

相关代码：

```
//引脚定义
int IRR = 8;                                //定义右侧避障传感器接口
int IRM = 12;                               //定义中间避障传感器接口
int IRL = 13;                               //定义左侧避障传感器接口
pinMode(IRR,INPUT);
pinMode(IRM,INPUT);
pinMode(IRL,INPUT);
//以直行程序为例说明
int r,m,l;
r = digitalRead(IRR);
m = digitalRead(IRM);
l = digitalRead(IRL);
if(l == HIGH &&m == HIGH && r == HIGH){
    advance(120);
}
else{
    stop();
}
```

4）小车驱动模块

功能介绍：直流电机(direct current machine)是指能将直流电能转换成机械能(直流电动机)或将机械能转换成直流电能(直流发电机)的旋转电机。它是能实现直流电能和机械能互相转换的电机。当它作电动机运行时是直流电动机，将电能转换为机械能；作发电机运行时是直流发电机，将机械能转换为电能。直流电机是智能小车及机器人制作必不可少的组成部分,其主要作用是为系统提供必须的驱动力,用以实现其各种运动。目前市面的直流电机主要分为普通电机和带动齿轮传动机构的直流减速电机。

在本项目中,该模块起到了使小车按指令行驶的作用。实现在前期以一定速度自转,为摄像头进行各个方向拍摄提供支持;检测到目标物体后,则按 Arduino 开发板给予的指令,通过两边转速不同来调整小车方向,最终向前行驶;并在收到停止信号后停止转动等三个功能。

元器件清单:直流电机驱动、直流电机。

电路图:该模块的电路接线图如图 2-41 所示,电路原理图如图 2-42 所示。

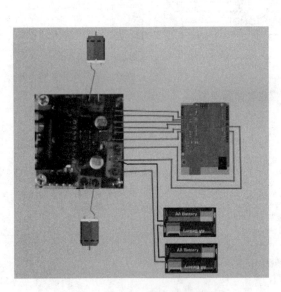

图 2-41　小车驱动模块电路接线图

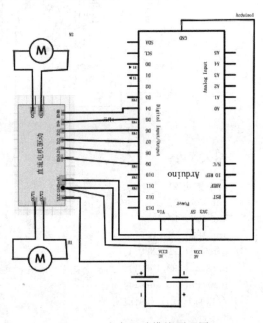

图 2-42　小车驱动模块原理图

相关代码:

```
//引脚定义
  pinMode(pinI1,OUTPUT);
  pinMode(pinI2,OUTPUT);
  pinMode(speedpin,OUTPUT);
  pinMode(pinI3,OUTPUT);
  pinMode(pinI4,OUTPUT);
  pinMode(speedpin1,OUTPUT);
//以直行程序为例
void advance(boolean r)//前进
{
      analogWrite(speedpin,140);                    //输入模拟值进行设定速度
      analogWrite(speedpin1,120);
      digitalWrite(pinI4,LOW);                      //使直流电机(右)逆时针转
```

```
digitalWrite(pinI3,HIGH);
digitalWrite(pinI1,LOW);                                    //使直流电机(左)顺时针转
digitalWrite(pinI2,HIGH);
}
```

2.5.4　产品展示

该项目的整体实物图如图 2-43 所示,最终演示效果图如图 2-44 所示。

图 2-43　整体实物图

图 2-44　最终演示效果图

2.5.5　故障及问题分析

(1)问题:电池寿命不足。

解决方案:实验中,由于前后长达几个月的调试,电池消耗很大,在后期中出现小车突然不运行的问题,但各个接口接触良好,插线稳定,查不出任何错误,一度使实验陷入困境。发现电池问题后,准备利用移动电源替换电池,进行重复使用以及长时间供电,但市面上有的移动电源供电电压普遍在 5V 附近,不足以带动驱动装置,故该方案未能成行,仍旧使用电池供电,通过定期更换电池解决问题。

(2)问题:直流电机不稳定。

解决方案:直流电机的工作效果受到很多因素影响,如小车质量、电线接触、地面光滑程度等,众多原因均会造成转速不一致,使成品受环境和硬件影响很大。本项目在原有的基础上,尽量固定各类杜邦线,平衡小车上装载模块的质量,使两边电机能够处于相同的工作状态,减少客观因素对产品的影响。

(3)问题:蓝牙模块不稳定,不适合发送大量数据。

解决方案:在项目初期,计划利用蓝牙模块进行无线的数据传输,这样的设计简捷有效,方法也简单可行。但在深入了解现有的蓝牙模块的相关参数后,发现照片数据量巨大,蓝牙模块并不能进行快速的传输。故只好更换方案,经过研究,决定换用 W5100 网络模块,

并在 PC 端自建服务端,实现了照片传输。

(4) 问题:Arduino 开发板内存太低,影响发挥。

解决方案:由于本项目模块较多,设计出的相关功能需要大量程序代码支持,除开 PC 端的服务器代码、颜色识别代码之外,仍有较多中枢控制类代码需要烧至 Arduino 开发板中,然而 Arduino 开发板在代码量达到一定数值后就会出现崩溃现象,必须进行代码瘦身,尽力剪去一些不必要的代码片,因此有些功能会出现 BUG 现象。

(5) 问题:购买的摄像头无法在 Arduino 开发板上使用,耽误大量时间。

解决方案:在初期,由于第一次自己选择购买相关板块,调查不足,购买时较为鲁莽地选择了一款 OV7670 摄像模块,但该模块并无 Arduino 开发板可用的相关驱动,不能直接使用。经过后来的认真调查,精心挑选了和 Arduino 开发板匹配的 OV0706 摄像头模块,并成功地实现了所需功能。

(6) 问题:PC 作为服务端,使用 Windows 编程,编写 Socket 程序,耗时良久。

解决方案:将蓝牙模块更换为 W5100 模块后,随之而来的是服务端的建立问题。由于接收图片时对接收数据的格式理解不充分,传输并保存的文件不正确,导致程序持续报错,后经过大量学习与交流,找到了正确的保存方式,最终成功建立服务端。

(7) 问题:Arduino Ethernet 库函数理解问题。

解决方案:初步接触 Ethernet 库时,对 Client 和 Server 的关系不清楚,导致程序持续报错,经过仔细查看官网上 Ethernet 库文件下的函数的定义和使用方法,正确解决了这个问题,并能成功使用 Ethernet 库下的相关函数,使用其网络传输的功能。

2.5.6　元器件清单

完成本项目所需要的元器件及其数量如表 2-7 所示。

表 2-7　智能颜色识别追踪小车元器件清单

元器件名称	数量
Arduino 开发板	1
W5100 网络模块	1
VC0706 摄像头模块	1
直流电机驱动	1
直流电机	2
PC	1
杜邦线	若干

参考文献

[1]　Bradski G,Kaehler A. 学习 OpenCV(中文版)[M]. 于仕琪,刘瑞祯,译. 北京:清华大学出版社,2009.

[2]　Robert Laganiere. OpenCV2 计算机视觉编程手册[M]. 张静,译. 北京:科学出版社,2013.

[3]　宋楠,韩广义. Arduino 开发从零开始学:学电子的都玩这个[M]. 北京:清华大学出版社,2014.

[4]　Stephen Prata. C++Primer Plus 中文版[M]. 6 版. 张海龙,袁国忠,译. 北京:人民邮电出版社,2012.

[5]　李永华,高英,陈青云. Arduino 软硬件协同设计实战指南[M]. 北京:清华大学出版社,2015.

2.6　项目6:自平衡小车

设计者:金雪航,袁野,赵婷

2.6.1　项目背景

自平衡小车是利用动态平衡原理,是一个高度不稳定两轮机器人,是一种多变量、非线性、强耦合的系统,是检验各种控制方法的典型装置。同时,由于它具有体积小、运动灵活、零转弯半径等特点,将会在军用和民用领域有着广泛的应用前景。它既有理论研究意义,又有实用价值,所以两轮自平衡小车的研究在最近十年引起了大量机器人技术实验室的广泛关注。

本项目基于 Arduino 开发板制作自平衡小车,运用陀螺仪和加速度计实现两轮平衡的电动智能小车。利用此开源平台,用模块化实现小车的平衡、前进、后退,使用蓝牙模块进行小车的控制。主要研究内容包括:

(1) 设计两轮自平衡小车驱动电路。选择合适的电机、传感器和微控制单元并合理设计相应的外围电路,最终完成两轮自平衡小车系统的硬件设计。

(2) 完成驱动板的调试。通过对霍尔信号、驱动触发脉冲、D/A 输出以及电机空载进行实验,验证了其驱动板满足本系统的设计要求。

(3) 处理传感器数据。选用惯性导航器件陀螺仪和加速度计,详细分析两者的工作原理及使用所存在的问题。为了解决陀螺仪的漂移、加速度计的动态响应慢等缺点,设计复合互补型滤波器并进行相应的仿真实验,验证了该滤波器的可行性,从而确保其提供的数据尽可能地准确和可靠,为后续的控制策略研究提供保障。

(4) 研究自平衡小车的控制策略。本项目进行了 PID 技术控制策略和极点配置技术的研究。最终实现小车可以自平衡站立,可以通过用手机控制小车前进、后退、转弯等功能。

2.6.2　创意描述

基于 Arduino 开发自平衡智能小车机器人,进行动手组装,选择合适的减速电机,运用加速度计和陀螺仪进行角度和速度的控制,通过 Arduino 进行数据的调试和控制,最终实现两轮自平衡小车。与其他小车最大的不同点,是本项目的小车以两个轮子进行自主调节,从而达到平衡的效果,两个轮子的小车同样不会失去平衡而"摔倒"。通过蓝牙通信模块,使得手机 APP 控制小车,从而让小车按照指令前进、后退、转弯。尽量控制成本,完成一个简单美观的简易自平衡小车,因其体积小,操作灵活,转弯半径小,可供玩耍、载物以及在各种场景中的应用。

2.6.3　功能及总体设计

本项目的智能小车要达到自平衡的目的,需要使用加速度计和陀螺仪等模块进行适当的设计,除此之外,加入了蓝牙通信控制和手机 APP 的功能。

1. 功能介绍

通过蓝牙通信,完成手机 APP 控制,实现自平衡前进、后退、转弯、旋转。

2. 总体设计

本项目要实现两轮小车的自平衡功能,最重要的是进行陀螺仪部分的设计。另外,蓝牙通信部分和小车的电机驱动部分也是必不可少的。

1）整体框架图

该项目的整体框架图如图 2-45 所示。

图 2-45　整体框架图

2）系统流程图

该项目的系统流程图如图 2-46 所示。

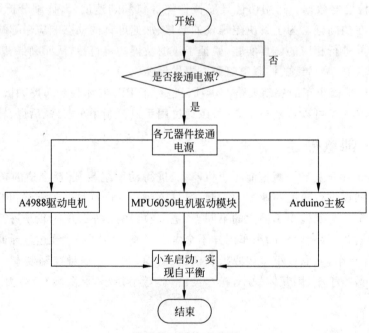

图 2-46　系统流程图

3）总电路图

该项目的总电路图如图 2-47 所示。

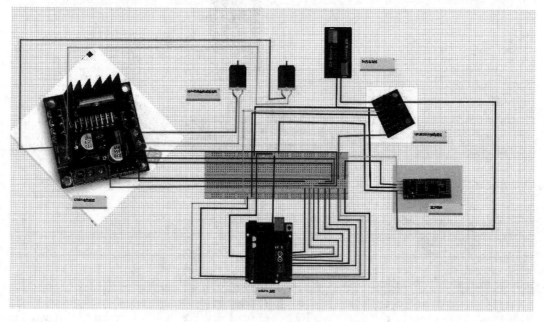

图 2-47　总电路图

3. 模块介绍

该项目主要有三个模块：MPU6050 陀螺仪模块、L298N 电机驱动模块、蓝牙模块。

1）MPU6050 陀螺仪模块

功能介绍：MPU6050 对陀螺仪和加速度计分别用了三个 16 位的 ADC，将其测量的模拟量转化为可输出的数字量。为了精确跟踪快速和慢速的运动，传感器的测量范围都是可控的，陀螺仪可测范围为 ±250°、±500°、±1000°、±2000°/s（dps），加速度计可测范围为 ±2、±4、±8、±16g。

XA_ST 设置为 1 时，X 轴加速度感应器进行自检。

YA_ST 设置为 1 时，Y 轴加速度感应器进行自检。

ZA_ST 设置为 1 时，Z 轴加速度感应器进行自检。

AFS_SEL 2 位无符号值。选择加速度计的量程。

元器件清单：MPU6050 三轴加速度计陀螺仪模块。

电路图：该模块电路图如图 2-48 所示。

相关代码：

```
#include "I2Cdev.h"
#include "MPU6050.h"
```

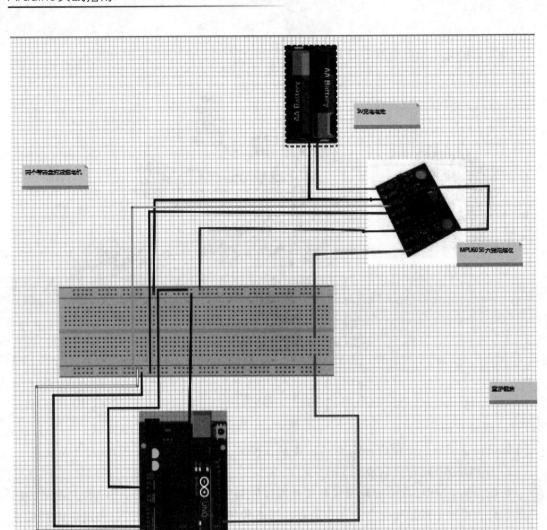

图 2-48　MPU6050 陀螺仪模块电路图

```
MPU6050 accelgyro;

int16_t ax, ay, az;
int16_t gx, gy, gz;

#define LED_PIN 13
bool blinkState = false;

void setup() {
    //加入 I²C 总线
```

```
    Wire.begin();

//初始化串口通信
//选择38400,因为它在8MHz和16MHz都可以工作,但是这最终由项目决定
    Serial.begin(38400);

    //初始化设备
    Serial.println("Initializing I2C devices...");
    accelgyro.initialize();

    //检查连接
    Serial.println("Testing device connections...");
    Serial.println(accelgyro.testConnection() ? "MPU6050 connection successful" : "MPU6050
connection failed");

    pinMode(LED_PIN, OUTPUT);
}

void loop() {
    accelgyro.getMotion6(&ax, &ay, &az, &gx, &gy, &gz);
    Serial.print("a/g:\t");
    Serial.print(ax); Serial.print("\t");
    Serial.print(ay); Serial.print("\t");
    Serial.print(az); Serial.print("\t");
    Serial.print(gx); Serial.print("\t");
    Serial.print(gy); Serial.print("\t");
    Serial.println(gz);

    blinkState = !blinkState;
    digitalWrite(LED_PIN, blinkState);
}
```

2）L298N 电机驱动模块

功能介绍：L298N 是 ST 公司生产的一种高电压、大电流电机驱动芯片。该芯片采用 15 脚封装。主要特点是：工作电压高,最高工作电压可达 46V；输出电流大,瞬间峰值电流可达 3A,持续工作电流为 2A；额定功率为 25W；内含两个 H 桥的高电压大电流全桥式驱动器,可以用来驱动直流电机、步进电机、继电器线圈等感性负载；采用标准逻辑电平信号控制；具有两个使能控制端,在不受输入信号影响的情况下,允许或禁止器件工作有一个逻辑电源输入端,使内部逻辑电路部分在低电压下工作；可以外接检测电阻,将变化量反馈给控制电路。使用 L298N 芯片驱动电机,该芯片可以驱动一台两相步进电机或四相步进电机,也可以驱动两台直流电机。该模块主要功能有：控制换相顺序；控制步进电机的转向；控制步进电机的速度。

元器件清单：L298N 电机驱动模块。

电路图：该模块电路图如图 2-49 所示。

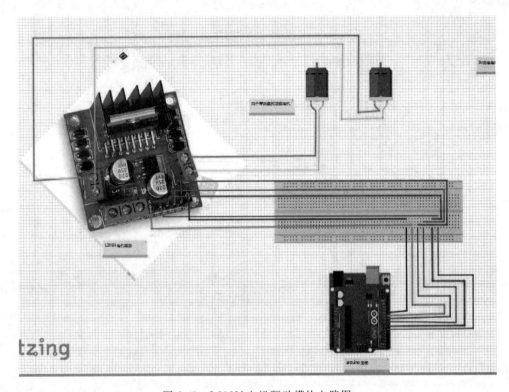

图 2-49 L298N 电机驱动模块电路图

相关代码：

```
//步进引脚
pinMode(4,OUTPUT);
pinMode(12,OUTPUT);
pinMode(13,OUTPUT);
pinMode(6,OUTPUT);
pinMode(8,OUTPUT);
digitalWrite(4,HIGH);
Serial1.begin(9600);
//加入 I²C 总线
Wire.begin();
TWSR = 0;
TWBR = ((16000000L/I2C_SPEED) - 16)/2;
TWCR = 1 << TWEN;
mpu.setClockSource(MPU6050_CLOCK_PLL_ZGYRO);
mpu.setFullScaleGyroRange(MPU6050_GYRO_FS_2000);
mpu.setFullScaleAccelRange(MPU6050_ACCEL_FS_2);
mpu.setDLPFMode(MPU6050_DLPF_BW_20);                //10,20,42,98,188
mpu.setRate(4);                                     //0 = 1khz 1 = 500hz, 2 = 333hz, 3 = 250hz 4 = 200hz
mpu.setSleepEnabled(false);
```

```
delay(1000);
devStatus = mpu.dmpInitialize();
if (devStatus == 0) {
        //打开 DMP,现在,它已经准备好
        mpu.setDMPEnabled(true);
        mpuIntStatus = mpu.getIntStatus();
        dmpReady = true;

}
```

3）蓝牙模块

功能介绍：蓝牙转串口 HC-06 无线模块。采用 CSR 主流蓝牙芯片,蓝牙 V2.0 协议标准,串口模块工作电压为 3.3V。波特率为 1200、2400、4800、9600、19 200、38 400、57 600、115 200,用户可设置。核心模块尺寸大小为 28mm×15mm×2.35mm。工作电流为 40mA,休眠电流小于 1mA。用于 GPS 导航系统、水电煤气抄表系统、工业现场采控系统。可以与蓝牙笔记本电脑、电脑加蓝牙适配器、PDA 等设备进行无缝连接。

元器件清单：蓝牙 HC-06。

电路图：该模块电路图如图 2-50 所示。

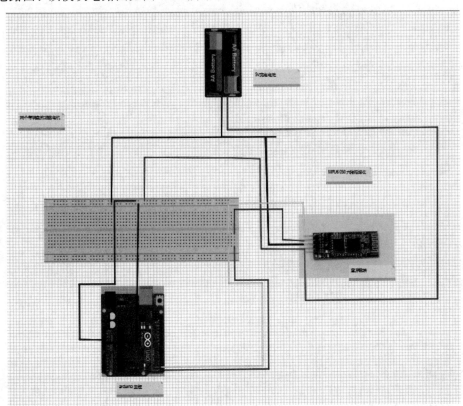

图 2-50　蓝牙模块电路图

相关代码：

```
void kongzhi()
{
    if(Serial1.available())
    {
    while (Serial1.available() > 0)                    //接收
     {
        buff[i++] = Serial1.read();                    //接收三个字节
        delay(2);
     }
      i = 0;                                           //重新接收
    if((buff[0] == 'O')&&(buff[1] == 'N'))             //前进
    {
      switch(buff[2])
      {
          case up: qian(); break;
          case down: hou(); break;
          case left: zuo(); break;
          case right: you(); break;
          case stop1: ting();break;
          case 1 + '0': kkll = 55; break;
          case 2 + '0': kkll = 110; break;
          case 3 + '0': kkll = 165; break;
          case 4 + '0': kkll = 180; break;
          case 5 + '0': kkll = 200;break;
          case 6 + '0': kkll = 240;break;
          case 7 + '0': kkll = 280; break;
          case 8 + '0': kkll = 320; break;
          case 9 + '0': kkll = 360;break;
      }
    }
   }
}

void qian()
{
    throttle = - kkll;
}
void hou()
{
   throttle = 200;
}
void zuo()
{
    steering = - 80;
}
```

```
void you()
{
    steering = 80;
}
void ting()
{
    throttle = 0;
    steering = 0;
}
```

2.6.4　产品展示

产品的整体外观和最终演示效果如图 2-51(a)、(b)所示。

(a)

(b)

图 2-51　产品整体外观及最终演示效果图

2.6.5　故障及问题分析

(1)问题：各模块之间的连接不够稳定牢固。

解决方案：用排针连接器进行焊接，使用电烙铁以及焊锡进行固定，可以稳定连接各个模块。

(2)问题：电机不能带动车轮正常转动。

解决方案：用耳机线套在轴的一端，使得轴在电机内部齿轮的带动下更加稳定。

(3)问题：程序不能正常调试，总是报错。

解决方案：在 Arduino 驱动中安装相应的库函数，并修改相应程序，实现程序的正常运行。

（4）问题：L298N 加做成的底座不能和电机轮子相配合，不能使重心稳定。

解决方案：购买集成度高的底座，实现相应的连线及电路焊接。

（5）问题：整车对电池的消耗量很大。

解决方案：购买了可以充电的电池，实现电量的节约，可重复使用。

（6）问题：带码盘的小电机准备自己制作，结果改装效果不好，并不能实现电机正反转和速度的控制。

解决方案：定制小车底盘。

2.6.6 元器件清单

完成该项目所需的元器件及其数量如表 2-8 所示。

表 2-8　自平衡小车设计元器件清单

元器件名称	数量
Arduino 开发板	1
MPU6050 三轴加速度计	2
车轮	2
蓝牙模块 HC−06	1
L298N 电机驱动	1
测速电机	2
导线	若干
公对母杜邦线	若干
亚格力板	1
电池(1.5V)	2
Arduino 下载线	1

参考文献

[1]　邵贝贝.单片机嵌入式应用的在线开发方法[M].北京：清华大学出版社,2004.

[2]　刘克成,张凌晓. C 语言程序设计[M].2 版.北京：中国铁道出版社,2007.

[3]　刘伟.基于 MC9S12XS128 微控制器的智能车硬件设计[J].电子设计工程,2010,1(18)：102-105.

[4]　何跃,林春梅. PID 控制系统的参数选择研究及应用[J].计算机工程与设计,2006(08).

[5]　张跃宝.两轮不稳定小车的建模与变结构控制研究[D].陕西：西安电子科技大学,2007.

[6]　房立军.两轮不平衡小车的初步辨识及智能控制研究[D].陕西：西安电子科技大学,2007.

[7]　杨兴明,丁学明,张培仁,赵鹏.两轮移动式倒立摆的运动控制[J].合肥工业大学学报,2005(11)211.

[8]　梁文宇,周惠兴,曹荣敏.双轮载人自平衡控制系统研究综述[J].控制工程,2010(S2)：139-144,190.

[9]　蒋伟阳,邓迟,肖小平.两轮自平衡车系统制作研究[J].国外电子测量技术,2012,31(6)：76-79.

[10]　李永华,高英,陈青云.Arduino 软硬件协同设计实战指南[M].北京：清华大学出版社,2015.

2.7　项目7：智能清洁小车

设计者：温博然，周子皓，钟超

2.7.1　项目背景

随着科学技术的日趋发达和开源硬件的火热发展，越来越多的智能硬件应运而生，关于智能小车方面的研究也就越来越受人们关注。本项目设计从人们的实际生活出发，考虑到在日常的生活中打扫卫生时，经常为打理沙发、床及桌子底下的环境而苦恼，一个原因是这些地方的空间狭小，另一个原因是，如果要搬动沙发、床、柜子等，需要多人完成，工作量大。所以，本项目利用 Arduino 开源平台和各种传感器模块等综合设计和实现智能小车，使小车能够自动避障，按照规划的路线行走，实现自动打扫和清洁，解决空间有限区域场景下的各种清洁问题。

2.7.2　创意描述

智能小车体积小，可以在沙发、柜子底下等狭小的空间内轻松自由行动，能够自动避障，可实现自动清洁功能，也可通过蓝牙，用手机 APP 对其进行控制，使用更加便利，操作更加多样。

2.7.3　功能及总体设计

基于上述创意，小车的功能设计为避障部分和蓝牙部分，分别完成小车的自动避障和蓝牙控制功能。

1. 功能介绍

小车实现的功能有避障、遇光后掉头、直走、蓝牙控制开关及小车方向和清洁。

2. 总体设计

上述功能中，避障、遇光后掉头、直走和蓝牙控制小车等功能都是通过电路模块来实现的，而清洁功能则是通过小车的外观设计来实现的。

1）整体框架图

本项目的整体框架图如图 2-52 所示。

2）系统流程图

本项目的系统流程图如图 2-53 所示。

3）总电路图

本项目的总电路图如图 2-54 所示。

本项目的小车完成在狭小的空间，如沙发和床底等黑暗的环境下，实现清洁功能。Arduino 开发板通过直流电机控制小车的运动，当小车的前方有障碍物时，红外模块的信号反馈给 Arduino 开发板，此时开发板上的程序使小车右转掉头，然后继续前进。当小车从黑

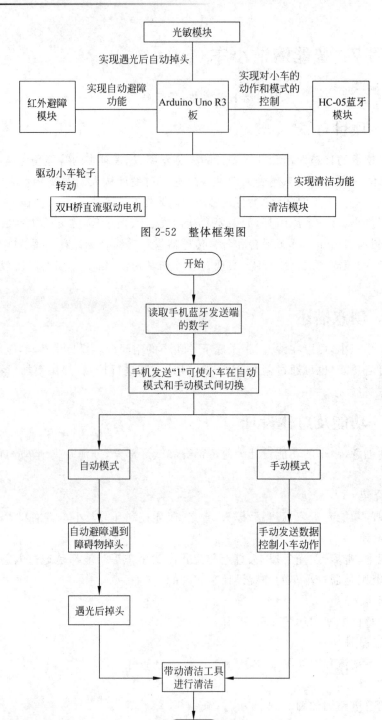

图 2-52　整体框架图

图 2-53　系统流程图

暗的环境中出来后,光敏电阻的信号反馈给 Arduino 开发板,小车掉头左转,直走。如此循环,即可实现对复杂空间的清洁。

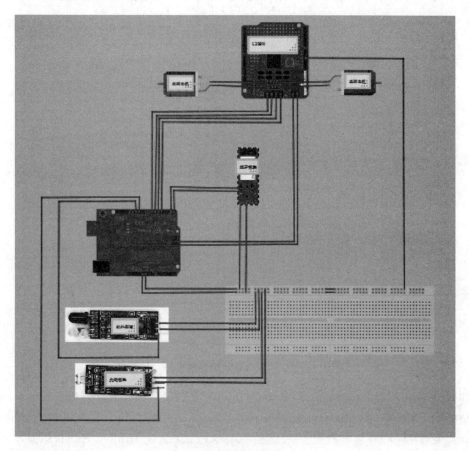

图 2-54 总电路图

3. 模块介绍

该项目主要包括四个模块:双 H 桥直流驱动模块、红外避障模块、光敏模块和蓝牙模块。

1) 双 H 桥直流驱动模块

功能介绍:直流电机是智能小车及机器人制作必不可少的组成部分,其主要作用是为系统提供必须的驱动力,用以实现其各种运动。直流电机驱动板 L298N 是 ST 公司生产的一种高电压、大电流的电机驱动芯片。该芯片采用 15 脚封装。主要特点是:工作电压高,最高工作电压可达 46V;输出电流大,瞬间峰值可达 3A,持续工作电流为 2A;额定功率为 25W;内含两个 H 桥的高电压大电流全桥式驱动器,可以用来驱动直流电机、步进电机、继电器线圈等感性负载;采用标准逻辑电平信号控制;具有两个使能控制端,在不受输入信号影响的情况下,允许或禁止器件工作有一个逻辑电源输入端,使内部逻辑电路部分在低电压下工作；可以外接检测电阻，将变化量反馈给控制电路。使用 L298N 芯片驱动电机，该芯片可以驱动一台两相步进电机和四相步进电机，也可以驱动两台直流电机。

元器件清单：直流电机、L298N 直流电机驱动板。

电路图：该模块的电路连接图如图 2-55 所示。

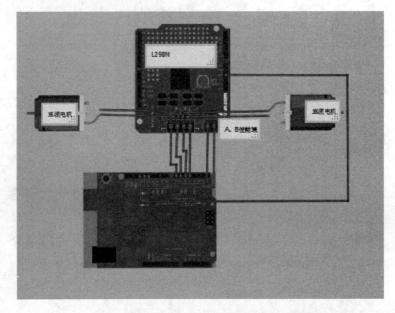

图 2-55　双 H 桥直流驱动模块电路连接图

如图 2-55 所示，Input1、Input2、Input3、Input4 分别接 Arduino 开发板上的 4、5、6、7 端口。使能端 ENA 接 12，ENB 接 13。Output1、Output2 接到右轮的直流电机上，Output3、Output4 接到左轮的直流电机上。VCC 接 12V 电池，地线与 Arduino 开发板以及电池的接地端相连即可。

相关代码：Arduino 程序通过双 H 桥直流电机控制小车轮子的转动实现小车的对应动作。工作时，forward()函数使小车直走，因为小车在正常走直线的时候有偏差现象。所以，可以调整代码，让两个轮子的转动时间有一点小差别，如果向右偏，则左轮转动的时间占空比小一些，从而使小车两个轮子的速度一样，实现走直线，反之亦然。遇到障碍物的时候，小车要后退，定义后退函数 reverse()。turnAroundl()和 turnAroundr()则分别为使小车向左和向右掉头 180°的函数。turnLeft()、turnRight()和 stop()分别为使小车向左转 90°、向右转 90°以及停止的函数，主要是蓝牙模块控制小车方向时使用。

各个接口的定义以及函数的代码如下：

```
int dynaOut1 = 4;                    //定义 4 个输出控制端,与双 H 桥直流电机的 4 个输入相连
int dynaOut2 = 5;
int dynaOut3 = 6;
int dynaOut4 = 7;
```

```
static int PWM_ENA = 12;          //使能端,可以控制其占空比调节轮子的速度
static int PWM_ENB = 13;

void setup()                      //定义各接口的输入/输出
{
  Serial.begin(9600);
  pinMode(infraIn,INPUT);
  pinMode(lightIn,INPUT);
  pinMode(dynaOut1,OUTPUT);
  pinMode(dynaOut2,OUTPUT);
  pinMode(dynaOut3,OUTPUT);
  pinMode(dynaOut4,OUTPUT);
  pinMode(PWM_ENA,OUTPUT);
  pinMode(PWM_ENB,OUTPUT);
}
void forward()                    //让小车向前直走
{
  digitalWrite(PWM_ENA,100);
  digitalWrite(PWM_ENB,100);
  digitalWrite(dynaOut1,LOW);
  digitalWrite(dynaOut2,HIGH);
  delay(4.98);
  digitalWrite(dynaOut3,LOW);
  digitalWrite(dynaOut4,HIGH);
  delay(5);
  delay(1000);
}

void reverse()                    //使小车后退
{
digitalWrite(PWM_ENA,100);
digitalWrite(PWM_ENB,100);
  digitalWrite(dynaOut1,HIGH);
  digitalWrite(dynaOut2,LOW);
  digitalWrite(dynaOut3,HIGH);
  digitalWrite(dynaOut4,LOW);
  delay(500);
}

void turnAroundl()                //使小车向左掉头 180°
{
  digitalWrite(PWM_ENA,100);
  digitalWrite(PWM_ENB,100);
  digitalWrite(dynaOut1,LOW);
  digitalWrite(dynaOut2,HIGH);
  digitalWrite(dynaOut3,HIGH);
  digitalWrite(dynaOut4,HIGH);
```

```
    delay(1350);
}

void turnAroundr()              //使小车向右掉头 180°
{
  digitalWrite(PWM_ENA,100);
  digitalWrite(PWM_ENB,100);
  digitalWrite(dynaOut3,LOW);
  digitalWrite(dynaOut4,HIGH);
  digitalWrite(dynaOut1,HIGH);
  digitalWrite(dynaOut2,HIGH);
  delay(1350);
}
void turnLeft()                 //使小车向左转 90°

{
  digitalWrite(PWM_ENA,HIGH);
  digitalWrite(PWM_ENB,HIGH);
  digitalWrite(dynaOut1,LOW);
  digitalWrite(dynaOut2,HIGH);
  digitalWrite(dynaOut3,HIGH);
  digitalWrite(dynaOut4,HIGH);
  delay(675);
}
  void turnRight()              //使小车向右转 90°

{
  digitalWrite(PWM_ENA,100);
  digitalWrite(PWM_ENB,100);
  digitalWrite(dynaOut3,LOW);
  digitalWrite(dynaOut4,HIGH);
  digitalWrite(dynaOut1,HIGH);
  digitalWrite(dynaOut2,HIGH);
  delay(675);
}

void sto()                      //使小车停止
{
  digitalWrite(PWM_ENA,HIGH);
  digitalWrite(PWM_ENB,HIGH);
  digitalWrite(dynaOut1,HIGH);
  digitalWrite(dynaOut2,HIGH);
  delay(5);
  digitalWrite(dynaOut3,HIGH);
  digitalWrite(dynaOut4,HIGH);
  delay(5);}
```

2) 红外避障模块

功能介绍：该传感器模块对环境光线适应能力强,具有一对红外线发射与接收管,发射管发射出一定频率的红外线,当检测方向遇到障碍物(反射面)时,红外线反射回来被接收管接收,经过比较器电路处理之后,绿色指示灯会亮起,同时信号输出接口输出数字信号(一个低电平信号),可通过电位器旋钮调节检测距离,有效距离范围为 2~80cm,工作电压为3.3~5V。该传感器的探测距离可以通过电位器调节,具有干扰小、便于装配、使用方便等特点,可以广泛应用于机器人避障、避障小车、流水线计数及黑白线循迹等众多场合。

元器件清单：红外避障模块。

电路图：该模块电路连接图如图 2-56 所示。

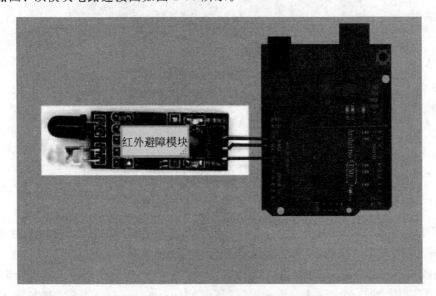

图 2-56 红外避障模块电路连接图

如图 2-56 所示,Arduino 开发板的 5V 输出端接该模块的 VCC 端,为该模块提供工作电压。Arduino 开发板上的端口 11 接该模块的 OUT 输出端,接受其反馈。该模块工作时,正常情况下,OUT 端输出的是高电平,当遇到障碍物时会输出低电平,通过读取端口 11 电平的高低可以判断小车的前方是否有障碍物。

红外避障模块的输出端与 Arduino 开发板的端口 11 相连,当判断条件 digitalRead(infraIn)==LOW 为真,即 11 端口的电平为低电平时,调用函数 turnAroundl()使小车左转掉头 180°。具体的接口定义及函数代码如下：

```
int infraIn = 11;                    //Arduino 开发板上的端口 11 接红外避障模块的输出
if((digitalRead(infraIn) == LOW))    //当前方有障碍物时小车左转掉头
  {
turnAroundl();
  }
```

3）光敏模块

功能介绍：该传感器模块对环境光线适应能力强，具有一个光敏电阻，阻值随外界光强变化而变化。外界光线较强时，指示灯会亮起，同时信号输出接口输出数字信号，该传感器用于智能清洁小车上，完成相关的功能。

元器件清单：光敏模块。

电路图：该模块电路连接图如图 2-57 所示。

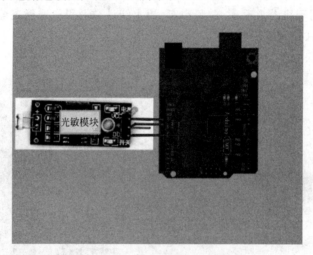

图 2-57　光敏模块电路连接图

如图 2-57 所示，Arduino 开发板上的 5V 输出端与光敏模块的 VCC 端相连为其提供工作电压，端口 10 与 DO 端相连，读取其电平的高低判断环境中灯光的有无。

光敏模块的输出端与 Arduino 板子的端口 10 相连，当判断条件 digitalRead(lightIn) == LOW 为真，即 10 端口的电平为低电平时，调用函数 turnAroundr() 使车右转掉头 180°。具体的接口定义及函数代码如下：

```
int lightIn = 10;                        //将 Arduino 开发板上的端口 10 接光敏模块的输出
if(digitalRead(lightIn) == LOW)          //当小车从黑暗环境到光亮环境时,小车右转掉头
{
    turnAroundr();
}
```

4）蓝牙模块

功能介绍：HC-05 是一款高性能的主从一体蓝牙串口模块，可以同各种具有蓝牙功能的计算机、蓝牙主机、手机、PDA、PSP 等智能终端配对，该模块支持非常宽的波特率范围（4800～1 382 400），并且模块兼容 5V 或 3.3V 单片机系统，可以很方便地与相应的产品进行连接，使用非常灵活、方便。

元器件清单：蓝牙模块 HC-05。

电路图：该模块电路连接图如图 2-58 所示。

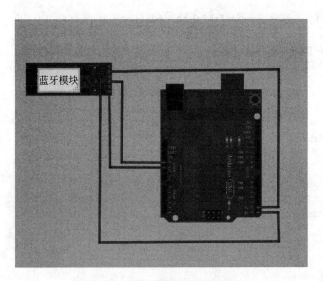

图 2-58 蓝牙模块电路连接图

如图 2-58 所示,Arduino 开发板上的 5V 电压输出端与该模块的 VCC 端相连,为其提供工作电压,地线共地,Arduino 开发板上的 RX 端与 EX 端分别与模块上的 EX 和 RX 端相连,实现串口通信。

用手机键盘操作,实现对小车进行控制,当手机发送 1 时,可以使小车进入自动模式和手动模式。自动模式,即小车可以自己避障和遇光掉头,实现自动清洁功能。手动模式,即可以让小车按照自己的想法行动,如遥控车一般。例如,若条件 if(c=='2') 成立,手机发送 2 成功时,调用 forward() 函数,使小车实现直走;若手机发送 4 成功时,调用 turnLeft() 函数,使小车左转 90°,然后再直走。同理,发送 5 的时候停止,发送 6 的时候右转 90°后直走,发送 7 向左掉头 180°后直走,发送 8 则后退,发送 9 则向右掉头 180°直走。具体函数定义如下:

```
Serial.begin(9600);                //设置 9600 的波特率
while(Serial.available())
    {
      char c = Serial.read();        //自动模式
      if(c == '1')                   //输入 1 时可切换进入自动模式和手动模式
      {
      //自动模式的时候实现自动避障和遇光掉头
      for(int i = 0;;i++)
      {
        if(Serial.read() == '5')break;

      forward();
      if((digitalRead(infraIn) == LOW)&&(n == 1))
      {
        turnAroundr();
        n = 2;
      }
```

```
 else if((digitalRead(infraIn) == LOW)&&(n == 2))
{
  turnAroundr();
  n = 1;
}

if((digitalRead(lightIn) == LOW)&&(m == 1))
{
  turnAroundl();
  m = 2;
}
else if((digitalRead(lightIn) == LOW)&&(m == 2))
{
  turnAroundl();
  m = 1;
}
 }
 }
//手动模式的根据输入实现相应动作
 if(c == '2')                    //输入 2 的时候往前走
 {
    forward();
  }
 if(c == '4')                    //输入 4 的时候左转 90°后直走
 {
   Serial.println("turnLeft");
   reverse();
   turnLeft();
   forward();
 }
 if(c == '5')                    //输入 5 的时候停止
 {
   Serial.println("stop");
   sto();
 }
  if(c == '6')                   //输入 6 的时候右转 90°直走
 {
   Serial.println("turnRight");
    reverse();
   turnRight();
   forward();
 }

 if(c == '7')                    //输入 7 的时候向左 180°掉头直走
  {
   Serial.println("turnAroundl");
    reverse();
   turnAroundl();
   forward();
```

```
     }
     if(c == '8')                       //输入 8 的时候后退

      {
        reverse();
      }


    if(c == '9')                        //输入 9 的时候向右 180°掉头直走
      {
        Serial.println("turnAroundr");
         reverse();
       turnAroundr();
       forward();
      }

    }
```

2.7.4　产品展示

产品整体的实物图如图 2-59(a)、(b)、(c)所示。

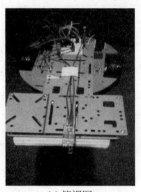  

(a) 俯视图　　　　　　　　(b) 正面图　　　　　　　　(c) 侧面图

图 2-59　整体实物图

2.7.5　故障及问题分析

(1) 问题：小车行走不能稳定在直线上，而是向一边偏离。

解决方案：分析得出结论，由两个轮子的速度不一样导致的，通过 PWM 编码调节两个轮子的速度后，使小车实现直线行走。

(2) 问题：小车上的各个模块连接在一起之后耗电很大。

解决方案：电路搭建不合理，对电路重新布局。

(3) 问题：小车带上清洁旋转的轮子之后，很不稳定。

解决方案：因为轮子太重以及轮子转动的过程中阻力太大，导致小车受力不均，用海绵代替清洁之后,重量大大减轻,问题得到解决。

(4) 问题:加入蓝牙模块后小车出现不受控制的情况。

解决方案:代码嵌套定义错误、循环的使用不恰当,重新优化代码后得到解决。

2.7.6 元器件清单

完成该项目所需的元器件及其数量如表 2-9 所示。

表 2-9 智能清洁小车元器件清单

元器件名称	数量
2WD 小车	1
Arduino 开发板(M JArduino Uno R3)	1
双 H 桥直流电机(L298N)	1
光敏模块	1
红外避障模块	1
蓝牙模块(HC-05)	1
船型开关	1
移动电源	1
面包板	1
杜邦线	若干
南孚电池	4
数据线	1
螺钉螺母	若干
扩展板	3
海绵	1

参考文献

[1] Bradski G,Kaehler A. 于仕琪,刘瑞祯,译.学习 OpenCV(中文版)[M].北京:清华大学出版社,2009.

[2] Robert Laganiere. 张静,译.OpenCV2 计算机视觉编程手册[M].北京:科学出版社,2013.

[3] 宋楠,韩广义.Arduino 开发从零开始学:学电子的都玩这个[M].北京:清华大学出版社,2014.

[4] Stephen Prata. 张海龙,袁国忠,译. C++ Primer Plus 中文版[M].第 6 版.北京:人民邮电出版社,2012.

[5] 李永华,高英,陈青云.Arduino 软硬件协同设计实战指南[M].北京:清华大学出版社,2015.

2.8 项目8:多功能智能玩具小车

设计者:余一凡,闫敬博

2.8.1 项目背景

随着智能手机的普及,人们的生活发生了翻天覆地的变化,衣食住行的方方面面都用到了手机。人们可以用手机上网购物,预定车票,订餐,等等。本项目可以将儿童玩具应用于手机,开发智能玩具小车。不但可以通过手机遥控它前进、后退、左右拐弯,而且还可以测量与可能障碍物的距离,并实现自动避障的功能。

2.8.2　创意描述

本项目的创意主要在于:该玩具小车可以用手机蓝牙遥控,并且可以自动避障。

2.8.3　功能及总体设计

基于以上创意,首先要完成小车的基本行驶功能;然后,为小车添加蓝牙模块,通过手机端使用相应的 APP 对其进行控制;最后,需要给小车添加超声波模块,通过超声波测距来完成自动避障的功能。

1. 功能介绍

完成普通小车正常的行驶,可以通过蓝牙控制小车的行驶,玩具小车实现自动避障的功能。

2. 总体设计

要实现上述功能,将整个系统主要分为两部分进行设计:Arduino 控制端和手机控制端。Arduino 控制端包括小车整体电路的搭建等功能,手机控制端主要完成蓝牙通信控制的功能,实现小车与手机的通信,进而通过手机 APP 控制小车。

1) 整体框架图

系统的整体框架图如图 2-60 所示。

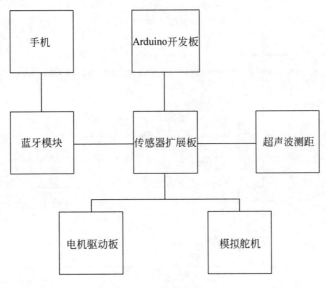

图 2-60　整体框架图

2) 系统流程图

系统流程图如图 2-61 所示。

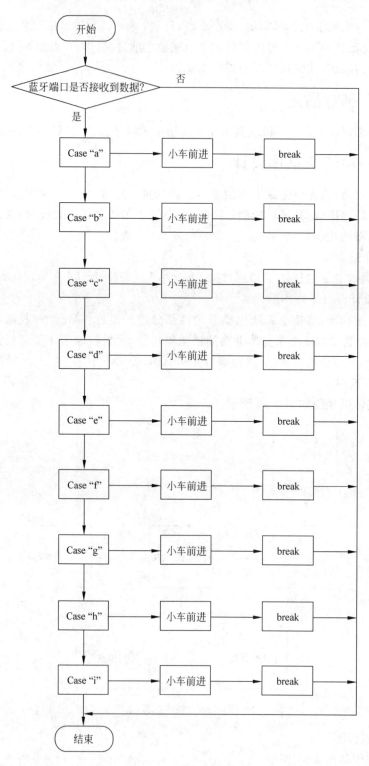

图 2-61　系统流程图

3）总电路图

系统总电路图如图 2-62 所示。

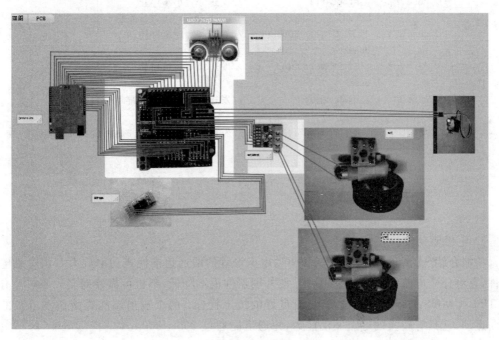

图 2-62　总电路图

3. 模块介绍

本项目主要有四个模块：蓝牙模块、电机驱动模块、超声波测距模块和模拟舵机模块。

1）蓝牙模块

功能介绍：可以通过蓝牙与手机连接并实现与手机之间信息的相互传输。

元器件清单：HC-05 蓝牙模块、Arduino sensor shield v5.0 传感器扩展板。

相关代码：

```
void loop()
{
    if(Serial.available())              //判断串口是否接收到数据
    {
        BT_COM = Serial.read();         //读蓝牙串口的数据
        switch(BT_COM)                  //数据选择
        {
            case'a':    forward();      //发送'a',小车前进
                        break;
            case'b':    turnright();    //发送'b',小车右转
                        break;
            case'c':    backup();       //发送'c',小车后退
                        break;
```

```
        case'd':      turnleft();          //发送'd',小车左转
                 break;
        case'e':      stopcar();           //发送'e',小车停止
                 break;
        case'f':      BT_SERVO_REDUCE();   //发送'f',舵机左转
                 break;
        case'g':      BT_SERVO_ADD();      //发送'g',舵机右转
                 break;
        case'h':      BiZhang();           //发送'h',小车进入避障模式自动工作
                 break;
        case'i':      MY_DISTANCE();       //发送'i',小车测距并返回给手机距离值
                 break;
     }
  }

}
```

2）电机驱动模块

功能介绍：LS9110S 是为控制和驱动电机设计的两通道推挽式功率放大专用集成电路器件,它将分立电路集成在单片 IC 中,使外围器件成本降低,整机可靠性提高。该芯片有两个 TTL/CMOS 兼容电平的输入,具有良好的抗干扰性；两个输出端能直接驱动电机的正反向运动,它具有较大的电流驱动能力,每通道能通过 $750 \sim 800mA$ 的持续电流,峰值电流能力可达 $1.5 \sim 2.0A$；同时它具有较低的输出饱和压降；内置的钳位二极管能释放感性负载的反向冲击电流,使它在驱动继电器、直流电机、步进电机或开关功率管的使用上安全可靠。LS9110S 被广泛应用于玩具汽车电机驱动、步进电机驱动和开关功率管等电路上。

元器件清单：LS9110S 电机驱动板、Arduino sensor shield v5.0 传感器扩展板。

相关代码：

```
/ ************ 电机转向函数 ************** /
void turnleft()                    //通过给(A1,B1,A2,B2)引脚赋值(0,1,1,0),使小车左转
                                   //赋 0 表示引脚低电平,赋 1 表示引脚高电平
{
        digitalWrite(INT_A1,0);
        digitalWrite(INT_B1,1);
        digitalWrite(INT_A2,0);
        digitalWrite(INT_B2,1);
}


void turnright()                   //通过给(A1,B1,A2,B2)引脚赋值(1,0,1,0),使小车右转
                                   //赋 0 表示引脚低电平,赋 1 表示引脚高电平

{
        digitalWrite(INT_A1,1);
        digitalWrite(INT_B1,0);
```

```
        digitalWrite(INT_A2,1);
        digitalWrite(INT_B2,0);
}

void forward()                          //通过给(A1,B1,A2,B2)引脚赋值(1,0,0,1),使小车前进
                                        //赋0表示引脚低电平,赋1表示引脚高电平

{
        digitalWrite(INT_A1,1);
        digitalWrite(INT_B1,0);
        digitalWrite(INT_A2,0);
        digitalWrite(INT_B2,1);
}


void backup()                           //通过给(A1,B1,A2,B2)引脚赋值(0,1,1,0),使小车后退
                                        //赋0表示引脚低电平,赋1表示引脚高电平

{
        digitalWrite(INT_A1,0);
        digitalWrite(INT_B1,1);
        digitalWrite(INT_A2,1);
        digitalWrite(INT_B2,0);
}
void stopcar()                          //通过给(A1,B1,A2,B2)引脚赋值(0,0,0,0),使小车停止
                                        //赋0表示引脚低电平,赋1表示引脚高电平

{
    digitalWrite(INT_A1,0);
    digitalWrite(INT_B1,0);
    digitalWrite(INT_A2,0);
    digitalWrite(INT_B2,0);
}
```

3) 超声波测距模块

功能介绍：通过测量发射超声波到接收反射声波的时间差来测量与障碍物之间的
距离。

元器件清单：HC-SRO4 超声波测距模块、Arduino sensor shield v5.0 传感器扩展板。

相关代码：

```
/************ 测距模块工作函数 ***********/
void MY_DISTANCE()
{
    digitalWrite(Trig,LOW);             //先向 Trig 引脚输送一个大于 10us 的高电平
    delayMicroseconds(2);
    digitalWrite(Trig,HIGH);
```

```
        delayMicroseconds(10);

        distance = pulseIn(Echo,HIGH);          //检测 Echo 高电平持续时间,返回单位是 us
        distance = distance * 0.018;            //由时间转换成距离
        Serial.print("distance = ");            //串口打印"distance = "这几个字符
        Serial.print(distance);                 //串口打印测得的距离值
        Serial.println("cm");                   //串口打印单位 cm
    }
```

4) 模拟舵机模块

功能介绍：可以模拟舵机的转动,舵机转动函数,由于蓝牙模块每次接收的是字符,无法直接给舵机输入的 PWM 赋值,所以通过下面两个舵机的左右转向函数使舵机连续转动。再通过停止命令结束转动,从而使舵机转动到任意角度。

元器件清单：SG90 模拟舵机、Arduino sensor shield v5.0 传感器扩展板。

相关代码：

```
void BT_SERVO_REDUCE()                       //舵机左转
{
    while(!Serial.available())               //若无指令到来,则循环执行本条程序
    {
        BT_PWM -= 2;
        if(BT_PWM < 5)BT_PWM = 5;            //设置最大角度值
        myservo.write(BT_PWM);               //给舵机输送当前角度值
        delay(50);                           //延时 50ms
    }
}
void BT_SERVO_ADD()                          //舵机右转
{
    while(!Serial.available())               //原理同上
    {
    BT_PWM += 2;
    if(BT_PWM > 150)BT_PWM = 150;
    myservo.write(BT_PWM);
    delay(50);
    }
}
```

2.8.4 产品展示

整体实物图如图 2-63(a)、(b)所示。

2.8.5 故障及问题分析

(1) 问题：在代码编写完成之后编译成功,下载总是失败。

解决方案：经查阅资料后发现,要拔掉蓝牙模块才能下载。

(a)   (b)

图 2-63 整体实物图

（2）问题：在测试的时候，通过蓝牙模块连上小车之后，手机通过蓝牙向小车发送消息，小车没有反应。

解决方案：后来发现自己的波特率设置的不对，更正之后便可以正常使用。

（3）问题：小车的轮子不能转。

解决方案：经检查线路发现，电机驱动模块的接线有时会碰在一起，导致短路，从而不能正常工作，通过用胶带固定住接线解决了问题。

2.8.6 元器件清单

完成该项目所需的元器件及其数量如表 2-10 所示。

表 2-10 多功能智能玩具小车元器件清单

元器件名称	数量
Arduino 开发板	1
Arduino sensor shield v5.0 传感器扩展板	1
HC-05 蓝牙模块	1
LS9110S 电机驱动板	1
HC-SRO4 超声波测距模块	1
SG90 模拟舵机	1
直流电机	2
小车轮子	2
杜邦线	若干

参考文献

[1] 宋楠,韩广义.Arduino 开发从零开始学[M].北京：清华大学出版社,2014.

[2] 李永华,高英,陈青云.Arduino 软硬件协同设计实战指南[M].北京：清华大学出版社,2015.

第 3 章

生活便捷类开发案例

3.1 项目 9:"懒人"垃圾桶

设计者:黄婷,托雅,徐淼

3.1.1 项目背景

"垃圾桶"作为家居生活中不可或缺的必需品,它伴随着人类走过了每一个时代。特别是在如今的智能居家、万物互联快速发展的情况下,更是必不可少。另外,随着人们环保意识和审美水平的普遍提高,垃圾桶的种类和数量也在不断地增加,人们更加注重它的美观和实用性,而产品也向着"小巧"和"智能化"方向发展。所以,本项目在现有的基础上,试图开发垃圾桶的一些新功能。例如,垃圾桶可以实现语音识别功能、避障功能和测满功能。

3.1.2 创意描述

本项目的作品最重要的创新点在于应用了语音识别模块,可以在室内较安静的环境中实现垃圾桶"随叫随到"的功能。同时,应用了红外避障模块,使垃圾桶在受到"召唤"之后,可以准确地来到使用者面前。最后,本项目运用了超声波测距模块,以此来测量垃圾桶内垃圾的高度,并在超过限定的高度后,发出警报。

3.1.3 功能及总体设计

本项目的"懒人"垃圾桶可以通过用户的语音进行控制,达到随叫随到的效果,因此在普通的垃圾桶上,除了加入语音识别的功能之外,还将智能控制小车与垃圾桶结合起来。最后,为了使垃圾桶更加智能,加入了超声波避障以及人体感应的功能。

1. 功能介绍

本项目主要有以下四大功能:

(1) 语音识别。识别语音"发动"而开启自动避障模式;识别语音"刹车"而制动。

(2) 自动避障。前进过程中,根据安装在车体前、左、右的三个红外探测器进行障碍物检测,进而完成自动避障功能。

（3）垃圾高度自动检测报警。垃圾桶桶壁的超声波测距模块每 2s 检测一次,如果垃圾达到限定的高度,则触发蜂鸣器,给出提示音。

（4）人体识别。垃圾桶的车体自动避障过程中,如果周围有人走动,则自动刹车。

2. 总体设计

本项目的"懒人"垃圾桶主要完成语音识别下的智能小车自动避障、垃圾达到限定高度自动报警功能的智能垃圾桶的搭建,共包括语音识别、电机驱动、红外避障、人体感应、超声波测距、车体共六个模块。

1）整体框架图

项目整体框架图如图 3-1 所示。

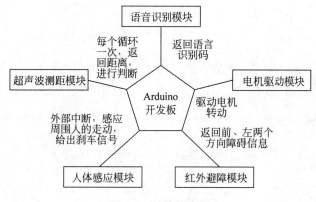

图 3-1　整体框架图

2）系统流程图

系统流程图如图 3-2 所示。

3）总电路图

系统总电路接线图如图 3-3 所示,系统总电路原理图如图 3-4 所示。

3. 模块介绍

本项目的"懒人"垃圾桶主要由语音识别模块、红外避障模块、电机驱动模块、超声波测距（垃圾高度报警）模块、人体感应模块和车体组成。

1）语音识别模块

功能介绍：通过识别输入的语音,返回指定信号代码给 Arduino 开发板,供单片机根据返回值执行相应程序功能。本程序中完成"发动"两个汉字的识别,返回十六进制数 0X00 给 Arduino 开发板,开发板接收到 0X00 后,驱动小车进行智能避障;完成"刹车"两个汉字的识别,返回十六进制数 0X01 给 Arduino 开发板,单片机收到 0X01 后,驱动小车制动。该模块有 VCC、GND、ICR、RX、TX、MIP（MIC+输出）、MIN（MIC-输出）共七个引脚,其中 MIP 与 MIN 两个引脚为麦克风的连接引脚,ICR 与 RX 在本项目中没有使用。语音识别模块引脚说明如表 3-1 所示。

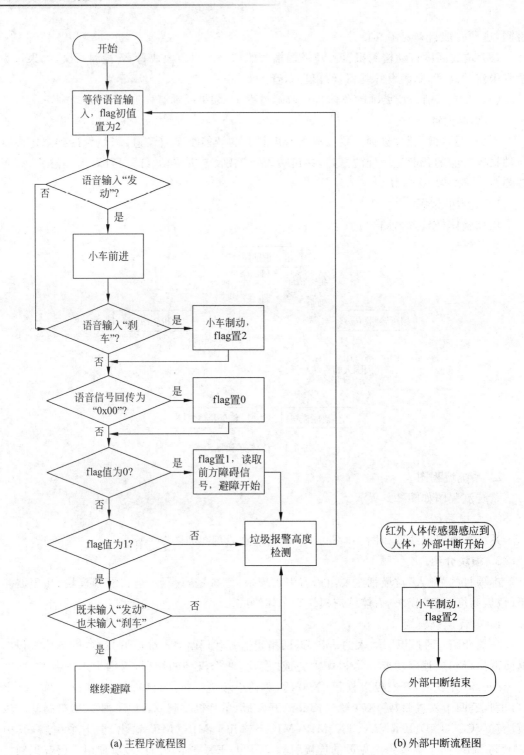

(a) 主程序流程图   (b) 外部中断流程图

图 3-2　系统流程图

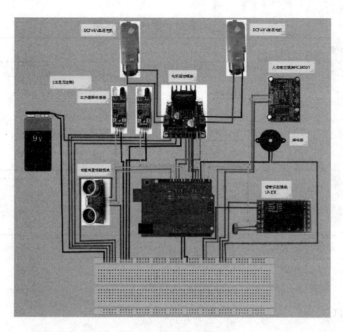

图 3-3　总电路接线图

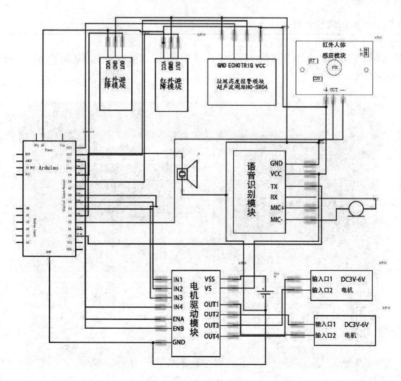

图 3-4　总电路原理图

表 3-1 语音识别模块引脚说明

引　　脚	用　　途
VCC	电源正极
GND	接地
TX	识别语音后发送特定返回码,接 Arduino 开发板 0 号端口
MIP	MIC 正极
MIN	MIC 负极

元器件清单：语音识别模块元器件及其数量如表 3-2 所示。

表 3-2 语音识别模块元器件清单

元器件名称	数　　量
语音识别模块 LP-ICR	1
测试 MIC	1
RS232-TTL 模块	1
杜邦线	若干
VGA-USB 线	1
上位机语音识别烧写软件	1

电路图：语音识别模块电路连接图如图 3-5 所示,语音识别模块电路原理图如图 3-6 所示。

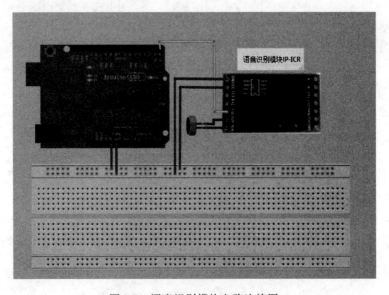

图 3-5 语音识别模块电路连接图

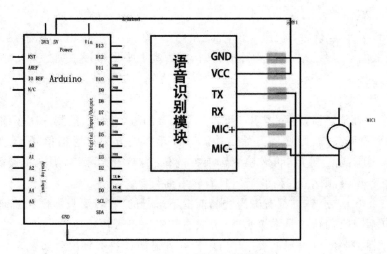

图 3-6 语音识别模块电路原理图

相关代码：

（1）在上位机语音识别软件上的烧写代码，语法与 Arduino 开发板不同：

```
{d1}          //打开调试模式
{c0}          //清除原有语句列表
{a0ni hao}    //添加"你好"识别语句,该模块识别普通话的"你好"发音,不用考虑音调。
              //可以指定返回值,默认为该识别语句十六进制下的语句序号
{d0}          //关闭调试模式
```

（2）Arduino 使用代码，根据不同返回值确定调用什么函数：

```
//主循环函数中读取语音输入信号,根据输入信号选择发动、刹车、默认退出
if(Serial.available())
  {
    inByte = Serial.read();        //读取语音输入信号返回值
    switch(inByte)
      {
        case 0x00:                 //对应"发动",小车启动,自动避障开始
          forward();               //开始前进
          break;
        case 0x01:                 //对应"刹车",小车制动
          brake();
          flag = 2;
          break;
        default:                   //默认情况,退出此次判断
          break;
      }
  }
```

2）红外避障模块

功能介绍：小车运行后，位于小车车前、左两个方向各有一个红外传感器，当前方有障碍物时，返回低电平信号；当前方无障碍物时，返回高电平信号。根据红外传感器的原理进行避障，逻辑：直行＞左转＞右转＞后退（＞表示优先），以1代表有障碍物，以0代表无障碍物，以X代表不考虑。

使用两个红外传感器，避障逻辑如下：在主函数的每个循环，检测一次车前的红外传感器，如果检测到有障碍物，则避障开始。检测一次车体左方的传感器信号，若无障碍，则左转；若有障碍，则右转。然后，再次检测车前方的传感器，若无障碍，则本次避障结束，小车恢复前行；若有障碍，则小车直接右转，且右转后前行。

小车右转是在前方、左方都有障碍物的前提下进行的，右转后只需再判断前方障碍就可以决定是右转后直接前行还是继续右转（两次右转等效于后转）。

红外传感器避障实现逻辑如表3-3所示。红外避障模块引脚说明如表3-4所示。

表3-3　红外传感器避障实现逻辑

前　方	左　方	右　方	操　作
0	X	X	直行
1	0	X	左转
1	1	0	右转
1	1	1	后转

表3-4　红外避障模块引脚说明

引　脚	用　途
VCC	电源正极
GND	接地
OUT	输出，接Arduino数字端口，无障碍输出0，有障碍输出1

元器件清单：红外避障模块所需元器件及其数量如表3-5所示。

表3-5　红外避障模块元器件清单

元器件名称	数　量
红外传感器模块	2
杜邦线	若干

电路图：红外避障模块电路连接图如图3-7所示，红外避障模块电路原理图如图3-8所示。

相关代码：

在主循环函数中，首先读取语音输入信号，根据输入信号选择发动、刹车、默认退出。由于没有语音输入信号时，串口读不到数据，为防止小车在停止状态下出现避障行为，设置flag值来标记小车当前的运行状态。flag值为0对应输入发动的第一个循环，遇到障碍信

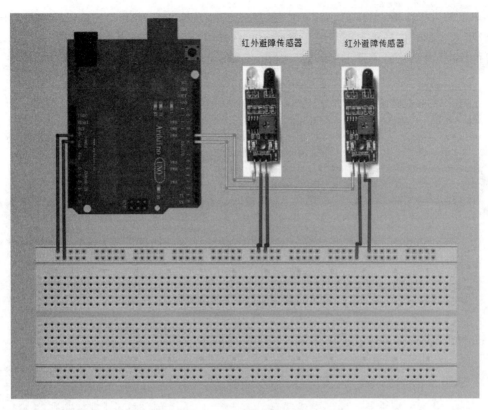

图 3-7 红外避障模块电路连接图

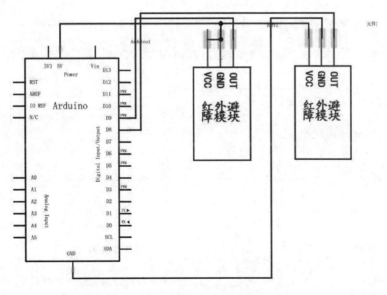

图 3-8 红外避障模块电路原理图

号小车正常进行避障；flag 值为 1 对应输入过发动、没输入刹车但在正常循环中没有输入的情况，遇到障碍信号小车正常进行避障；2 为 flag 的默认值，对应没输入过发动且读不到信号的情况，遇到障碍信号小车不进行避障。在每一次循环中：

```
int infrared_front = 8;        //前方红外避障传感器
int infrared_left = 9;         //左侧红外避障传感器
int inByte = 0X02;             //语音信号返回值，默认为 0X02
int flag = 2;                  //一个标签变量，用于判断是否为刚输入语音"发动"。"发动"情况
                               //下为 0,"刹车"情况下为 1
pinMode(infrared_front ,INPUT);
pinMode(infrared_left ,INPUT);
 if (0X00 == inByte)           //输入"发动"，将 flag 置 0
 {
    flag = 0;
 }
 switch(flag)
 {
    case 0:                    //第一次输入"发动"，进行避障
      {
        sig_front = digitalRead(infrared_front);  //检测前方障碍信号
        if (0 == sig_front)                       //前方有障碍，避障开始
        {
          avoidence();
        }
        flag = 1;                                 //flag 置 1，表示自动避障已经开始
        break;
      }
    case 1://在输入"发动"，未输入其他指令时，语音接收可能存在扰乱的情况
      {
      if ((inByte != 0X00)&(inByte != 0X01)) //既不是"发动"，也不是"刹车"，是干扰，继续进行避障
        {
          sig_front = digitalRead(infrared_front);
          if (0 == sig_front)
            {
              avoidence();
            }
        }
        break;
      }
    default:
      break;
 }void avoidence()                               //避障模块
 {
    brake();                                      //避障前先进行短时刹车，减少电机损耗
    delay(500);
    boolean sig_left = digitalRead(infrared_left); //读取左侧障碍物信号
```

```
        if (1 == sig_left)                          //左侧无障碍物,左转
        {
          turn_left();
        }
        else                                        //左侧有障碍物,右转
        {
          turn_right();
        }
        brake();
        delay(500);
        sig_front = digitalRead(infrared_front);    //读取前方障碍物
        if (0 == sig_front)            //前方有障碍物,在右转的情况下继续右转,等效于向后转
        {
          turn_right();
        }
        brake();
        delay(100);
        forward();                                  //恢复转完前状态,继续前进
    }
```

　　每个循环先判断当前小车运行状态,如果在前进过程中,则读取位于小车前方、左方的两个红外线传感器的探测值,总体逻辑:前方传感器返回值优先级左侧传感器返回值。前方无障碍物则继续前行;前方有障碍物、左侧无障碍物则左转;前方有障碍物、左侧也有障碍物则右转,且右转后不前行,继续查看前方红外传感器的返回值:无障碍物则前行,有障碍物则继续右转(两次右转相当于后转)。

```
    void avoidence()                              //避障模块
    {
        brake();                                    //避障前先进行短时刹车,减少电机损耗
        delay(500);
        boolean sig_left = digitalRead(infrared_left);//读取左侧障碍物信号
        if (1 == sig_left)                          //左侧无障碍物,左转
        {
          turn_left();
        }
        else                                        //左侧有障碍物,右转
        {
          turn_right();
        }
        brake();
        delay(500);
        sig_front = digitalRead(infrared_front);    //读取前方障碍物
        if (0 == sig_front)            //前方有障碍物,在右转的情况下继续右转,等效于向后转
        {
          turn_right();
        }
```

```
    brake();
    delay(100);
    forward();                        //恢复转完前状态,继续前进
}
```

3)电机驱动模块

功能介绍:驱动电机转动,配合避障模块完成自动避障功能。模块共有 6 个信号输入端对信号输入进行控制,3 个供电输入端(5V、12V 可选)对模块自身进行供电,4 个供电输出端驱动电机进行正向或反向旋转。

对每个电机,由 1 个输入使能端、2 个接口端进行控制,以 1 代表高电平,0 代表低电平,X 代表不考虑。控制逻辑如表 3-6 所示。

表 3-6 电机驱动模块控制小车运动实现逻辑

使能端 ENA	输入端口 IN1	输入端口 IN2	电机操作
0	X	X	自由
1	1	0	向前转
1	0	1	向后转
1	0	0	制动
1	1	1	制动

共有 10 个引脚需要连接,引脚说明如表 3-7 所示。

表 3-7 电机驱动模块引脚说明

引　　脚	用　　途
ENA/ENB	使能端口,控制电机自由或转动
IN1～IN4	IN1 与 IN2 为一组,IN3 与 IN4 为一组,连接 Arduino 引脚,以此控制电机转动方向
GND	接地
5V 供电端	接 VCC,供电
输出 A/输出 B	各两个输出端,对应电机两个端口

元器件清单:该模块所需的元器件及其数量如表 3-8 所示。

表 3-8 电机驱动模块实现功能所需元器件

元器件名称	数　　量
电机驱动模块	1
DC3V-6V 直流电机	2
电线	4
Arduino 开发板	1

电路图:电机驱动模块电路连接图如图 3-9 所示,电机驱动模块电路原理图如图 3-10 所示。

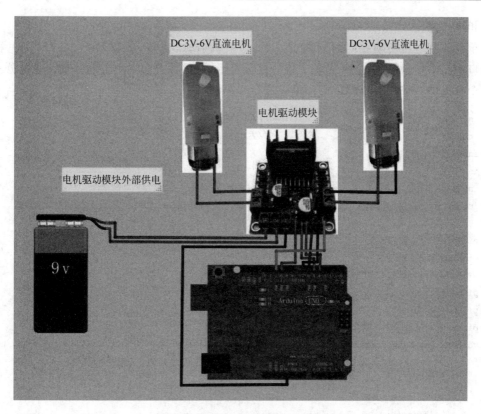

图 3-9　电机驱动模块电路连接图

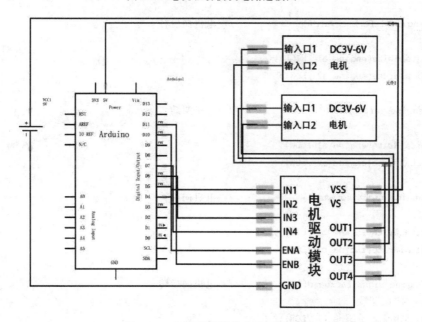

图 3-10　电机驱动模块电路原理图

相关代码：

单独控制电机转动方向的函数有三个，即电机前转、后转、制动。DV3V-6V 的电机两个接口端一个接口接高电平，另一个接口接低电平，电机就会向一个方向转动。通过分别控制两个电机的转动方向来配合避障模块进行小车移动。

```
int ENA = 10;                        //左电机使能
int ENB = 11;                        //右电机使能
int engine_a1 = 5;                   //左电机控制端口1
int engine_a2 = 4;                   //左电机控制端口2
int engine_b1 = 6;                   //右电机控制端口1
int engine_b2 = 7;                   //右电机控制端口2

pinMode(ENA ,OUTPUT);
pinMode(ENB ,OUTPUT);
pinMode(engine_a1 ,OUTPUT);
pinMode(engine_a2 ,OUTPUT);
pinMode(engine_b1 ,OUTPUT);
pinMode(engine_b2 ,OUTPUT);
void engine_left_forward()
                //通过控制电机控制端口来决定电机的转动方向,左电机向前转,下同
{
  digitalWrite(engine_a1 ,LOW);
  digitalWrite(engine_a2 ,HIGH);
}
void engine_left_backward()          //左电机向后转
{
  digitalWrite(engine_a1 ,HIGH);
  digitalWrite(engine_a2 ,LOW);
}
void engine_left_brake()             //左电机制动
{
  digitalWrite(engine_a1 ,LOW);
  digitalWrite(engine_a2 ,LOW);
}
void engine_right_forward()          //右电机向前转
{
  digitalWrite(engine_b1 ,HIGH);
  digitalWrite(engine_b2 ,LOW);
}
void engine_right_backward()         //右电机向后转
{
  digitalWrite(engine_b1 ,LOW);
  digitalWrite(engine_b2 ,HIGH);
```

```
}
void engine_right_brake()            //右电机制动
{
  digitalWrite(engine_b1 ,LOW);
  digitalWrite(engine_b2 ,LOW);
}
void forward()                       //小车前进
{
    analogWrite(ENA,184);
    analogWrite(ENB,184);
    engine_left_forward();
    engine_right_forward();
}
void turn_left()                     //小车左转
{
  analogWrite(ENA,184);
  analogWrite(ENB,184);
  engine_left_backward();
  engine_right_forward();
  delay(410);
}
void turn_right()                    //小车右转
{
  analogWrite(ENA,184);
  analogWrite(ENB,184);
  engine_left_forward();
  engine_right_backward();
  delay(410);
}
void brake()                         //小车制动
{
  analogWrite(ENA,184);
  analogWrite(ENB,184);
  engine_left_brake();
  engine_right_brake();
}
```

4) 超声波测距(垃圾高度报警)模块

功能介绍：将垃圾高度报警模块置于垃圾桶侧壁,当垃圾达到一定高度时,触发超声波测距的信号,给出报警提示音或提示灯。运行过程中,进行 2s 的定时中断,检测垃圾平面是否到达超声波模块限定的高度,如果达到,则蜂鸣器有提示音。该模块的引脚说明如表 3-9 所示。其中,测试距离＝(ECHO 引脚高电平持续时间 ∗ 声速)/2。

表 3-9　超声波测距模块引脚说明

引脚	用途
VCC	接电源正极
GND	接地
TRIG	连接 Arduino 一个引脚,以一个 $10\mu s$ 脉冲为信号,接到此信号后发送超声波进行探测,此时 ECHO 引脚为高电平
ECHO	连接 Arduino 一个引脚,有超声波信号返回后 ECHO 变为低电平

元器件清单:该模块所使用的元器件及其数量如表 3-10 所示。

表 3-10　超声波测距模块所需元器件

元器件名称	数量
超声波测距模块 HC-SR04	1
杜邦线	若干
蜂鸣器	1
Arduino 开发板	1

电路图:超声波测距模块接线图如图 3-11 所示,超声波测距模块电路原理图如图 3-12 所示。

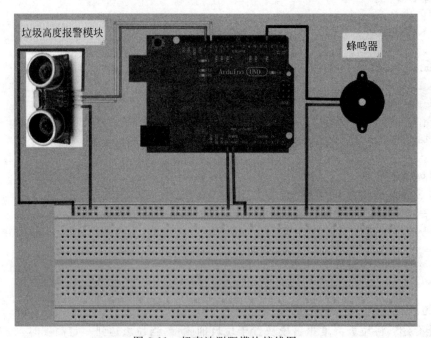

图 3-11　超声波测距模块接线图

相关代码:每个循环进行一次垃圾高度的报警检测,采用超声波测距模块完成此功能。超声波测距模块有 4 个引脚,即 VCC、GND、TRIG、ECHO。VCC 接 5V 供电;GND 接地;

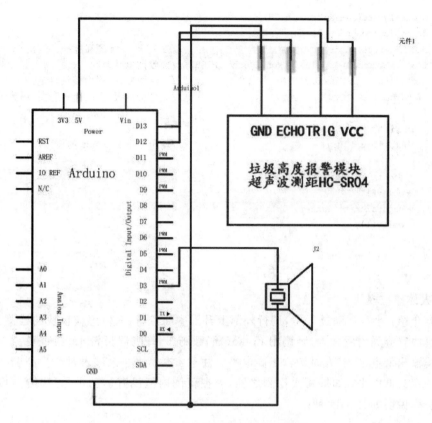

图 3-12 超声波测距模块电路原理图

TRIG 为输入引脚，接收 $10\mu s$ 以上的脉冲后发送超声波；ECHO 为输出引脚，从 TRIG 发出超声波开始输出高电平，接收到返回的超声波为止，高电平时间即为超声波往返于模块与障碍物的时间，根据时间与声速计算障碍物的距离，首先判断障碍物是桶壁还是垃圾，桶壁直径约 15cm，如果距离小于 15cm，则判断障碍物是垃圾，蜂鸣器发出 100ms 的 500Hz 声音。

```
int sonic_trig = 12;                    //超声波测距触发信号
int sonic_echo = 13;                    //超声波测距返回信号接收
int buzzer = 3;                         //报警提示蜂鸣器

pinMode(sonic_trig ,OUTPUT);
pinMode(sonic_echo ,INPUT);
pinMode(buzzer ,OUTPUT);

void check_sonic()
{
    digitalWrite(sonic_trig ,LOW);
    delayMicroseconds(2);
```

```
digitalWrite(sonic_trig ,HIGH);
delayMicroseconds(10);
digitalWrite(sonic_trig,LOW);              //发一个 10us 的高脉冲去触发 TrigPin
float distanceL = pulseIn(sonic_echo ,HIGH);//接收高电平时间
distanceL = distanceL/58.0;                //计算距离,公式由模块自定
if (distanceL < 1.0)                       //测垃圾桶报警高度内壁直径约为 15cm
{
  int i;
  for(i = 0;i < 50;i++)                    //输出频率为 500Hz 的报警音
  {
    digitalWrite(buzzer,HIGH);
    delay(1);
    digitalWrite(buzzer,LOW);
    delay(1);
  }
}
}
```

5）人体感应模块

功能介绍：小车运动过程中,进行外部上升沿中断,进行人体感应模块的检测。如果人体感应模块感应到周围有人,则调用 brake()函数刹车,蜂鸣器报警 1s。该模块在周围没有人时持续输出低电平,有人时则输出高电平。注意：本模块在人进入时产生高电平,在人离开后自动变为低电平;如果两次检测之间,人在范围内但没有运动,则无法给出检测结果。该模块引脚说明如表 3-11 所示。

表 3-11　人体感应模块引脚说明

引　脚	用　途
VCC	电源正极,供电
GND	接地
OUT	接 Arduino 引脚,检测到周围有人时输出高电平信号

通过跳帽选择可重复触发模式和不可重复触发模式,螺母调节感应范围和锁定时间,理论值分别为 3～7m、0.5～300s。

元器件清单：人体感应模块所需元器件及其数量如表 3-12 所示。

表 3-12　人体感应模块元器件清单

元器件名称	数　量
人体感应模块 HC-SR501	1
杜邦线	若干
Arduino 开发板	1

电路图：人体感应模块接线图如图 3-13 所示,人体感应模块电路原理图如图 3-14 所示。

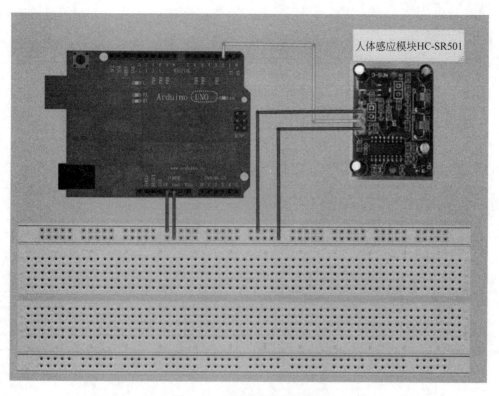

图 3-13 人体感应模块接线图

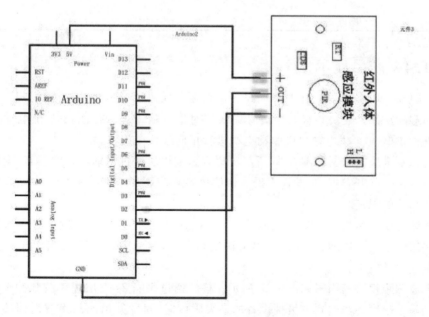

图 3-14 人体感应模块电路原理图

相关代码：

```
//外部中断：收到中断信号后小车刹车,蜂鸣器响 1s,将 flag 置 2
volatile int state = LOW;          //外部中断变量,人体红外感应器无人时为 0,有人时为 1
int infrared_sensor = 2;           //人体红外感应器
attachInterrupt(0 ,interrupt ,RISING);
pinMode( infrared_sensor ,INPUT);
void interrupt()
{
  brake();
  digitalWrite(buzzer ,HIGH);
  delay(1000);
  digitalWrite(buzzer ,LOW);
  flag = 2;
}
```

6）车体

功能介绍：各个模块的载体,搭载各个模块完成自动避障等功能。

元器件清单：车体组装所需元器件及其数量如表 3-13 所示。

表 3-13　车体组装所需元器件

元器件名称	数　量
车架	1
轮子	2
螺钉	若干
螺母	若干

3.1.4　产品展示

电机驱动模块实物图如图 3-15 所示。电机驱动模块用于驱动电机转动,配合避障模块完成自动避障功能。模块共有 6 个信号输入端对信号输入进行控制,3 个供电输入端对模块自身进行供电,4 个供电输出端驱动电机进行正向或反向旋转。

语音识别模块实物图如图 3-16 所示。语音识别模块通过识别输入的语音,返回指定信号代码给 Arduino 开发板,开发板根据返回值执行相应程序功能。本程序中完成"发动"与"刹车"两句话的识别。

人体感应模块实物图如图 3-17 所示。人体感应模块通过感应周围是否有人进入来调节输出端的电平。当周围有人时,输出端输出高电平,驱动中断,蜂鸣器报警；当周围没有人时持续输出低电平。

超声波测距模块实物图如图 3-18 所示。模块通过每隔 2s 发出超声波脉冲来检查垃圾是否达到最大限度。当达到垃圾桶设置的最大限度时,对发射出的超声波返回接收机的时间进行测算,如果在测定范围内,则蜂鸣器报警。本项目测量了安装超声波测距模块的垃圾桶切面直径,调整精确了超声波测距距离范围,避免功能错误。

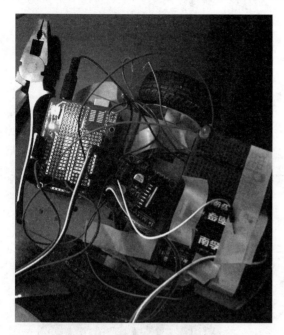

图 3-15 电机驱动模块实物图

图 3-16 语音识别模块实物图

图 3-17 人体感应模块实物图

图 3-18 超声波测距模块实物图

红外避障模块实物图如图 3-19 所示。车体只安装了两个红外避障探头,分别位于车头的前端和左端。探测时采取前端优先于左端,左端优先于右端的逻辑。有障碍物时,输出低电平;无障碍物时,输出高电平。两次左转等于一次后转。避障测量距离设置恰到好处,靠近障碍物而不完全到达障碍物。最终自动无控制找到自己的主人。

最终成果展示图如图 3-20 所示。本项目实现了发出"发动"口令,小车启动,并自动避障,到人所在处附近时,发出"刹车"口令,小车停止;同时,实现了垃圾的测满功能,当垃圾到达一定高度时,蜂鸣器发出警报提示。

(a) 仅前方有障碍物时，左转

(b) 前方与左侧都有障碍物时，右转

图 3-19 红外避障模块实物图

图 3-20 最终成果展示图

3.1.5 故障及问题分析

(1) 问题：语音识别模块 LP-ICR 与 Arduino 开发板进行通信产生不同步错误。

LP-ICR 的 TX 接 Arduino 的 RX，通过判断识别语音返回的代码来决定执行响应的程序。在程序编译通过后，下载的过程中总是显示错误：not in sync：error：0x30。

解决方案：通过查找资料知道原因，由于使用 0 号端口与 LP-ICR 模块进行通信，在上传的过程中，其他模块对 Arduino 开发板有干扰，导致不能同步。在程序上传过程前，先将所有与 Arduino 开发板有通信的模块移除，上传结束后断电，再将相应模块重新接入，重新接通电源，语音识别模块与 Arduino 开发板间通信便可正常进行。

(2) 问题：电机驱动模块两个电机转速不同。

解决方案：尝试两种解决办法，第一种通过软件的方式，采用说明中提供的 PWM 调速的方式,通过设置不同的通电时间比,将两轮的速度调整到同一程度;第二种方法是硬件的方式,更换电机。第一种解决办法尝试过程中发现,在本项目中加入到 Arduino 的逻辑框架中难度较大,最终选用第二种方法解决了问题。

(3) 问题:初步设计时达到的效果为,人发声"发动",小车开启自动避障;人发声"刹车",小车制动停止前进。遇到的问题为,小车未发动之前,没有输入,不进入 switch 判断句,小车发动后,在本次 loop 未完成之前,无法进行实时检测语音输入。由于需要对语音输入的语句判断后,才能决定调用什么功能,而外部中断只有简单的低电平、上升沿、下降沿和电平变化四种判断方式,无法对串行输入数据进行解析,所以也已无法使用外部中断。

解决方案:使用定时中断,每 2s 读取一次串行输入的数据判断是否有语句输入,由于 Arduino 开发板串行通信有缓存,所以可以采取这种方式来达到类似于实时的效果。

(4) 问题:避障中断返回,逻辑出现歧义。避障模块,根据车体前方红外传感器的低电平进行外部中断,在设计中出现了未发送"发动"命令,但车体前方感应到障碍物进行避障的情形。

解决方案:先尝试将 loop()函数中的接收串口输入的变量定为全局变量,在接收到中断信号后,先进行该变量与语音输入"发动"返回值是否相等的判断,相等的情况下才进行避障。如此解决了逻辑上存在的歧义。

在避障模块改变方法后,设计也随之做出了调整。增加了一个 flag 变量值,设某一次循环中语音检测到"发动"信号,则将这个循环定义为第一个循环;在某一个循环中检测到"刹车"信号,定义该循环为最后一个循环。flag 值与循环之间的关系如表 3-14 所示。

表 3-14　flag 值功能实现

flag 值	含　义
2	默认值,对应"发动"、"刹车"意外的干扰或者无输入。小车不避障
0	循环中检测到"发动",进入第一个循环。小车进行正常避障
1	第一个与最后一个循环之间的其他循环。小车进行正常避障

由于在主函数的 loop 循环中,没有语音输入时检测不到信号,设置 flag 值就将没有语音输入时是否应该进行避障这个问题成功解决。

(5) 问题:使用中断能够达到近乎实时的转弯效果,但实际使用中,出现前方有障碍物小车在转弯的过程中,还没转到相应角度就结束中断,返回向前行驶的状态。

原因如下:小车前方的红外避障传感器探测距离有限且受障碍物材料影响波动比较大,而中断原理在于中断信号结束后立刻返回中断前状态,而不是所调用函数调用结束后返回中断前状态,导致想要完成的小车左转直角弯的运转还没完成便结束。这是小车运行状态受中断原理以及红外避障传感器硬件设施的影响。

解决方案:虽然使用中断能达到近乎实时的效果,但弊端却是不可接受的。对于避障转弯,采取放弃中断的方式,使用程序原本的 loop 函数,每个循环进行一次判定的方式。虽然这样,几乎所有判断都在 loop 函数中显得比较冗杂,每次所转角度也是固定的,不能自动灵活控制,但比较两种方法,所达到的效果相对来说是可以接受的。

原始避障模式逻辑如下:

在主函数的每个循环检测一次车前方的红外传感器,如果检测到有障碍物,则避障开始。检测车体左方的传感器信号,若无障碍,则左转;若有障碍,则检测车体右方的传感器信号,若无障碍,则前行,若有障碍,则后转。

新避障判断模式:新的避障模式从 3 个红外传感器降为 2 个红外传感器,去掉了车体右侧的传感器。在主函数的每个循环检测一次车前方的红外传感器,如果检测到有障碍物,则避障开始。检测车体左方的传感器信号,若无障碍,则左转;若有障碍,则右转。再次检测车前方的传感器,若无障碍,则本次避障结束,小车恢复前行;若有障碍,则小车直接右转,且右转后前行。

与原始逻辑区别在于,小车右转是在前方、左方都有障碍物的前提下进行的,右转后只需再判断前方障碍就可以决定是右转后直接前行还是继续右转(两次右转等效于后转)。

3.1.6　元器件清单

完成本项目所用的元器件清单及其数量如表 3-15 所示。

表 3-15　"懒人"垃圾桶设计元器件清单

元器件名称	数　量
语音识别模块 LP-ICR	1
测试 MIC	1
RS232-TTL 模块	1
VGA-USB 线	1
上位机语音识别烧写软件	1
红外传感器模块	2
电机驱动模块	1
DC3V-6V 直流电机	2
电线	4
超声波测距模块 HC-SR04	1
蜂鸣器	1
人体感应模块 HC-SR501	1
杜邦线	若干
Arduino 开发板	1
扩展板	1
车架	1
轮子	2
螺钉螺母	若干

参考文献

[1] Arduino 中文社区. Arduino 定时器的使用[J/OL]. http://www. Arduino. cn/thread-2890-1-1. html

[2] Arduino 中文社区. 通过手机控制蓝牙小车[J/OL]. http://www. Arduino. cn/forum. php? mod= viewthread&tid=6590&highlight=%E8%93%9D%E7%89%99

[3] Arduino 中文社区. 用方便面盒子做的语音识别[J/OL]. http://www. Arduino. cn/thread-4546-2-1. html

[4] Arduino 中文社区. Arduino 教程——外部中断的使用[J/OL]. http://www. Arduino. cn/thread-2421-1-1. html

[5] 李永华,高英,陈青云. Arduino 软硬件协同设计实战指南[M]. 北京:清华大学出版社,2015.

3.2 项目 10:星伞

设计者:田筱,刘羽蝉,董冰

3.2.1 项目背景

雨天天色较暗,大街上车水马龙。若是极为阴沉的天气,那么一位行人在雨中撑起一把黑色的大雨伞,很容易与昏暗的背景融为一体,在路上行走的时候,非常不利于司机师傅及时准确地辨认,具有极大的交通隐患,甚至导致交通事故的发生。

基于对此场景的分析,本项目研究并设计制作星伞,简单来说,就是会发光的雨伞。用发蓝色光的 LED 在伞面构成 8×8 的点阵,布满整个伞面,使得在雨天使用它的行人能够更准确、更清晰地显示自己的位置,及时引起司机师傅的注意,确保雨天该行人的交通安全。同时,用户可以自己修改相应的模式,根据自己的创意想法及需求,设计属于自己的变幻图案。

目前市场上的雨伞缺乏创意,千篇一律,最多也只是在布面图案上做一些改变,星伞打破了雨伞外观设计沉闷的现状,为雨伞的设计注入了灵感与活力。它兼具实用性和美观性,可作为雨具携带,也可放在屋内或门前起到一定的装饰作用;它在相隔一段距离的地方也可以显示文字或图案,甚至简单动画,起到一定的提示作用,星伞适合所有浪漫的场合,如告白、求婚、联欢等。

3.2.2 创意描述

因为现在 LED 显示屏随处可见,8×8 LED 点阵看起来很普通,但是,将 8×8 LED 点阵固定到伞面上,这就是本项目的创新点。

每一个小的产品都有它自己的特色,在不同的环境下它的作用也不同。在傍晚的广告牌上也许一眼望去它并不能吸引你,但当你在雨中发现随行人移动闪烁显示图案的雨伞,你一定会心动。

虽然本项目只完成了基本创意的功能,但是,拓展性非常强,后续结合更多其他功能上的创意,例如,可以为星伞做红外线感应开关、对雨水的重力感应触发点阵产生随机点亮的变幻效果,但由于纯手工制作耗时太长,有兴趣的读者可以自己加入相关功能。

3.2.3 功能及总体设计

本项目的目的是制作一把可以发光的雨伞,这样,在昏暗的环境下可以确保使用者更加安全。在达到这样目的的同时,还要让雨伞看起来美观,因此,主要设计点在于 LED 灯的形状以及闪烁的频率。

1. 功能介绍

雨伞面上 4 块对称的 8×8 LED 点阵实现多种图案,图案的代码可在 Arduino 源程序中任意改变,显示时间也可自由改变。一次可显示 9 种不同的图案,既可以是静态的图案,也可以是动态变化的图案。

2. 总体设计

要实现星伞的主要功能,最主要的部分就在于 LED 点阵的设计,除了实现雨伞的功能之外,LED 点阵还使得雨伞的外观更加漂亮,因此必须对 LED 点阵的闪烁频率、显示的图案进行精心的设计。

1) 整体框架图

项目的整体框架图如图 3-21 所示。

2) 系统流程图

系统流程图如图 3-22 所示。

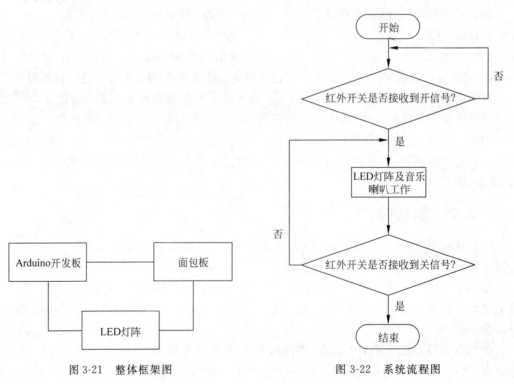

图 3-21　整体框架图　　　　图 3-22　系统流程图

开始时,检测红外开关是否接收到启动信号,若没有,则一直等待启动信号,否则启动 LED 灯阵及音乐喇叭开始工作,直到接收到红外开关传来的关闭信号才结束一切工作。

3)总电路图

系统总电路图如图 3-23 所示。

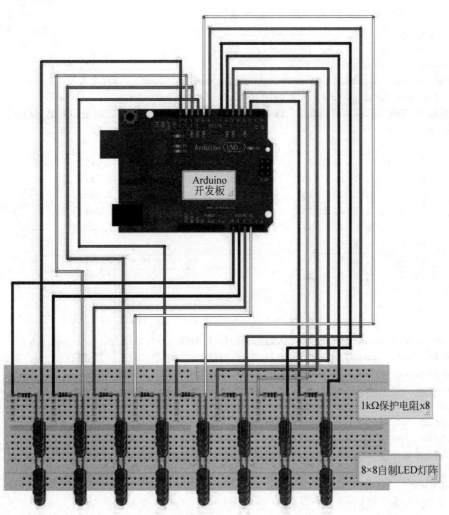

图 3-23 总电路图

电路分为相同的四块,每一块均为 8×8 LED 点阵,图 3-23 描述的是其中一块电路图。每 8 个 LED 灯阳极相接形成一串,外加电阻接到 Arduino 相应端口,8 串 LED 灯对应阴极分别相接引出 8 条接线分别接到相应端口,共用到 16 个 Arduino 端口。利用面包板,四块 LED 灯阵所对应的接线并联,接入相同的 Arduino 接口,使得四面点阵同时输出相同的图案。

3．模块介绍

本项目通过 LED 一个模块即可实现其功能。下面介绍 LED 模块。

功能介绍：构造一个 8×8 点阵，实现图形的任意变化。

元器件清单：Arduino 开发板、Mini 面包板、256 个 LED、软导线、热缩管、若干导线。

电路图：该模块的电路图如图 3-23 所示。

相关代码：

```
# define display_array_size 8                            //八位字节
# define data_null 0x00,0x00,0x00,0x00,0x00,0x00,0x00,0x00   //全灭
# define data_ascii_A 0x18,0x18,0x18,0xff,0xff,0x18,0x18,0x18
//显示"十字交叉" 具体说明如下：标有"1"的位置在点阵上显示灯亮,"0"的位置显示灯灭
data_ascii_A
{
     {0, 0, 0, 1, 1, 0, 0, 0},                          //0x18
     {0, 0, 0, 1, 1, 0, 0, 0},                          //0x18
     {0, 0, 0, 1, 1, 0, 0, 0},                          //0x18
     {1, 1, 1, 1, 1, 1, 1, 1},                          //0xff
     {1, 1, 1, 1, 1, 1, 1, 1},                          //0xff
     {0, 0, 0, 1, 1, 0, 0, 0},                          //0x18
     {0, 0, 0, 1, 1, 0, 0, 0},                          //0x18
     {0, 0, 0, 1, 1, 0, 0, 0},                          //0x18
  }


# define data_ascii_B 0xff,0xff,0xff,0xff,0xff,0xff,0xff,0xff  //全亮
# define data_ascii_C 0xff,0xff,0xff,0xff,0xff,0xff,0xff,0xff  //全亮
# define data_ascii_D 0xff,0xff,0xff,0xff,0xff,0xff,0xff,0xff  //全亮
# define data_ascii_E 0xff,0xff,0xff,0xff,0xff,0xff,0xff,0xff  //全亮
# define data_ascii_F 0xff,0xff,0xff,0xff,0xff,0xff,0xff,0xff  //全亮
# define data_ascii_G 0xff,0xff,0xff,0xff,0xff,0xff,0xff,0xff  //全亮
# define data_ascii_H 0xff,0xff,0xff,0xff,0xff,0xff,0xff,0xff  //全亮
# define data_ascii_I 0xff,0xff,0xff,0xff,0xff,0xff,0xff,0xff  //全亮


byte data_ascii[][display_array_size] =
{
    data_null,
    data_ascii_A,
    data_ascii_B,
    data_ascii_C,
    data_ascii_D,
    data_ascii_E,
    data_ascii_F,
    data_ascii_G,
    data_ascii_H,
    data_ascii_I,
```

```
};
//行引脚设置
const int row1 = 2;
const int row2 = 3;
const int row3 = 4;
const int row4 = 5;
const int row5 = 17;
const int row6 = 16;
const int row7 = 15;
const int row8 = 14;
//列引脚设置
const int col1 = 6;
const int col2 = 7;
const int col3 = 8;
const int col4 = 9;
const int col5 = 10;
const int col6 = 11;
const int col7 = 12;
const int col8 = 13;

//扫描实现 LED 灯的亮灭
void displayNum(byte rowNum, int colNum)
{
    int j;
    byte temp = rowNum;
    for(j = 2; j < 6; j++)              //将 row1 至 row4 引脚设置为低电平
    {
      digitalWrite(j, LOW);
    }
    digitalWrite(row5, LOW);            //将 row5 至 row8 引脚设置为低电平
    digitalWrite(row6, LOW);
    digitalWrite(row7, LOW);
    digitalWrite(row8, LOW);
    for(j = 6; j < 14; j++)             //将 col1 至 col8 引脚设置为高电平
    {
    digitalWrite(j, HIGH);
    }
    switch(colNum)                      //将选择的列引脚设置为低电平
    {
      case 1: digitalWrite(col1, LOW); break;
      case 2: digitalWrite(col2, LOW); break;
      case 3: digitalWrite(col3, LOW); break;
      case 4: digitalWrite(col4, LOW); break;
      case 5: digitalWrite(col5, LOW); break;
      case 6: digitalWrite(col6, LOW); break;
      case 7: digitalWrite(col7, LOW); break;
      case 8: digitalWrite(col8, LOW); break;
```

```
          default:break;
        }

        for(j = 1 ;j < 9; j++)
        {
          temp = (0x80)&(temp);              //第四位置 0
     if( temp == 0)
     {
          temp = rowNum << j;                //将 rowNum 左移 j 位
          continue;
          }

          switch(j)                          //将选择的列引脚设置为高电平
          {
            case 1: digitalWrite(row1, HIGH);break;
            case 2: digitalWrite(row2, HIGH);break;
            case 3: digitalWrite(row3, HIGH);break;
            case 4: digitalWrite(row4, HIGH);break;
            case 5: digitalWrite(row5, HIGH);break;
            case 6: digitalWrite(row6, HIGH);break;
            case 7: digitalWrite(row7, HIGH);break;
            case 8: digitalWrite(row8, HIGH);break;
            default:break;
          }
         temp = rowNum << j;                 //将 rowNum 左移 j 位
        }
    }

    void setup()
    {
        int i = 0;
        for( i = 2; i < 18; i++)             //分配输出引脚
        {
        pinMode(i, OUTPUT);
        }

        for( i = 2; i < 18; i++)             //所有输出引脚置低电平,灯全灭
        {
        digitalWrite(i, LOW);
        }
    }

    void loop()                              //实现全灭和 A 至 I 共 9 种图案的显示
    {
        int t1;
        int l;
        int arrage;
```

```
for( arrage = 0; arrage < 10; arrage++)
{
    for( l = 0; l < 512; l++)         //设置每个图形显示时间
    {
        for(t1 = 0; t1 < 8; t1++)  //循环扫描行列实现一个图案的显示
        {
            displayNum(data_ascii[arrage][t1],(t1 + 1));
        }
    }
}
```

3.2.4　产品展示

整体实物图如图 3-24 所示。实物内部图如图 3-25 所示。最终演示效果图如图 3-26 所示。

在图 3-24 中,可以看见在透明的雨伞下面的黑色罩面上整齐布上了 8×8 灯阵,伞一共八面,每间隔一面布上灯阵,共使用了 4 个 8×8 灯阵从图 3-24 中只能看见其中两个灯阵。

在图 3-25 中,可以清楚看见 Arduino 的 16 个端口被整齐地接上,用了两块 Mini 电路板,一块通过电阻接共阳极,一块接共阴极,用到了多个自制排线,内部结构虽然东西多却不乱。

图 3-24　整体实物图

从图 3-26 可以看到最终的演示效果,伞面上四块 LED 灯阵共同显示相同图案,而图案的形状与种类多变,可根据个人喜好自行设计。图 3-26 只截取了其中一个显示图形,是一个爱心形状。

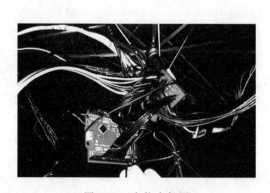

图 3-25　实物内部图

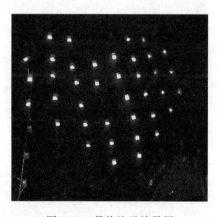

图 3-26　最终演示效果图

3.2.5　故障及问题分析

（1）问题：选购何种 LED 灯可以满足要求？

解决方案：若要将 LED 灯连接，则需要它引脚相对较长；若要将 LED 灯固定在伞面，则不能采用圆头的 LED,研究过贴片 LED、不同规格大小的 LED 后,选择了 2mm×5mm×7mm 长方扁形长短引脚 LED,它更方便连接,而且解决了圆头 LED(平时普通物理实验中用到的普通种类)固定在伞面上会造成伞面凸起的情况。

（2）问题：如何将 8×8 LED 点阵固定在伞面上？

解决方案：综合讨论后,决定买一把透明的、非常结实的雨伞,将完整的厚黑布裁剪成两块,每一块黑布的大小恰好可以覆盖半把伞(即 4 个伞面),之后再将 8×8 LED 点阵分别固定在每个伞面上。

（3）问题：选购何种导线可以满足要求？

解决方案：将所有 LED 的负引脚用剥线钳拧至与正引脚成 90°角,以 8 个 LED 为一组将它们的正引脚依次距离相等间隔固定在同一根长、硬导线上。以 8 条连在一起的硬导线为一组,将导线沿伞架引出到雨伞中心的伞骨部分(所有的共阳极为纵向连接)作为 0~7 引脚,所以这一部分共用到 32 根长导线(包括固定、做插线接头用到的长硬导线,总共用掉 70 多根)。

共阴极连接相对较为困难,在电子市场上对比,找到了软导线,由多股极细的线并股而成,实现了横向共阴极用软线连接,最终能够将伞收起。

（4）问题：如何连接 8×8 LED 点阵？

解决方案：考虑到要将 8×8 LED 点阵固定在伞面上,软面背景下的连接并不能用焊接,于是将所有导线与导线之间的连接或二极管与导线之间的连接处套上长度适中的一截热缩管,并用吹风机对其进行适当加热,经过一段时间,热缩管会紧缩,从而起到软连接的作用。为保证横向共阴极连接的软度,不影响后期收伞,把负引脚长度减去一半,扩大软导线的连接面积。

3.2.6　元器件清单

完成本项目所需的元器件及其数量如表 3-16 所示。

表 3-16　星伞项目元器件清单

元器件名称	数　量
Arduino 开发板	1
LED 灯	256
电阻	8
面包板	2
导线	若干
热缩管	若干

参考文献

[1] 豆丁网.完整光立方 LED 原理图[J/OL]. http://www.docin.com/p-438970001.html
[2] 豆丁网.8×8 点阵引脚分布图[J/OL]. http://www.docin.com/p-247586836.html
[3] 李永华,高英,陈青云.Arduino 软硬件协同设计实战指南[M].北京：清华大学出版社,2015.

3.3 项目 11：强密码生成器

设计者：曹爽,田原,王建勇

3.3.1 项目背景

人们在上网时,无论是使用计算机,还是用手机登录,经常需要输入密码。然而,设置密码是一个难题,密码短虽然简单易记,但是容易被破解；密码长虽然相对安全,但是难以记忆。简单密码在生活中无处不在,破解工具五花八门；而设置强密码又有输入不便、验证方式不通用等问题。

2011 年 12 月 22 日,北京警方接到 CSDN 公司报案,称其公司服务器被入侵,核心数据遭到泄露。随后,大量用户数据被公布于网络上。自此之后,密码问题日益被人们关注。图 3-27 所示为关键词"密码"的百度搜索趋势。

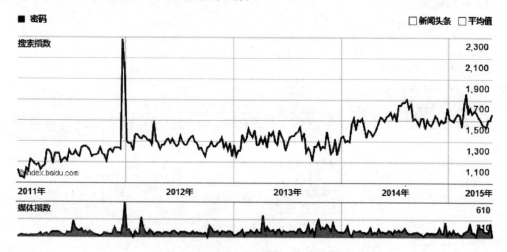

图 3-27 关键词"密码"的百度搜索趋势

从图 3-27 中可以看出,密码问题的关注度逐年升高。显然,强密码相比于普通密码更加安全,那么,为什么得不到广泛应用呢？答案很简单,输入麻烦,难以记忆。用户往往需要花费输入普通密码数倍的时间去输入强密码。而且,过长的密码也难以记忆,经常容易出现输入错误等问题。

由此,本项目利用 RFID 模块设计一款便捷、安全、通用的强密码输入设备,只需刷

RFID卡即可自动输入16位强密码,适用于任何能连接USB的设备。如果说二维码的发明解决了输入长网址的难题,那么,本项目的产品不仅完成了输入强密码的功能,还避免了用户记忆长密码之苦,同时也提高了密码安全性。

3.3.2 创意描述

在生活中,RFID卡主要应用于刷卡消费、身份识别、门禁系统等,每一张RFID卡有全球独一无二的序列号。根据这个特点,考虑利用该序列号通过算法生成一串16位的强密码,这样每张卡就对应唯一的强密码不会重复。此外,RFID卡可以扩展到类似的射频卡,如北京邮电大学的校园一卡通,这样会更加方便,贴近生活实际。

3.3.3 功能及总体设计

1. 功能介绍

本产品最终实现的功能为强密码生成器,即刷RFID卡时,输出卡片对应的唯一强密码,且不同的卡片输出的强密码不同。

2. 总体设计

要实现上述功能,首先需要进行设计的就是密码生成器,这是整个项目的核心。除此之外,还需要通过RFID读出卡中的内容。另外,为用户设计相应的提醒部分也是必要的。

1)整体框架图

项目整体框架图如图3-28所示。

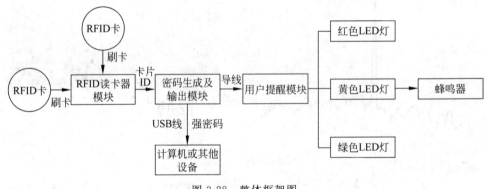

图3-28 整体框架图

整个强密码生成器分为三个模块。首先用RFID卡在读卡器模块处刷卡,之后读卡器模块读取卡片ID并传给密码生成及输出模块,由该模块通过USB线将生成的强密码传入计算机或其他设备。同时,密码生成及输出模块通过导线与用户提醒模块相连,用来显示强密码生成器的工作状态(连接异常、正常工作、输出密码),并通过LED灯和蜂鸣器提醒用户工作状态。

2)系统流程图

系统流程图如图3-29所示。

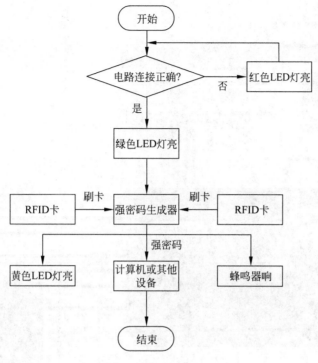

图 3-29 系统流程图

强密码生成器的工作流程为：先检查电路连接是否正确，待电路可以正常工作（绿色 LED 灯亮）后，刷卡生成强密码，并输入到计算机或其他设备中。电路工作状态通过 LED 灯和蜂鸣器来提醒用户。

3）总电路图

系统总电路图如图 3-30 所示。

引脚连接说明如下：

MFRC-522 读卡器与 Arduino Leonardo 开发板连接方法如表 3-17 所示。

表 3-17 MFRC-522 读卡器与 Arduino Leonardo 开发板连接方法

MFRC-522 读卡器引脚	Arduino Leonardo 开发板引脚
SDA	10
SCK	ICSP3
MOSI	ICSP4
MISO	ICSP1
RST	ICSP5
3.3V	3.3V
GND	GND

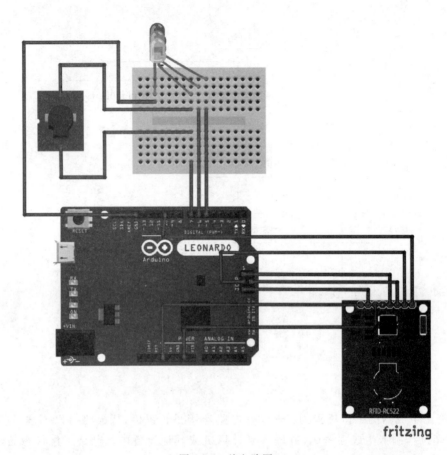

图 3-30　总电路图

小面包板上各元件与 Arduino Leonardo 开发板连接方法如表 3-18 所示。

表 3-18　小面包板上各元件与 Arduino Leonardo 开发板连接方法

小面包板上各元件	Arduino Leonardo 开发板引脚
红色 LED 正极	5
绿色 LED 正极	6
蜂鸣器正极	7
红色 LED 负极	GND
绿色 LED 负极	GND
黄色 LED 负极	GND

除此之外,黄色 LED 正极与蜂鸣器负极相连,即黄色 LED 与蜂鸣器串联,黄灯亮同时蜂鸣器响,黄灯灭同时蜂鸣器停。

3. 模块介绍

本项目主要分为三个模块:RFID 读卡器模块、密码生成及输出模块、用户提醒模块。

1) RFID 读卡器模块

功能介绍：读取 RFID 卡片信息，指示初始化是否正常，读取 RFID 读卡器的版本号，在连接异常时返回的版本号不正确。通过红、绿 LED 指示工作状态。

元器件清单：MFRC-522 读卡器。

电路图：RFID 模块电路图如图 3-30 所示。

相关代码：

```
byte v = mfrc522.PCD_ReadRegister(mfrc522.VersionReg);
if (v == 0x91 || v == 0x92)
    digitalWrite(GREEN, HIGH);
else
    digitalWrite(RED, HIGH);
…
//新卡片出现之后再继续执行
if ( ! mfrc522.PICC_IsNewCardPresent()) {
    return;
}
//读取到卡片序列号之后再执行
if ( ! mfrc522.PICC_ReadCardSerial()) {
    return;
}
```

2) 密码生成及输出模块

功能介绍：针对传入的 RFID 卡片 ID，生成强密码。

元器件清单：Arduino Leonardo 开发板。

电路图：密码生成及输出模块的电路如图 3-30 所示。

相关代码：

```
void PrintPassword() {
    unsigned char * hash = MD5::make_hash((char * )mfrc522.uid.uidByte);
//使用 MD5 算法对卡片 UID 生成摘要
char * pwd = (char * ) malloc (sizeof(char) * 17);     //存放密码的字符串
    static const char trans[95] =                      //转义数组
    "abcdefghijklmnopqrstuvwxyzABCDEFGHIJKLMNOPQRSTUVWXYZ1234567890[];',./{}:\"<>?\\| =
-+_)( * & ^ % $ # @ ! ~`";
    for (int i = 0; i != 16; ++i)
    pwd [i] = trans[ * (hash + i) % 94];               //将 MD5 生成的摘要转换为强密码字符串
    pwd [16] = '\0';                                   //防止极端条件下的异常
    Keyboard. print(pwd);                              //打印密码
    free(hash);                                        //避免内存泄漏
    free(pwd);
}
```

3) 用户提醒模块

功能介绍：给用户直观地展示产品工作状态，LED 红灯亮为接触不良，绿灯亮为正常工作，黄色灯亮并蜂鸣为正在输出密码。

元器件清单：黄色 LED、红色 LED、绿色 LED、蜂鸣器、小面包板。

电路图：图 3-30 中面包板部分。

相关代码：

```
//指示初始化是否正常,读取 RFID 读卡器的版本号
//在连接异常时返回的版本号不正确,通过红、绿 LED 指示工作状态
byte v = mfrc522.PCD_ReadRegister(mfrc522.VersionReg);
if (v == 0x91 || v == 0x92)
    digitalWrite(GREEN, HIGH);
else
    digitalWrite(RED, HIGH);
…
digitalWrite(WHITE, HIGH);                              //黄灯亮指示正在生成密码
```

3.3.4 产品展示

整体实物图如图 3-31 所示,内部图如图 3-32 所示,插上 USB 线之后的效果如图 3-33 所示,电路正常工作时的效果如图 3-34 所示,刷卡时的效果如图 3-35 所示,演示结果正确如图 3-36 所示,方形卡刷卡时的效果如图 3-37 所示,演示结果错误如图 3-38 所示。

图 3-31 整体实物图   图 3-32 内部图

外部接口为 USB 线,封面上有三个 LED 灯显示工作状态,并有感应区负责感应 RFID 卡。

如图 3-33 所示,插上 USB 线之后,Arduino 开发板上的灯会亮。

如图 3-34 所示,电路正常工作时,面包板上的绿色 LED 灯亮。

图 3-33 插上 USB 线之后的效果   图 3-34 电路正常工作时的效果

如图 3-35 所示,演示时利用之前申请的邮箱,并设置密码为用圆形卡生成的密码。刷圆形卡时,屏幕上光标处会输入对应的强密码,同时面包板上的黄色 LED 灯亮(正常工作时绿色 LED 灯仍然亮)、蜂鸣器响。

如图 3-35 所示,单击"登录"按钮,可以登录到邮箱,说明密码正确。

如图 3-37 所示,使用另一张方形的卡,同样输入了一串强密码。

图 3-35　刷卡时的效果

图 3-36　演示结果正确

如图 3-38 所示,使用方形卡登录时显示"账号或密码错误",说明方形卡对应的强密码与之前圆形卡对应的强密码不同,这就体现出每张卡密码的唯一性。

图 3-37　方形卡刷卡时的效果

图 3-38　演示结果错误

3.3.5　故障及问题分析

(1) 问题:如何获取标识一张 RFID 卡的唯一 ID?

解决方案:在 Github 上有专为 MFRC522 编写的 API,通过运行其提供的例子,学习 MFRC-522 类的使用方法,找到其存储 ID 的成员变量以及从卡中获取该 ID 的方法,也用到了判断 RFID 识别设备是否连接正常的函数。

(2) 问题:如何将 ID 转换为密码?

解决方案:找到 MD5 的类库 API,可以根据所给的字符串指针通过相关哈希算法生成 16B32 位十六进制数。为了使其可以作为密码输入(char 类型字符串),设计一个根据该 16B 数据的指针,生成 16 个字符(包含键盘上所有特殊字符)串的算法。算法的原理设计正确,但是,第一次运行时却出现不同的卡是同一个密码的结果,查看代码调试,发现是把

MD5 返回的指针名误带双引号作为参数传递,去掉双引号后功能正常。

(3) 问题:线路接触不良。

解决方案:焊接、换新导线。

3.3.6　元器件清单

完成本项目所需要的元器件及其数量如表 3-19 所示。

表 3-19　强密码生成器设计元器件清单

元器件名称	数　量
Arduino Leonardo 开发板	1
MFRC-522 读卡器	1
黄色 LED	1
红色 LED	1
绿色 LED	1
蜂鸣器	1
小面包板	1
包装盒	1
USB 线	1
导线	若干

参考文献

[1]　广州周立功单片机发展有限公司. MFRC_522 中文资料[J/OL]. http://wenku. baidu. com/view/4d5b2ceb680203d8cf2f241b. html

[2]　电子发烧友论坛. RFID-RC522 速成教程[J/OL]. http://bbs. elecfans. com/jishu_414027_1_1. html

[3]　Wordpress 3. 8. 2 补丁分析 HMAC timing attack[J/OL]. http://drops. wooyun. org/papers/1404

[4]　维基百科. MD5[J/OL]. http://zh. wikipedia. org/zh-cn/MD5

[5]　李永华,高英,陈青云. Arduino 软硬件协同设计实战指南[M].北京:清华大学出版社,2015.

3.4　项目 12:智能教室

设计者:刘广泽,郭垚,刘玮康

3.4.1　项目背景

随着社会、经济水平的发展,人们对生活品质的要求也越来越高,要求生活环境舒适化、安全化、人性化、智能化。智能家居是通信技术、计算机技术和控制技术向传统家电产业渗透发展的必然结果。智能家居以住宅为平台,将物联网技术和传统家居有机地融合在一起,将与家居生活有关的设施集成,构建高效的住宅设施与家庭日程事务的管理系统,从而提升家居安全性、便利性、舒适性、艺术性。

本项目将物联网以及智能家居的理念应用于教室中,目的就是实现传统教室的信息化与智能化,即将教室内的情况统一进行信息采集,对于采集的信息,对其进行相应的分析与处理,并通过互联网传输,将用户所需要的信息呈现出来。

3.4.2 创意描述

本项目将传统的教室与物联网技术相结合,将各类传感器与互联网相连接,与智能处理相结合,将从传感器获得的信息进行分析、加工和处理,并将所需要的信息呈现给用户,以适应用户的不同需求,实现环境和状态信息的实时共享以及智能化的收集、传递、处理、执行。

3.4.3 功能及总体设计

基于上述创意,在总体上,该项目分为电路部分、传输部分和网络部分,三部分相结合以实现物联网。电路部分主要是收集信息,而传输部分是将收集到的信息传到网络,网络部分进行信息处理和呈现。

1. 功能介绍

本项目具体实现的功能包括教室内人数及剩余座位数的实时统计、教室内环境数据的监测,并通过网页和LCD液晶显示屏两种方式将以上统计结果呈现给用户。

2. 总体设计

要实现上述功能,如前所述,主要将该项目分为电路部分、传输部分和网络部分。

1)整体框架图

该项目整体框架图如图 3-39 所示。

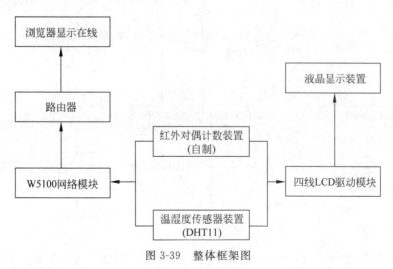

图 3-39 整体框架图

2)系统流程图

系统流程图如图 3-40 所示。

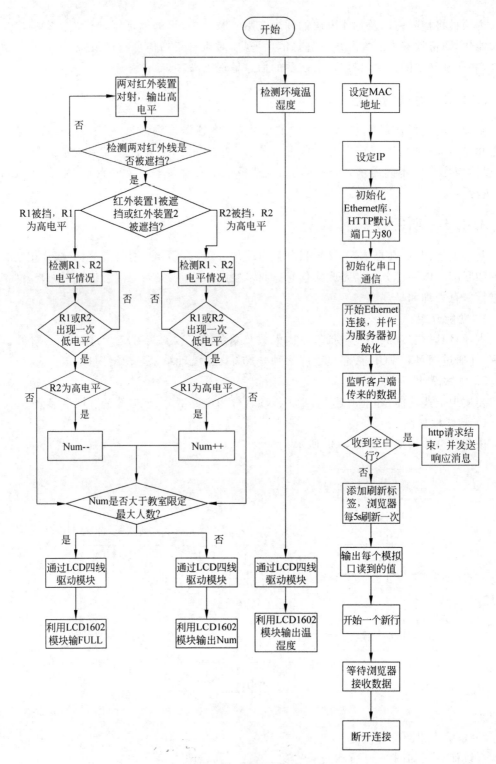

图 3-40　系统流程图

3）总电路图

系统总电路图如图 3-41 所示。

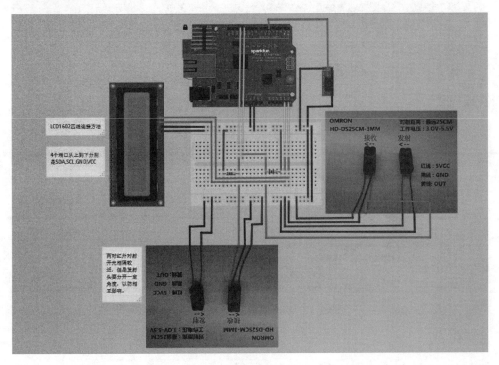

图 3-41　总电路图

3. 模块介绍

该项目主要分为三个模块：红外对射模块、温湿度传感器模块和 W5100 网络模块。

1）红外对射模块

功能介绍：红外对射全名叫"主动红外入侵探测器"（active infrared intrusion detectors），其基本的构造包括发射端、接收端、光束强度指示灯、光学透镜等。其侦测原理是利用经 LED 红外光发射二极体发射的脉冲红外线，再经光学镜面做聚焦处理使光线传至很远距离，由受光器接收。当红外脉冲射束被遮断时，电压由高电平变为低电平。

元器件清单：该模块所需的元器件及其数量如表 3-20 所示。

表 3-20　红外对射模块元器件清单

元器件名称	数　　量
Arduino 开发板	1
红外对射	2
1kΩ 电阻	2
LCD1602 显示屏	1
导线	若干

电路图：该模块电路连接图如图 3-42 所示。

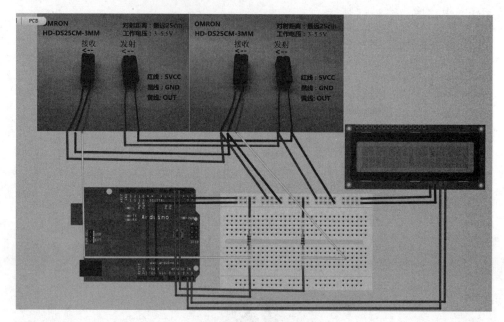

图 3-42　红外对射模块电路连接图

相关代码：

```
LiquidCrystal_I2C lcd(0x27,16,2);
#define N 120
int R1,R2;
int num = 0;
int sit;
void setup()
{
  lcd.init();
  lcd.backlight();
  num = 0;
  R1 = R2 = HIGH;
}
void loop()
{
  //当有人触碰,退出循环
  for(R1 = digitalRead(8), R2 = digitalRead(9);R1 == HIGH&&R2 == HIGH;)
  {
    R1 = digitalRead(8);
    R2 = digitalRead(9);
  }
  //人进入的情况
```

```
if(R1 == 0&&R2 == 1)
{
    sit = 0;
}
//人出去的情况
else if(R2 == 0&&R1 == 1)
{
    sit = 1;
}
switch(sit)
{
    case 0:
        for(;R2 == HIGH;)
        {
            R2 = digitalRead(9);   //要是两个红外之间距离较近,使得人一触到1,必然会触10
        }
        //沿触发,当人有进出动作时,必有沿出现
        for(R1 = digitalRead(8), R2 = digitalRead(9);R1 == LOW&&R2 == LOW;)
        {
            R1 = digitalRead(8);
            R2 = digitalRead(9);
        }
        if(R1 == HIGH)
        {
            num++;
        }
        break;
    case 1:
        for(;R1 == HIGH;)
        {
            R1 = digitalRead(8);
        }
        for(R1 = digitalRead(8), R2 = digitalRead(9);R1 == LOW&&R2 == LOW;)
        {
            R1 = digitalRead(8);
            R2 = digitalRead(9);
        }
        if(R2 == HIGH)
        {
            num -- ;
        }
        break;
}
}
```

2) 温湿度传感器模块

功能介绍：温湿度传感器是指能将温度量和湿度量转换成容易被测量处理的电信号的设备或装置。

元器件清单：该模块所需的元器件及其数量如表 3-21 所示。

表 3-21 温湿度传感器模块元器件清单

元器件名称	数 量
Arduino 开发板	1
温湿度传感器	1
LCD1602 显示屏	1
导线	若干

电路图：该模块电路连接图如图 3-43 所示。

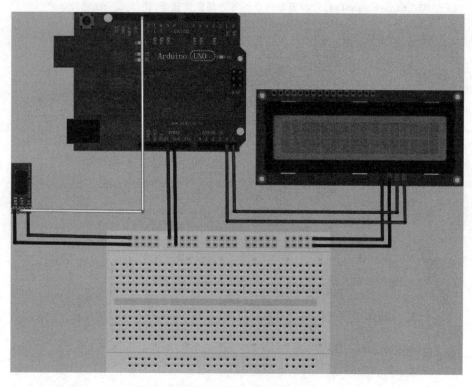

图 3-43 温湿度传感器模块电路连接图

相关代码：

```
# include < dht11.h >
# include < Wire.h >
# include < LiquidCrystal_I2C.h >
LiquidCrystal_I2C lcd(0x27,16,2);
```

```
dht11 DHT11;
#define DHT11PIN 5
void setup()
{
  Serial.begin(9600);                        //串口初始化
  delay(100);
}

void loop ()
{
  //获取传感器的数据
  DHT11.read(DHT11PIN);
  //传输到 LCD 屏
  lcd.clear();
  lcd.setCursor(0,0);
  lcd.print("T:");
  lcd.print((int)DHT11.temperature);
  lcd.print("'C");
  lcd.setCursor(0,1);
  lcd.print("H:");
  lcd.print((int)DHT11.humidity);
  lcd.print("%");
}
```

3）W5100 网络模块

功能介绍：W5100 是一款多功能的单片网络接口芯片，内部集成有 10/100Mbps 以太网控制器，主要应用于高集成、高稳定、高性能和低成本的嵌入式系统中，使用 W5100 可以实现 Internet 连接。W5100 与 IEEE802.3 10BASE-T 和 802.3u 100BASE-TX 兼容，W5100 内部集成了全硬件的且经过多年市场验证的 TCP/IP 协议栈、以太网介质传输层（MAC）和物理层（PHY）。全硬件 TCP/IP 协议栈支持 TCP、UDP、IPv4、ICMP、ARP、IGMP 和 PPPoE，这些协议已经在很多领域经过了多年的验证。W5100 内部还集成有 16KB 存储器用于数据传输，使用 W5100 不需要考虑以太网的控制，只需要进行简单的端口编程。

元器件清单：该模块所需的元器件及其数量，如表 3-22 所示。

表 3-22 W5100 网络模块元器件清单

元器件名称	数 量
Arduino 开发板	1
W5100 网张模块	1

相关代码：

```
#include <SPI.h>
```

```
#include <Ethernet.h>
#include <dht11.h>
#include <Wire.h>
#include <LiquidCrystal_I2C.h>
LiquidCrystal_I2C lcd(0x27,111,2);
dht11 DHT11;
#define DHT11PIN 5
int R1,R2;
int num = 0;
int sit;

    //设定 MAC 地址、IP 地址,IP 地址需要参考本地网络设置
byte mac[] = { 0xDE, 0x3D, 0x3E, 0xEF, 0x3E, 0x3D };
IPAddress ip(192,168,1,170);
    //初始化 Ethernet 库,HTTP 默认端口为 80
EthernetServer server(80);
void setup() {
    //开始 Ethernet 连接,并作为服务器初始化
    Ethernet.begin(mac, ip);
    server.begin();
}
void loop() {
    DHT11.read(DHT11PIN);
    //监听客户端传来的数据
    EthernetClient client = server.available();
    if (client) {
        Serial.println("new client");
        //一个 Http 请求结尾必须带有回车换行
        boolean currentLineIsBlank = true;
        while (client.connected()) {
            if (client.available()) {
                char c = client.read();
                Serial.write(c);
                //如果收到空白行,说明 Http 请求结束,并发送响应消息
                if (c == '\n' && currentLineIsBlank) {
                    //发送标准的 HTTP 响应
                    client.println("HTTP/1.1 200 OK");
                    client.println("Content-Type: text/html");
                    client.println("Connection: close");
                    client.println();
                    client.println("<!DOCTYPE HTML>");
                    client.println("<html><head><meta
                        charset=\"UTF-8\"><title>BUPT_Classroom</title>");
                    client.println("<body><div
                    align=\"center\"><h1>BUPT_Classroom</h1>");
```

```
//添加一个 meta 刷新标签，浏览器会每 5s 刷新一次
//如果此处刷新频率设置过高,可能会出现网页卡死的状况
client.println("< meta http - equiv = \"refresh\" content = \"5\">");
//显示温湿度
client.print("Humidity ( % ): ");
client.println((float)DHT11.humidity,2);
client.println("< br />");
client.print("Temperature (oC): ");
client.println((float)DHT11.temperature, 2);
client.println("< br />");
client.println("< br />");
//显示座位数及学生人数
client.println("Student Number: ");
client.println(num);
client.println("< br />");
client.println("Available Seats:");
client.print(N - num);
client.println("</body>");
client.println("</html>");
break;
}
if (c == '\n') {
    //已经开始一个新行
    currentLineIsBlank = true;
}
else if (c != '\r') {
    //在当前行已经得到一个字符
    currentLineIsBlank = false;
}
}
}


//等待浏览器接收数据
delay(1);
//断开连接
client.stop();
Serial.println("client disonnected");
}
}
```

3.4.4 产品展示

项目整体实物图如图 3-44 所示。
最终演示效果图如图 3-45 所示。

图 3-44 整体实物图

BUPT_Classroom

Humidity (%): 21.00
Temperature (oC): 31.00

Student Number: 15
Available Seats: 105

图 3-45 最终演示效果图

3.4.5 故障及问题分析

（1）问题：LCD 屏数据显示出现乱码，可能是数据刷新的速度太快，LCD 屏反应的时间过短。

解决方案：将红外计数的数据推送延迟，给 LCD 屏一个反应的时间。

（2）问题：红外计数不准确。代码中给两个红外对射的数据读取加了一个估测的时间间隔，也由于这个时间间隔的不确定性，使得在实验中，对射无法准时地获取到人经过的信号。

解决方案：用两个 for 循环作为触发的开关，舍去了估测的时限，但是在物理装配上，必须得保证两个对射的距离较近，来规避出现只触及一个红外，而不触及另一个红外的极端情况。计数的准确性大大提高，计数的速率很快，同时也能解决另外一个极端情况：当一个人同时触到两个红外（只触及到一个红外的情况物理上已避免）。

（3）问题：数据无法通过 W5100 网络模块传输。最初用 W5100＋YEELINK 来传送数据，但是有些数据不是经过传感器得到的，无法传到 YEELINK 中。

解决方案：用 W5100 建立简单的网页，并将数据传递到该网页上。

3.4.6 元器件清单

完成该项目所需的元器件及其数量，如表 3-23 所示。

表 3-23 智能教室设计元器件清单

元器件名称	数量
Arduino 开发板	1
红外对射	2
W5100 网络模块	1
温湿度传感器	1
LCD1602 显示屏	1
1kΩ 电阻	2
导线	若干

参考文献

[1] Bradski G,Kaehler A. 于仕琪,刘瑞祯,译. 学习 OpenCV(中文版)[M]. 北京：清华大学出版社,2009.
[2] Robert Laganiere. 张静,译. OpenCV2 计算机视觉编程手册[M]. 北京：科学出版社,2013.
[3] 宋楠,韩广义. Arduino 开发从零开始学：学电子的都玩这个[M]. 北京：清华大学出版社,2014.
[4] Stephen Prata. 张海龙,袁国忠,译. C++ Primer Plus 中文版[M]. 第 6 版. 北京：人民邮电出版社,2012.
[5] 李永华,高英,陈青云. Arduino 软硬件协同设计实战指南[M]. 北京：清华大学出版社,2015.

3.5 项目 13：智能分类垃圾桶

设计者：曾波,王丽娜,边雯皓

3.5.1 项目背景

将可回收垃圾和不可回收垃圾混在一起处理，既是对可再利用资源的一种浪费，也是对环境的一种极大伤害。如今,环境问题已经引起广泛关注,许多人已经具有垃圾分类的意识,并且街道的垃圾箱通常也有可回收与不可回收之分,但人们仍不能很好地实现垃圾的正确分类。基于目前的情况,本项目研究一种可自动识别垃圾种类的智能垃圾桶,帮助人们完成正确的垃圾分类。此外,本项目通过实现自动测满以及自动开盖的功能,使垃圾分类更加智能化。

3.5.2 创意描述

本项目的智能分类垃圾桶的创意主要有三点:有人放垃圾时,垃圾桶自动判别垃圾的种类;有人靠近垃圾桶时,垃圾桶自动开盖,之后自动关闭;实现自动测满。

3.5.3 功能及总体设计

在智能分类垃圾桶上添加红外感应模块,实现有人靠近时,自动开盖;在垃圾桶的顶部安放超声波测距模块,以测试垃圾桶是否已满;通过图像识别对放入的垃圾进行简单的分类识别。

1. 功能介绍

该智能垃圾桶实现的主要功能有:红外感应,检测有人靠近时,自动开盖;识别特定颜色的物体,简单分类;自动测满功能。

2. 总体设计

要实现上述功能,将项目分为三部分进行设计:垃圾桶顶超声波测距部分、红外感应部分和识别部分。

1) 整体框架图

项目整体框架图如图 3-46 所示。

图 3-46　整体框架图

2) 系统流程图

系统流程图如图 3-47 所示。

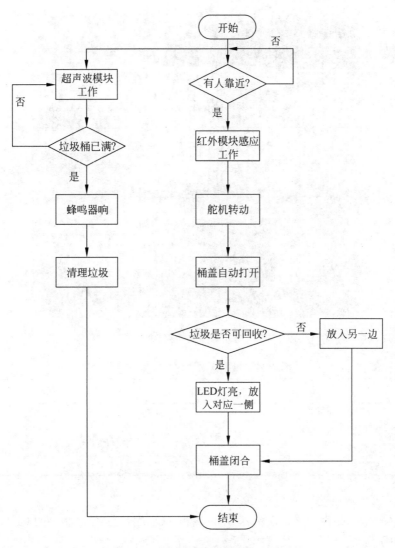

图 3-47　系统流程图

3）总电路图

系统总电路图如图 3-48 所示。

3．模块介绍

该项目主要分为三个模块：超声波测距模块、红外感应模块、识别模块。

1）超声波测距模块

功能介绍：将超声波测距模块装在垃圾桶顶部，通过设定的距离实现对桶内垃圾高度的测定，当垃圾的高度达到设置的参数时，蜂鸣器将发出声音，完成测满功能。

元器件清单：该模块所需的元器件及其数量如表 3-24 所示。

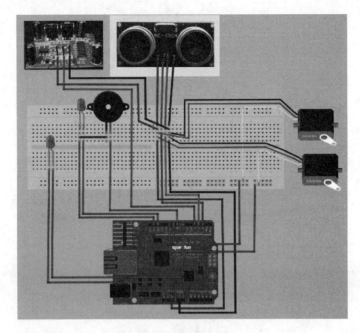

图 3-48　总电路图

表 3-24　超声波测距模块元器件清单

元器件名称	数　量
Arduino 开发板	1
超声波测距模块	1
面包板	1
蜂鸣器	1

电路图：该模块电路图如图 3-49 所示。

如图 3-49 所示，超声波测距模块有 GND 端和 VCC 端，分别接在板上的 GND 和 5V 端。

相关代码：

```
const int TrigPin = 2;
const int EchoPin = 3;
float cm;
void setup()
{
Serial.begin(9600);
pinMode(TrigPin, OUTPUT);
pinMode(EchoPin, INPUT);
pinMode(8,OUTPUT);
}
void loop()
{
digitalWrite(8, LOW);
```

```
digitalWrite(TrigPin, LOW);                      //低电平发一个短时间脉冲
delayMicroseconds(10);
digitalWrite(TrigPin, HIGH);
delayMicroseconds(10);
digitalWrite(TrigPin, LOW);

cm = pulseIn(EchoPin, HIGH) / 58.0;              //将回波时间换算成 cm
cm = (int(cm * 100.0)) / 100.0;                  //保留两位小数
if (cm >= 2 && cm <= 10)
digitalWrite(8, HIGH);
}
```

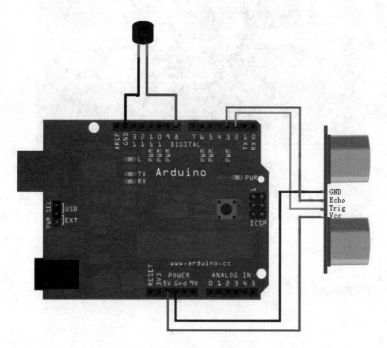

图 3-49　超声波测距模块电路图

2）红外感应模块

功能介绍：当有人靠近垃圾桶时，红外感应模块工作，启动舵机，垃圾桶自动开盖。

元器件清单：该模块所需的元器件及其数量如表 3-25 所示。

表 3-25　红外感应模块元器件清单

元器件名称	数　量
Arduino 开发板	1
红外感应模块	1
面包板	1
舵机	2

电路图：该模块电路图如图 3-50 所示。

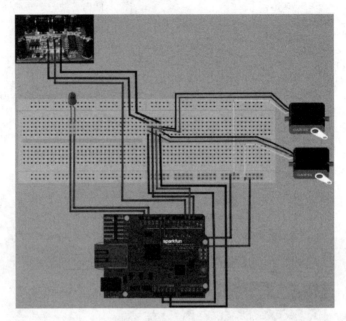

图 3-50　红外感应模块电路图

如图 3-50 所示，结合红外感应模块和 Arduino 开发板，当检测到有人时，Arduino 开发板发出指令，驱动舵机。其中，红外感应有 VCC 端和 GND 端，分别接在开发板上的 5V 和 GND 端。

相关代码：

```
# include <Servo.h>
Servo myservo1;
Servo myservo2;
int pos1 = 0;
int pos2 = 180;
int Sensor = 4;
int ina = 13;
void setup() {
    myservo1.attach(9);
    myservo2.attach(10);
    pinMode(ina, OUTPUT);           //13 引脚定义为输出
    Serial.begin(9600);             //设置下载程序的串口的波特率为 9600
    pinMode(Sensor, INPUT);         //2 引脚定义为输入
}
void loop() {
    int SensorState = digitalRead(Sensor);     //读取 2 引脚的电平
    while(SensorState == 1){
    SensorState = digitalRead(Sensor);         //当 2 引脚为高电平时,设置 13 引脚为高
```

```
digitalWrite(ina,HIGH);
for(pos1 = 0,pos2 = 180; pos1 < 180,pos2 > 0; pos1 += 1,pos2 -= 1)
{  myservo1.write(pos1);
   myservo2.write(pos2);
   delay(100);
}
delay(1000);                                   //延时1000ms
}
while(SensorState == 0){                        //当2引脚为低电平时,设置13引脚为低
    SensorState = digitalRead(Sensor);
    digitalWrite(ina,LOW);
}
delay(100);                                     //延时100ms
}
```

3）识别模块

功能介绍：通过 OpenCV 调用计算机摄像头,通过摄像头识别指定颜色的物体（针对农夫山泉的水瓶,将颜色设定为红色）。

元器件清单：该模块所需的元器件及其数量如表 3-26 所示。

表 3-26　识别模块元器件清单

元器件名称	数　　量
Arduino 开发板	1
摄像头	1
OpenCV 工具	—
计算机	1

相关代码：OpenCV 工具将图片转化为二值图,且将图片中的红色部分变为二值图中的白色部分。

```
IplImage * colorSearch(string pic)
{    IplImage * img = cvLoadImage(pic.c_str());
                                        //cvLoadImage("E:\\testface\\color2.jpg");
//测试图片
    //在 HSV 空间中处理图像
    IplImage * channelH = cvCreateImage(cvGetSize(img), IPL_DEPTH_8U, 1);
    //创建 H 通道
    IplImage * channelS = cvCreateImage(cvGetSize(img), IPL_DEPTH_8U, 1);
    //创建 S 通道
    IplImage * channelV = cvCreateImage(cvGetSize(img), IPL_DEPTH_8U, 1);
    //创建 V 通道
    IplImage * HSV = cvCreateImage(cvGetSize(img), IPL_DEPTH_8U, 3);
    //创建 HSV 图像
    cvCvtColor(img, HSV, CV_BGR2HSV);            //将 RGB 空间转换为 HSV 空间
    //分离通道,HSV -> H、S、V
for (int i = 0; i < HSV -> height; i++)
```

```
{
unsigned char * pHSV = (unsigned char * )(HSV - > imageData + i * HSV - > widthStep);
unsigned char * pH = (unsigned char * )(channelH - > imageData + i * channelH - > widthStep),
unsigned char * pS = (unsigned char * )(channelS - > imageData + i * channelS - > widthStep);
unsigned char * pV = (unsigned char * )(channelV - > imageData + i * channelV - > widthStep);
        for (int j = 0; j < HSV - > width; j++)
        {
            pH[j] = pHSV[3 * j + 0];
            pS[j] = pHSV[3 * j + 1];
            pV[j] = pHSV[3 * j + 2];
        }
    }

    //把 0 < H < 8 || 160 < H < 180(红色)的地方设置为 1,其他地方设置为 0
    //色调(H),饱和度(S),亮度(V)
    //只有 H 通道表示颜色,只需对 H 通道进行处理
//cvThreshold( const CvArr * src, CvArr * dst, double threshold, double max_value, int
threshold_type )
    //对灰度图像进行阈值操作得到二值图像
    //src: 原始数组 (单通道，8 位或 32 位浮点数)
    //dst: 输出数组,必须与 src 的类型一致,或者为 8 位
    //threshold: 阈值
    //max_value: 使用 CV_THRESH_BINARY 和 CV_THRESH_BINARY_INV 的最大值
    //threshold_type: 阈值类型 threshold_type = CV_THRESH_BINARY:如果 src(x,y)> threshold 0,
dst(x,y) = max_value, 否则 dst(x,y) = 0
    //threshold_type = CV_THRESH_BINARY_INV:如果 src(x,y)> threshold,dst(x,y) = 0; 否则,dst
(x,y) = max_value

    cvThreshold(channelH, channelS, 8, 1, CV_THRESH_BINARY_INV);
    //0 < H < 8 的二值图像
    cvThreshold(channelH, channelH, 160, 1, CV_THRESH_BINARY);
    //160 < H < 180 的二值图像
    //将 H、S 通道合并,并转换为二值图像
for (int i = 0; i < channelH - > height; i++)
{
    unsigned char * pH = (unsigned char * )(channelH - > imageData + i * channelH - >
widthStep);
    unsigned char * pS = (unsigned char * )(channelS - > imageData + i * channelS - >
widthStep);
        for (int j = 0; j < channelH - > width; j++)
        {
            if (pH[j] || pS[j])
            {
                pH[j] = (unsigned char)255;
            }
        }
    }
```

3.5.4 产品展示

整体实物图如图 3-51 所示,最终演示效果图如图 3-52 所示。

图 3-51 整体实物图

如图 3-51 所示,左侧为所识别的指定垃圾,右侧则为其他。

图 3-52 最终演示效果图

如图 3-52 所示,当有人靠近垃圾桶时,垃圾桶自动开盖。

3.5.5 故障及问题分析

(1) 问题:摄像头识别红色物体时可以正常运行,但当物体没有红色时,程序会出现异常中断。

解决方案:编写一个判断函数,int panduan(IplImage * img),当二值图中没有红色时,判断函数返回 0;当二值图中有红色时,判断函数返回 1。

(2) 问题:Arduino 开发板在给特定端口高电平时,不能驱动蜂鸣器等器件。

解决方案:在电机的驱动程序里面,通过相关代码的调整,可以直接在 Arduino 开发板上驱动蜂鸣器。

（3）问题：当红外感应模块工作时，无明显现象。

解决方案：连接 LED 灯，观察 LED 灯的亮灭与电机转动是否同步，确定红外感应模块是否正常工作。

（4）问题：颜色识别部分代码程序可以和超声波测距模块程序很好地融合，但无法融合舵机控制程序。原因在于 Servo 库文件确实和 PWM 输出有冲突，无法同时使用。

解决方案：使用两块 Arduino 开发板，在第二块 Arduino 开发板中，单独下载舵机控制程序。

3.5.6　元器件清单

完成本项目所需要的元器件及其数量如表 3-27 所示。

表 3-27　智能垃圾桶设计元器件清单

元器件名称	数　量	元器件名称	数　量
Arduino 开发板	1	蜂鸣器	1
网线	1	舵机	2
数据线	1	纸盒	2
面包板	1	超声波测距模块	1
摄像头	1	人体红外感应模块	1
计算机	1	杜邦线	若干

参考文献

[1]　Bradski G，Kaehler A. 于仕琪，刘瑞祯，译. 学习 OpenCV（中文版）[M]. 北京：清华大学出版社，2009.

[2]　谭浩强. C 语言程序设计[M]. 第 4 版. 北京：清华大学出版社，2010.

[3]　CSDN 论坛. 使用 OpenCV 进行图像的颜色识别[J/OL]. http://blog. csdn. net/scottly1/article/details/23046847.

[4]　李永华，高英，陈青云. Arduino 软硬件协同设计实战指南[M]. 北京：清华大学出版社，2015.

3.6　项目 14：语音控制台灯

设计者：陈英杰，杨文哲

3.6.1　项目背景

近年来，随着科学技术的发展和网络时代的到来，人类社会已经进入了信息时代，信息的交换、人与人之间的交流变得更加密切。然而，社会的发展已经不仅仅满足于人与人之间的沟通，更希望通过某些方式和手段，实现人与物之间的沟通，让身边的物品也能"听懂"人类的语言。

为了能够实现这一目的,本项目利用简单常见的生活用品——台灯作为切入点。通过研究制造出语音台灯,可以更加方便地来调整和控制灯光,甚至不需要动手,只需要随口一个命令,就能随心所欲掌控台灯的状态。例如,当我们说"打开"时,它可以自动打开;当我们说"关闭"时,它也能自动关闭;当我们说"闪烁"时,它就会完成一闪一闪的功能,等等。

3.6.2 创意描述

台灯是日常生活中大家都熟悉的物品,声控灯也是屡见不鲜,但是,一个不仅能听见声音,还能听懂我们说话的内容,根据所接收到的语音指令,能做出相应动作的台灯,目前并不多见,这正是本项目所要实现的功能。

如果大家看过"皮克斯"电影公司出品的电影,那么对片头的那个一跳一跳的小台灯一定有印象。因此,本项目的语音台灯起名为"皮卡斯",它可以对人类的语音进行识别,并且做出回应的动作,不必是特定的人,"皮卡斯"是一盏任何人的话它都能听懂的智能台灯。

3.6.3 功能及总体设计

基于上述创意,采用语音识别模块,实现台灯"听懂"人类的语音,是本项目研究和设计中最重要的部分。

1. 功能介绍

可以通过语音控制台灯实现开灯、关灯、抬升灯头、降低灯头、延时打开、延时关闭、闪烁、亮度变暗、逐渐变暗的功能。

2. 总体设计

首先,要让台灯"听懂"人类所说的话,为台灯添加语音识别部分;为了可以让台灯随着语音的控制而移动,需要在台灯上添加步进电机,从而实现上述的抬升灯头、降低灯头的功能。

1)整体框架图

项目整体框架图如图 3-53 所示。

如图 3-53 所示,Arduino 为中心模块,与语音控制模块、升压模块、步进电机分别连接。步进电机连接台灯灯头,实现动作;升压模块连接台灯灯泡,实现照明。

2)系统流程图

系统流程图如图 3-54 所示。

如图 3-54 所示,Arduino 为语音控制模块、升压模块、步进电机提供驱动电压,语音控制模块将接收到的语音信息转化为电信号,为升压模块和步进电机提供指令,再由升压模块控制台灯的照明,由步进电机控制台灯的动作。

3)总电路图

系统总电路图如图 3-55 所示。

如图 3-55 所示,Arduino 开发板的 5V 和 GND 分别接在面包板上作为 5V 输入端和

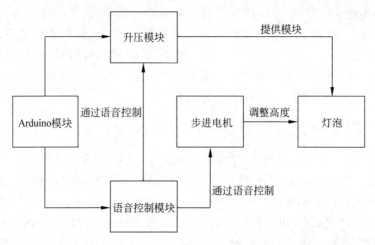

图 3-53　整体框架图

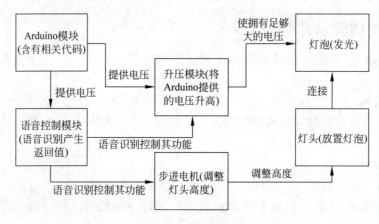

图 3-54　系统流程图

GND 端；语音控制模块 VCC 接 5V 输入端，GND 接 GND 端，MIC 口接麦克风，RX0 接
Arduino 开发者的 RX0 输入口；L298N "＋"（正极）接 5V 输入端，"－"（负极）接 GND 端，
A1、B1、C1、D1 输入端分别接在 Arduino 开发板的 2、3、4、5 输出口；步进电机接 L298N 的
A1、B1、C1、D1 输出端；升压模块 IN＋（输入正极）接 Arduino 开发板输出端口 10，IN-(输
入负极)接 Arduino 开发板输出端 GND，OUT＋（输出正极）接灯的正极，OUT-(输出负极)
接灯的负极。

3．模块介绍

该项目主要分为三个模块：语音控制模块、升压模块、步进电机模块。

1）语音控制模块

功能介绍：运用 LP_COMM V2.22 将特定语句写入语音控制模块，为每一语句设置返
回值。

如图 3-56(a)所示,a0 为写入的意思,ni hao 是写入的语句的拼音发音,0x00 为设置该语句对应返回值 00。然后,由麦克风接收语音信号,通过模块识别特定的语句来产生不同的返回值,如图 3-56(b)所示,最下方框中的部分为测试时不同语句获得的返回值显示。当语句成功写入以后,就能通过不同的返回值来作为不同的动作指令,借助 Arduino 编程使台灯完成不同的动作。

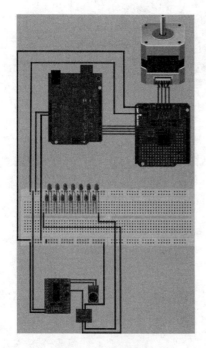

图 3-55 总电路图

(a)

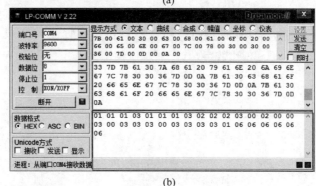

(b)

图 3-56 特定语句写入语音控制模块

元器件清单:非特定人语音控制模块 LD3320、小型麦克风。

电路图:语音控制模块的引脚图如图 3-57 所示,语音控制模块的连接图如图 3-58 所示。

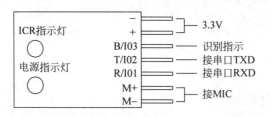

图 3-57 语音控制模块引脚图

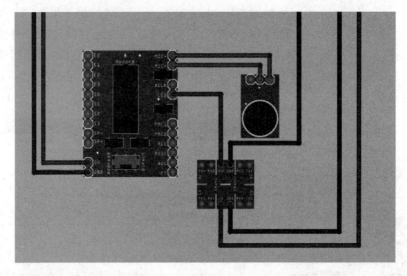

图 3-58　语音控制模块连接图

相关代码：台灯所有的指令接收都是通过语音控制模块来实现的,这一部分的代码主要是设置各个返回值对应的 Arduino 输出信号。例如,当接收到返回值为 00 的语音信号(case 0x00：),让数字端口 10 对应输出高电压(digitalWrite(10，HIGH);)。

```
void loop()
{
  int a; a = 512;
  if(Serial.available())
  {
    int inByte = Serial.read();
    switch(inByte)
    {
      case 0x00:
        digitalWrite(10, HIGH);
        break;
      //返回值为 00 时,打开灯
      case 0x01:
        digitalWrite(10, LOW);
        break;
      //返回值为 01 时,关闭灯
      case 0x02:
       while(a -- )
       {
       for(int i = 2;i < 6;i++)
        {
          digitalWrite(i,1);
          delay(3);
          digitalWrite(i,0);
```

```
          }
     }
   break;
   //返回值为 02 时,控制步进电机顺时针旋转一周
   case 0x03:
    while(a -- )
    {
    for(int i = 5;i > 1;i -- )
     {
     digitalWrite(i,1);
     delay(3);
     digitalWrite(i,0);
      }
      }
    break;
   //返回值为 03 时,控制步进电机逆时针旋转一周
   case 0x04:
    delay(1000);
    digitalWrite(10, HIGH);
    break;
   //返回值为 04 时,延迟 5s 后台灯打开
   case 0x05:
    delay(1000);
    digitalWrite(10, LOW);
    break;
   //返回值为 05 时,延迟 5s 后台灯关闭
   case 0x06:
    for(int count = 0;count < 3;count ++ )
    {
    digitalWrite(10, HIGH);
    delay(1000);
    digitalWrite(10, LOW);
    delay(1000);
    }
    break;
   //返回值为 06 时,台灯闪烁三次
   case 0x07:
    n = 200;
    analogWrite(10,n);
    break;
   //返回值为 07 时,台灯亮度减小
   case 0x08:
    while (n > = 0)
    {
     n = n - 10;
     analogWrite(10,n);
     delay (300);
```

```
        }
        break;
      //返回值为 08 时,台灯逐渐变暗并且最终熄灭
    }
  }
}
```

2）升压模块

功能介绍：由于 Arduino 开发板的输出电压最大只有 5V,无法驱动大量的 LED 来实现台灯的功能,所以使用了升压模块,通过将输出电压升高来驱动更多的灯,完成台灯的功能。升压模块可以将输入为 3.5～18V 的电压提升至 4～24V,以极大地提升 Arduino 的驱动能力,让台灯功能得以更好地实现。

元器件清单：ITEAD 直流升压电路电源模块、LED 发光二极管 4×7 个。

电路图：升压模块的端口图如图 3-59 所示,升压模块的实物图如图 3-60 所示,升压模块在电路中的连接图如图 3-61 所示。

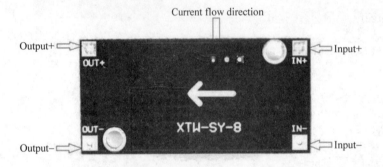

图 3-59　升压模块端口图

图 3-60　升压模块实物图

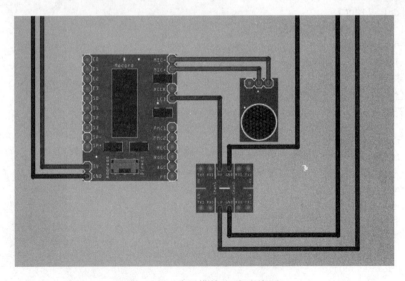

图 3-61　升压模块电路连接图

3）步进电机模块

功能介绍：步进电机是将电脉冲信号转变为角位移或线位移的开环控制元器件。在非超载的情况下，电机的转速、停止的位置只取决于脉冲信号的频率和脉冲数，而不受负载变化的影响，当步进驱动器接收到一个脉冲信号，它就驱动步进电机按设定的方向转动一个固定的角度，称为"步距角"，它的旋转是以固定的角度一步一步运行的。可以通过控制脉冲个数来控制角位移量，从而达到准确定位的目的；同时，可以通过控制脉冲频率来控制电机转动的速度和加速度，从而达到调速的目的。

为了实现台灯灯头的动作部分，将一个步进电机固定在灯架上，用黑色丝线将步进电机的转动部分和台灯的灯头部分连接起来，当步进电机转动时，通过力的传递牵引台灯的灯头，使其发生上下动作。

元器件清单：步进电机、黑色丝线、L298N。

电路图：步进电机的电路连接图如图 3-62 所示。

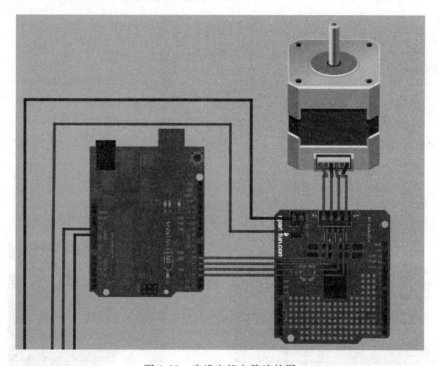

图 3-62　步进电机电路连接图

相关代码：台灯动作部分是通过语音模块来实现的，这一部分的代码主要是设置步进电机的动作。例如，当返回值为 02 时（case 0x02；），Arduino 的数字端口 2、3、4、5 从低电平到高电平（digitalWrite(i,1);）再从高电平到低电平（digitalWrite(i,0);）交替变换，使得转子发生转动，当转动部分旋转一周以后停下。

```
int a; a = 512;
```

```
case 0x02:
  while(a--)
  {
  for(int i = 2;i < 6;i++)
  {
    digitalWrite(i,1);
    delay(3);
    digitalWrite(i,0);
  }
}
break;
//返回值为 02 时,控制步进电机顺时针旋转一周,牵引灯头降低
case 0x03:
  while(a--)
  {
  for(int i = 5;i > 1;i--)
  {
  digitalWrite(i,1);
    delay(3);
    digitalWrite(i,0);
  }
}
break;
//返回值为 03 时,控制步进电机逆时针旋转一周,牵引灯头抬高
```

3.6.4　产品展示

整体实物连接图如图 3-63 所示。

最终效果演示图如图 3-64 所示。当接收到语音信号打开时,台灯打开。

图 3-63　整体实物连接图　　　　图 3-64　最终演示效果图

3.6.5 故障及问题分析

(1) 问题：由 Arduino 连接语音控制模块时可以写入语句，但是无返回值。

解决方案：购买了 TTL 转 232 模块，将语音控制模块通过该模块接入计算机，再利用 LP_COMM V2.22 串口调试软件，获取了语音控制模块的返回值，以此完成了对语音控制模块的调试。

(2) 问题：步进电机如何带动灯头移动？

解决方案：通过多次尝试，最终决定用线将灯头和步进电机的转动部分连接起来，利用力的传递，通过转动部分转动的扭力给拉线提供拉力，带动灯头运动。

(3) 问题：代码调试的时候关于 Arduino 输出电压大小的值不知如何设置。

解决方案：查询了相关书籍和资料，了解 Arduino 输出不同大小的电压值的方法。

3.6.6 元器件清单

完成该项目所需的元器件及其数量如表 3-28 所示。

表 3-28 语音控制台灯元器件清单

元器件名称	数 量
Arduino 开发板	1
LED 灯	28
杜邦线	若干
语音控制模块	1
步进电机	1
升压模块	1

参考文献

[1] Bradski G，Kaehler A. 于仕琪，刘瑞祯，译. 学习 OpenCV(中文版)[M]. 北京：清华大学出版社，2009.

[2] Robert Laganiere. 张静，译. OpenCV2 计算机视觉编程手册[M]. 北京：科学出版社，2013.

[3] 宋楠，韩广义. Arduino 开发从零开始学：学电子的都玩这个[M]. 北京：清华大学出版社，2014.

[4] Stephen Prata. 张海龙，袁国忠，译. C++ Primer Plus 中文版[M]. 第 6 版. 北京：人民邮电出版社，2012.

[5] 李永华，高英，陈青云. Arduino 软硬件协同设计实战指南[M]. 北京：清华大学出版社，2015.

第4章

物联网络类开发案例

4.1　项目15：皮肤温湿度微博播报器

设计者：张东宇，宋越，周艺

4.1.1　项目背景

考虑到北方的空气干燥,很多人都会感到皮肤不适,获得当前皮肤的状态是有意义的。另外,现代都市的人们喜欢通过社交网络来向朋友们展示自己的近况,当看到自己的皮肤处于一个健康的状态时,也会非常自豪地通过社交网络分享给自己的朋友。

温湿度检测是一个广泛应用于社会各领域的基本检测项目,例如,医院对病人体温的检测、教练员对运动员身体状况的监测、护肤产品的效果检测等。基于对个人需求和社会需求的综合考虑,产生了初步的产品设想。本项目通过设计的便携检测器,来判断皮肤是否处于一个正常适宜的状态,并通过网络进行发布。

4.1.2　创意描述

对比于传统的温湿度传感器,本项目结合了现代网络技术,简易地实现了对皮肤温湿度的日常检测和微博播报。受众面广,既可以迎合年轻人的皮肤保养和社交需求,又可以使不熟悉电子产品使用的老年人快速上手使用;用途广泛,既可以应用于病情的连续监测、运动状况监测、以物联网为基础的智能家居,又可以应用于个人皮肤的保养和社交网络中。

4.1.3　功能及总体设计

本项目将产品设计为手环的外观,便于佩戴,为产品与其他电子设备的交互提供了实现的可能。相比于其他皮肤测试设备,本项目为用户提供了多种功能选择。例如,当显示红色时,表示正在连续读取温湿度数据,可观察皮肤短时间内状况的变化,该功能用于全天皮肤状况监测、病情监测、运动时体温变化和皮肤失水指标的监测、护肤产品的效果检验等;当显示蓝色时,表示正在定时测量皮肤温湿度,当蓝色变为绿色时,提示用户时间已到,温湿度数据已相对稳定,此时用户可读取相对可信的皮肤温湿度数据,该功能可用于体温的定时测量、皮肤湿度的检测等,读取结束后,若不需要连续监测,可取下设备,关闭电源。

1. 功能介绍

该项目通过 LCD 显示屏实时显示温湿度传感器测得的数据,并上传数据、立刻或定时发布微博。通过开关控制功能选择:持续上传数据或上传 30s 后提醒关闭。LED 全彩模块可以作为功能指示器,通过显示不同颜色指示相应的功能。通过网络平台可以实现历史数据的曲线分析,并根据实时数据给用户提供合理的建议。

2. 总体设计

要实现上述功能,在总体设计上,分为温湿度传感及显示部分、微博播报部分、LED 美化部分和功能选择部分。

1) 整体框架图

项目整体框架图如图 4-1 所示。

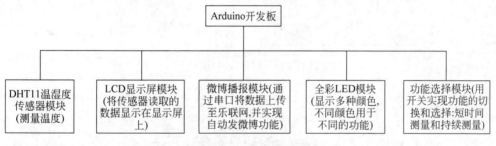

图 4-1 整体框架图

2) 系统流程图

系统流程图如图 4-2 所示。

3) 总电路图

系统总电路图如图 4-3 所示。

3. 模块介绍

本项目主要包含五个模块:温湿度传感模块、液晶屏显示模块、微博播报模块、全彩 LED 模块、功能选择模块。

1) 温湿度传感模块

功能介绍:感应皮肤的温湿度,并上传至 Arduino 开发板。

元器件清单:DHT11 温湿度模块、Arduino 开发板、公对母杜邦线若干。

电路图:DHT11 连接示意图如图 4-4 所示。

如图 4-4 所示,DHT11 S 极(data)连 Arduino 开发板上的引脚 7,此引脚功能为上传数据;正极接 Arduino 开发板的 5V,起到供电的作用;负极接 Arduino 开发板的 GND,起到形成完整电路的作用。

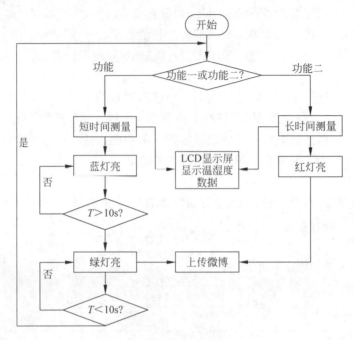

图 4-2　系统流程图

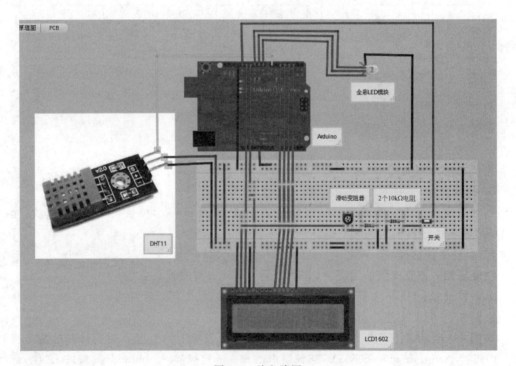

图 4-3　总电路图

GND 5V 引脚7

图 4-4　DHT11 连接示意图

相关代码：本代码实现了用 pinMode(DHT11PIN,OUTPUT) 函数设置 DHT11 端口模式为输出，以及初始化端口连续通信，从波特率 9600 开始，用 DHT11.read(DHT11PIN) 读取 DHT11 传感器数据的功能。

```
#include<dht11.h>                    //调用 DHT11 库文件
#define DHT11PIN 7                   //将 DHT11 设置在 7 端口
dht11 DHT11;                          //定义 DHT11 变量类型
void setup() {
pinMode(DHT11PIN,OUTPUT);            //设置 DHT11 端口模式为输出
Serial.begin(9600);                  //初始化端口连续通信从波特率 9600 开始
}

void loop() {
int chk = DHT11.read(DHT11PIN);      //读取 DHT11 传感器数据
}
```

2）液晶屏显示模块

功能介绍：将温湿度传感器读取的温度和湿度数据，分别以摄氏度和百分比为单位，以两位有效数字为精度，同时显示在液晶屏上；通过调节滑动变阻器，调节液晶屏的显示亮度。

元器件清单：LCD1602、Arduino 开发板、滑动变阻器、电阻、公对公及公对母杜邦线若干。

电路图：该模块的电路连接图如图 4-5 所示。

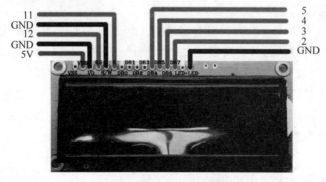

图 4-5　液晶屏电路连接图

如图 4-5 所示,LCD 连在 Arduino 开发板的 12、11、5、4、3、2 端口,将 DHT11 设置在 7 端口。单级器件的正极 VDD 连 5V,V0、R/W、LED 连 GND。蓝色线实现数据传输功能,红色线实现供电,黑色线实现接地构成完整电路。

相关代码:本代码通过 DHT11. read(DHT11PIN)函数实现了读取 DHT11 传感器数据,通过 lcd. print((float)DHT11. temperature,2)函数实现 LCD 显示 DHT11 上传的温度数据,通过 lcd. print((float)DHT11. humidity,2)实现 LCD 显示湿度数据。

```
#include<dht11.h>                      //调用 DHT11 库文件
#include<LiquidCrystal.h>             //调用液晶屏相关的库文件
#define DHT11PIN 7                     //将 DHT11 设置在 7 端口
LiquidCrystal lcd(12, 11, 5, 4, 3, 2);
//设置 LCD 连在 Arduino 开发板的 12、11、5、4、3、2 端口

void setup() {
pinMode(DHT11PIN,OUTPUT);            //设置 DHT11 端口模式为输出
lcd.begin(16, 2);                     //设置 LCD 的列数和行数,分别为 16 列和 2 行
Serial.begin(9600);                   //初始化端口连续通信从波特率 9600 开始
}

void loop() {
int chk = DHT11.read(DHT11PIN);       //读取 DHT11 传感器数据
lcd.setCursor(0, 0);                  //初始化 LCD 的指针在第 1 列第 1 行(计数从 0 开始)
lcd.print("Tep: ");                   //LCD 显示"Tep: "字符
lcd.print((float)DHT11.temperature, 2);
                                      //LCD 显示 DHT11 上传的温度数据,2 位有效数字
lcd.print("℃");                       //LCD 在温度数据后显示温度单位"℃"(摄氏度)
lcd.setCursor(0, 1);                  //将 LCD 的指针换行,调至第 2 行第 1 列
lcd.print("Hum: ");                   //LCD 显示"Hum: "字符
 lcd.print((float)DHT11.humidity, 2);
                                      //LCD 显示 DHT11 上传的湿度数据,2 位有效数字
lcd.print("%");                       //LCD 在湿度数据后显示湿度单位"%"(百分比)
delay(200);                           //以 0.2s 为间隔时间连续读数
}
```

3) 微博播报模块

功能介绍:将 DHT11 读取到的温湿度数据上传至乐联网;设置固定微博定时播报最后一次数据;通过分析数据,微博播报还能提示用户皮肤状况,并给出相关建议;同时用户能够通过登录乐联网查看实时数据曲线。

元器件清单:DHT11 温湿度传感器模块、Arduino 开发板和串口上传工具软件。

相关代码:本代码通过 Serial. print 函数实现在乐联网上显示传感器的两份数据,并通过 delay()函数实现数据每 2s 刷新一次的功能。

```
void loop() {
 float SensorValueX = DHT11.humidity;
```

```
float SensorValueY = DHT11.temperature;
//SensorValue 是乐联网上自定义的两个变量,分别用来读取 DHT11 的温湿度数据

Serial.print("HM:");
Serial.print(SensorValueX);                //SensorValueX、Y 分别对应湿度和温度
Serial.print(";TEMP:");
Serial.println(SensorValueY);              //在乐联网上显示传感器的两份数据
delay(2000);                               //时间间隔设置为 2s
}
```

注意: 微博播报模块主要是通过串口上传进行数据通信,乐联网已经拥有一套成熟的上传系统,其中需要的工具或软件有乐联网平台、串口上传数据工具。其过程如下:首先保证 DHT11 能够持续监测温湿度,其次打开乐联网网页,进行串口通信的设置,添加设备及相关变量,在代码中调用乐联网上传的相关库函数,改变网关、UserKey、变量名等参数,最后打开乐联网串口上传工具(此软件是乐联网开放平台 PC 数据转发软件,能实现 Arduino 到乐联网的通信),输入自己的乐联网账户 UserKey 及网关标示,即可上传。

在乐联网上进行设备的相关设置如图 4-6(a)、(b)所示。

(a)

(b)

图 4-6　在乐联网上进行设备设置

在乐联网上进行微博发送内容的管理,如图 4-7 所示。

图 4-7　在乐联网上进行微博发送内容的管理

改变乐联网上传数据库函数中的相关设置,如图 4-8 所示。

```
tutorial1_ekit_upload_dht11 | Arduino 1.0.5
File Edit Sketch Tools Help

tutorial1_ekit_upload_dht11
#include <SPI.h>
#include <Ethernet.h>
#include <LeweiTcpClient.h>
#include <EEPROM.h>

#include <dht11.h>

#define LW_USERKEY "yourapikey"
#define LW_GATEWAY "01"


dht11 DHT11;
//DHT11 vcc pin->+5v
//DHT11 data pin->d2
//DHT11 gnd pin->gnd
#define DHT11PIN 2
```

图 4-8　改变乐联网上传数据库函数中的相关设置

打开串口上传工具,并进行相应设置,如图 4-9 所示。

4）全彩 LED 模块

功能介绍:全彩 LED 模块可以显示多种颜色,不同颜色用于指示不同功能。当显示红色时,表示正在连续读取温湿度数据,此时用户可登录乐联网查看自己皮肤的温湿度实时数

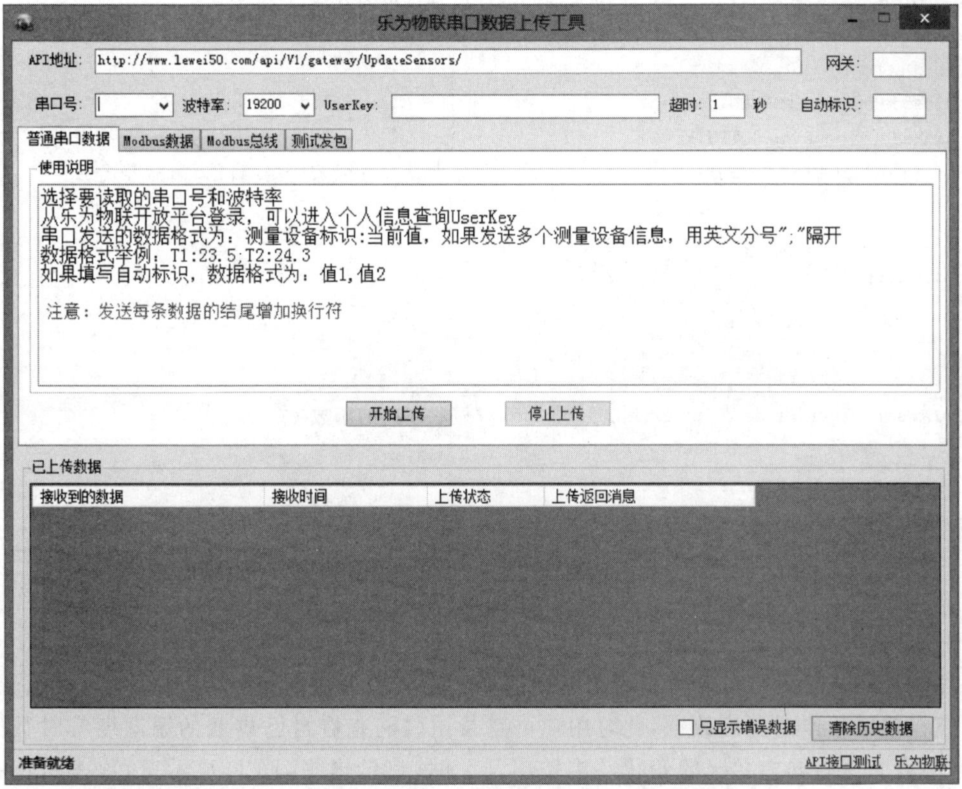

图 4-9 打开串口上传工具并进行相应设置

据曲线,观察皮肤短时间内的变化。当显示蓝色时,表示正在定时测量皮肤温湿度,当蓝色变为绿色时,提示用户时间已到,温湿度数据已相对稳定,此时用户可读取相对可信的皮肤温湿度数据,读取结束后,若不需要连续监测,可取下设备,关闭电源。

元器件清单:5050 全彩 LED 模块、Arduino 开发板、公对母杜邦线若干。

电路图:该模块的电路连接示意图如图 4-10 所示。

如图 4-10 连接,设置红色为 10 端口,设置绿色为 9 端口,设置蓝色为 8 端口,LED 连 GND。

相关代码:本代码使用 analogWrite() 函数分别将三个颜色的参数用模拟量写入 LED 模块,通过给相应输出端口不同的电平显示不同的颜色。

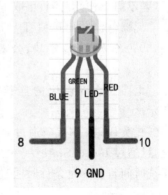

图 4-10 LED 全彩模块连接示意图

```
int redPin = 10;                          //设置红色为 10 端口
int greenPin = 9;                         //设置绿色为 9 端口
```

```
int bluePin = 8;                              //设置蓝色为8端口

void setup() {
pinMode(redPin, OUTPUT);
pinMode(greenPin, OUTPUT);
pinMode(bluePin, OUTPUT);                      //分别设置红绿蓝所接端口为输出模式
}

void loop() {
…
}

void setColor(int red, int green, int blue) //显示颜色的函数
{
 analogWrite(redPin, 255 – red);
 analogWrite(greenPin, 255 – green);
analogWrite(bluePin, 255 – blue);              //分别将三个颜色的参数用模拟量写入 LED 模块
}
```

5）功能选择模块

功能介绍：用开关实现功能的切换和选择。当按下开关时，接高电平，LED 显示红色，表示正在连续读取温湿度数据，此时用户可登录乐联网查看自己皮肤的温湿度实时数据曲线，观察皮肤短时间内状况的变化。当按出开关时，接低电平，LED 显示蓝色，表示正在定时测量皮肤温湿度，当蓝色变为绿色时，提示用户时间已到，温湿度数据已相对稳定，此时用户可读取相对可信的皮肤温湿度数据，读取结束后，若不需要连续监测，可取下设备，关闭电源。

元器件清单：开关、DHT11 温湿度感应模块、5050 全彩 LED 模块、公对公及公对母杜邦线若干。

电路图：该模块的连接示意图如图 4-11 所示。

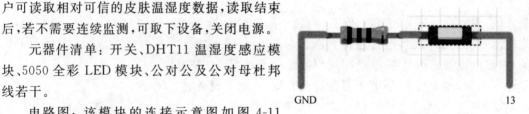

GND   13

图 4-11　开关连接示意图

相关代码：本代码通过 digitalRead(buttonPin)函数读取开关端口的数字状态，并写入变量，通过 buttonState ＝＝ HIGH 或 buttonState ＝＝ LOW 实现不同的开关功能，并在系统时间符合一定条件时通过 buttonState ＝ digitalRead(buttonPin)更新开关状态。

```
const int buttonPin = 13;                    //将开关加在 Arduino 的第 13 端口
int buttonState = 0;                         //建立变量存储开关状态,并进行初始化

void setup() {
pinMode(buttonPin, INPUT);                   //设置开关端口为输入模式
};
```

```
void loop() {
buttonState = digitalRead(buttonPin);        //读取开关端口的数字状态,并写入变量
if(buttonState == HIGH)                       //当开关接高电平时,LED 显示红色,连续测量
{
setColor(255, 0, 0);                          //红色
      …
unsigned long nowtime = millis();             //设置新变量以存储时间
}

if(buttonState == LOW)                        //当开关接低电平时,LED 显示蓝色,定时测量
{
 if ( millis() − nowtime < 10000 ||  millis() − nowtime > 20000 )
//当时间间隔小于 10s 或大于 20s 时,LED 显示蓝色,并连续读取 10s 的数据
{
      setColor(0, 0, 255);                    //蓝色
        …
}
else if(millis() − nowtime > 10000&&  millis() − nowtime < 20000 )
//当时间间隔大于 10s 并小于 20s 时,LED 显示绿色,并停止读取数据,蜂鸣器开始发出警报声,提示
用户可取下装置
    {
setColor(0,255, 0);
…
buttonState = digitalRead(buttonPin);         //更新开关状态
      }
}
```

4.1.4 产品展示

整体实物图如图 4-12 所示。演示效果图如图 4-13 所示。微博截图如图 4-14 所示。

图 4-12 整体实物图

(a) 蓝灯亮表示为短时间测量

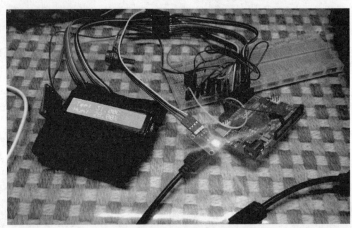

(b) 绿灯亮表示短时间测量结束

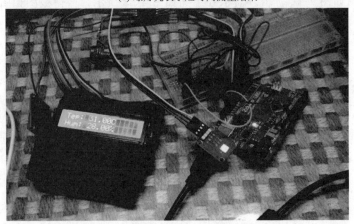

(c) 红灯亮表示持续测量

图 4-13　最终演示效果图

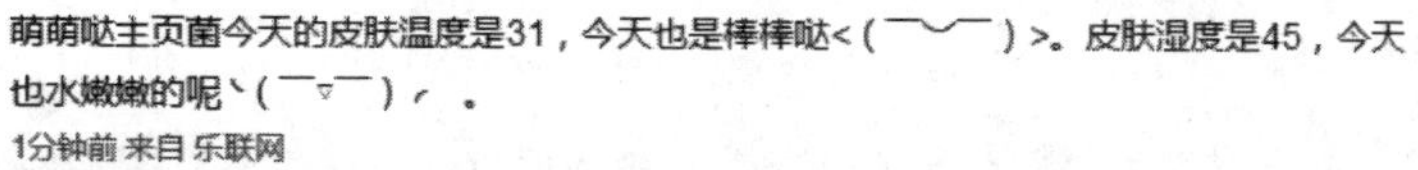

萌萌哒主页菌今天的皮肤温度是31，今天也是棒棒哒< (⌒▽⌒) >。皮肤湿度是45，今天
也水嫩嫩的呢ヽ (̄▽ ̄) ノ 。

1分钟前 来自 乐联网

图 4-14 微博界面显示

4.1.5 故障及问题分析

（1）问题：LCD 显示不稳定问题。将电路连好以后，发现 LCD 显示屏出现乱码，初步分析是 LCD 引脚接触不良的问题。

解决方案：将杜邦线的母插口的塑料保护套取下，再连接 LCD 的插针，发现较保护套取下之前连接变紧，上传代码后，LCD 显示屏显示正常。

（2）问题：数据上传问题。实验初用 W5100 模块实现数据的上传，由于不熟悉网络设置的相关知识，经多次尝试后设置仍然失败。

解决方案：采用了另一种数据上传的方法——使用串口上传工具。串口上传工具使用简单方便，不需要外接器件便可以上传数据，且功耗小，发热少，速度快，适用于入门使用者使用。使用串口上传工具后，数据上传成功。

（3）问题：功能指示器的选择。实验初采用蜂鸣器作为功能指示器。当上传数据 30s 后，蜂鸣器发出三声警报，提示用户可将设备摘下。但是，上传代码后，30s 后蜂鸣器一直发出警报声，只有停止供电才能停止发声。调试代码后，也未能实现功能。

解决方案：采用了另一种功能指示的方法——使用全彩 LED 模块。全彩 LED 模块代码功能实现方便，当显示红色时，表示正在连续读取温湿度数据，可观察皮肤短时间内状况的变化；当显示蓝色时，表示正在定时测量皮肤温湿度，当蓝色变为绿色时，提示用户时间已到，温湿度数据已相对稳定，此时用户可读取相对可信的皮肤温湿度数据，读取结束后，若无须连续监测，可取下设备，关闭电源。

4.1.6 元器件清单

该项目使用的元器件及其数量如表 4-1 所示。

表 4-1 皮肤温湿度微博播报器设计元器件清单

元器件名称	数 量
Arduino 开发板	1
温湿度传感器	1
LCD 显示屏	1
LED 全彩模块	1
滑动变阻器	1
电阻	1
面包板	1
杜邦线	若干

参考文献

[1] Maik Schmidt. 唐乐,李洪刚,译. 玩转 Arduino：快速入门指南[M].北京：科学出版社,2014.
[2] 卢聪勇.Arduino 一试就上手[M].第 2 版.北京：科学出版社,2013.
[3] 李永华,高英,陈青云.Arduino 软硬件协同设计实战指南[M].北京：清华大学出版社,2015.

4.2 项目 16：微信智能家居监测控制中心

设计者：张泽阳,袁普,石镇军

4.2.1 项目背景

随着互联网的普及和高速发展,智能家居现在成为了家电行业研究的新方向,越来越多通过网络来远程观测并控制家庭状况的产品出现在市场上,为人们的生活带来了便利。本项目通过 Arduino 开发板,实现简易的智能家居系统,能够让用户通过网络实时检测家里的环境并且控制家电开关。

本项目的产品适合于各种室内环境使用,适用人群广,功能实用且使用方便。可用于家居环境中,也可用于公司办公室中,或者任何需要检测温湿度与远程控制的地方。温湿度情况可以直接从显示屏读出,也可以通过微信客户端获取,这大大提高了产品的实用性。除此之外,通过网络实现的远程控制功能也可以在各种场合发挥作用,可以将控制端接上继电器,进而实现远程控制家居的各种电器,实现真正的智能家居。

4.2.2 创意描述

本项目主要创意在于互联网和多平台连接。本项目关注当下的热门产业：智能家居,而且不只局限于使用 Arduino 进行电路连接,而是与当下热门的互联网应用联系起来,通过 Arduino、微信、新浪云平台三方的联系来实现多种功能,这种多平台的互联,使得本项目的产品更有创新性,并且展示了互联网时代的信息传递技术。

4.2.3 功能及总体设计

本项目主要从智能家居的角度来考虑问题,将电路与互联网结合起来,具体设计是通过微信来进行检测与控制。

1. 功能介绍

本项目主要实现了以下功能：①检测家里的温湿度数据并且实时显示在 LCD 显示屏上；②通过微信公众平台远程查询当前家中的温湿度数据；③通过微信控制虚拟开关来远程控制 LED 灯的开关。

2. 总体设计

项目的总体设计主要分为两部分：电路部分和网络部分。电路部分主要是完成温湿度监测以及显示的功能;网络部分主要是通过微信平台实现远程的控制等。

1) 整体框架图

项目的整体框架图如图 4-15 所示。

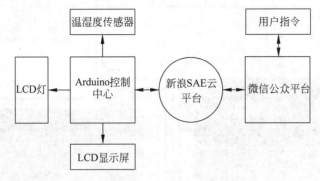

图 4-15 整体框架图

2) 系统流程图

系统流程图如图 4-16 所示。

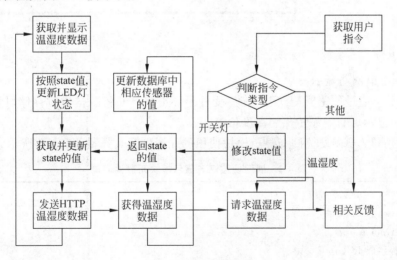

图 4-16 系统流程图

3) 总电路图

系统的总电路图如图 4-17 所示。

LED 灯连接在 7 号数字接口和 GND 之间。温湿度传感器 DHT11(3 个接口)数据端连接在 2 号数字接口,其他两个接口分别接 5V 输出和 GND。显示屏 LCD1602(I^2C 形式接口)接 5V 输出和 GND,SCL 接口接 A5,SDA 接口接 A4。

3. 模块介绍

本项目主要包括三个模块:温湿度监测、显示模块和网络模块。

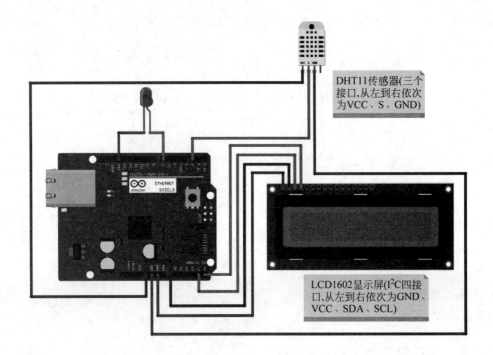

DHT11传感器(三个接口,从左到右依次为VCC、S、GND)

LCD1602显示屏(I²C四接口,从左到右依次为GND、VCC、SDA、SCL)

图 4-17　总电路图

1）温湿度监测与显示模块

功能介绍：通过传感器 DHT11 来感受外界环境信息并将数据暂时存储以供接下来的数据发送，由显示屏直观显示出温湿度信息。

元器件清单：温湿度监测与显示模块使用的元器件及其数量如表 4-2 所示。

表 4-2　温湿度监测与显示模块元器件清单

元器件名称	数　量
Arduino 开发板	1
Arduino 扩展板	1
显示屏 LCD1602	1
DHT11 温湿度传感器	1
杜邦线	7
面包板	1

电路图：该模块的电路图如图 4-18 所示，该模块的实物图如图 4-19 所示。

相关代码：

```
# include < dht11.h >                 //传感器头文件
# include < LiquidCrystal_I2C.h >     //显示屏头文件
dht11 DHT11;                          //初始化传感器
# define DHT11PIN 2                   //DHT11 传感器接到数字 2 接口
```

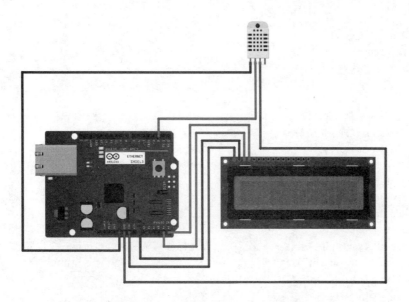

图 4-18 温湿度监测与显示模块电路图

图 4-19 温湿度监测与显示模块实物图

```
LiquidCrystal_I2C lcd(0x27,16,2);          //初始化显示屏
void setup()
{
    Serial.begin(9600);
```

```
        lcd.init();
        lcd.backlight();
        delay(1000);
    }
    void loop()
    {
        DHT11.read(DHT11PIN);
        t = DHT11.temperature;          //保存温度值
        h = DHT11.humidity;             //保存湿度值
        lcd.setCursor(0,0);             //光标移到显示屏第一行第一个位置
        lcd.print("Temperature:");
        lcd.print(t);
        lcd.print((char)223);
        lcd.print("℃ ");
        lcd.setCursor(0,1);             //光标移到显示屏第二行第一个位置
        lcd.print("Humidity:");
        lcd.print(h);
        lcd.print(" % ");
    }
```

2）网络模块

功能介绍：本模块功能为连接网络，利用新浪云平台数据库和微信的联系实现远程检测与控制。在新浪 SAE 云平台的 MySQL 数据库中建立名称分别为 Sensor 和 Switch 的两个表。Sensor 表中有 ID 分别为 1 和 2 的两条记录，分别用来存储温度值和湿度值。Sensor表如图 4-20 所示。

Switch 表中含有一条 ID 为 1 的记录，用来存储决定 LED 灯状态的 state 值。Switch表如图 4-21 所示。

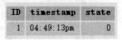

ID	timestamp	data
1	04:52:52pm	28
2	04:52:52pm	31

ID	timestamp	state
1	04:49:13pm	0

图 4-20　Sensor 表　　　　　　　图 4-21　Switch 表

state 为 1 代表开关应处于开的状态，state 为 0 表示开关应处于关的状态。这些记录都含有存储最近一次修改时间的 timestamp 变量，方便调试时发现问题和用户获取设备连接情况。

在 SAE 上部署了两个 php 文件，其中 downup.php 主要负责与 Arduino 端的数据通信，index.php 主要负责与微信公众平台的交互。SAE 平台不断从 Arduino 端获取温湿度数据并更新相应数据库记录的值，用户在微信平台上提出查询要求时将相应数据从数据库中取出反馈给用户。用户提出开关灯需求时，SAE 平台更新数据库中 state 的值，并将 state 值反馈给 Arduino 控制中心，Arduino 控制中心根据获得的 state 值进行开关灯的操作。

元器件清单：网络模块所使用的元器件及其数量如表 4-3 所示。

表 4-3　网络模块元器件清单

元器件名称	数　量
W5100 网络扩展板	1
LED 灯	1
杜邦线	4
DHT11 传感器	1

电路图：本模块的电路图如图 4-22 所示。

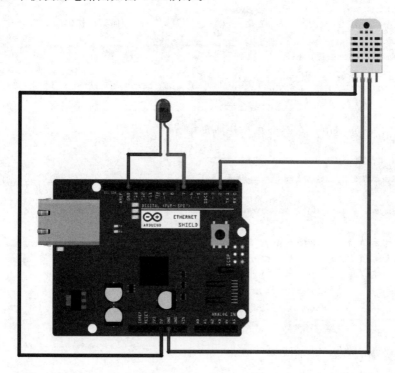

图 4-22　网络模块电路图

相关代码：downup.php 中得到温度数据后进行的工作对应代码如下（湿度数据的相关代码形式上与之相同）。

```
if ( $ _GET['data1'] && ( $ _GET['token'] == "weixin"))  //得到温度的值
{
    $ con = mysql_connect(SAE_MYSQL_HOST_M.':'.SAE_MYSQL_PORT,SAE_MYSQL_USER,SAE_MYSQL_
PASS);
    $ data = $ _GET['data1'];
    mysql_select_db("app_znjzkzzx", $ con);

    $ result = mysql_query("SELECT * FROM switch");
```

```
        while( $ arr = mysql_fetch_array( $ result)){
            //找到需要的数据的记录,并读出开关状态值
            if ( $ arr['ID'] == 1) {
                $ state = $ arr['state'];
                }
            }
        $ dati = date("h:i:sa");                    //获取时间
        $ sql = "UPDATE sensor SET timestamp = ' $ dati',data = ' $ data'
        WHERE ID = '1'";                            //更新相应的传感器的值
        if(!mysql_query( $ sql, $ con)){
            die('Error: '. mysql_error());         //如果出错,显示错误
        }
        mysql_close( $ con);
        echo "@". $ state."@";
        //返回开关状态值,加"@"是为了帮助 Arduino 确定数据的位置
}
```

index. php 中处理用户命令的相关代码如下:

```
if (strstr( $ content, "温度")) {
        $ con = mysql_connect(SAE_MYSQL_HOST_M.':'.SAE_MYSQL_PORT,SAE_MYSQL_USER,SAE_MYSQL
_PASS);
        mysql_select_db("app_znjzkzzx", $ con);

        $ result = mysql_query("SELECT * FROM sensor");
        while( $ arr = mysql_fetch_array( $ result)){    //获取温度的相关数据
          if ( $ arr['ID'] == 1) {
                $ tempr = $ arr['data'];
                $ tempt = $ arr['timestamp'];
            }
        }
        mysql_close( $ con);

    $ retMsg = "温度报告: "."\n"."您房间的室温为". $ tempr."℃,感谢您的关心!"."\n"."(数
据最后更新时间: ". $ tempt.")");
}else if (strstr( $ content, "湿度")) {
        $ con = mysql_connect(SAE_MYSQL_HOST_M.':'.SAE_MYSQL_PORT,SAE_MYSQL_USER,SAE_MYSQL
_PASS);
        mysql_select_db("app_znjzkzzx", $ con);

        $ result = mysql_query("SELECT * FROM sensor");
        while( $ arr = mysql_fetch_array( $ result)){    //获取湿度的相关数据
          if ( $ arr['ID'] == 2) {
                $ tempr = $ arr['data'];
                $ tempt = $ arr['timestamp'];
            }
        }
```

```
        mysql_close($con);

    $retMsg = "湿度报告:"."\n"."您房间的湿度为".$tempr."%,感谢您的关心!"."\n"."(数
据最后更新时间:".$tempt.")";
}else if (strstr($content, "开灯")) {
        $con = mysql_connect(SAE_MYSQL_HOST_M.':'.SAE_MYSQL_PORT,SAE_MYSQL_USER,SAE_MYSQL
_PASS);

        $dati = date("h:i:sa");
        mysql_select_db("app_znjzkzzx", $con);

        $sql = "UPDATE switch SET timestamp = '$dati',state = '1'
WHERE ID = '1'";                            //修改开关状态值

        if(!mysql_query($sql, $con)){
            die('Error: '. mysql_error());
        }else{
                mysql_close($con);
                $retMsg = "已经开灯";
        }
}else if (strstr($content, "关灯")) {
        $con = mysql_connect(SAE_MYSQL_HOST_M.':'.SAE_MYSQL_PORT,SAE_MYSQL_USER,SAE_MYSQL
_PASS);

        $dati = date("h:i:sa");
        mysql_select_db("app_znjzkzzx", $con);

        $sql = "UPDATE switch SET timestamp = '$dati',state = '0'
WHERE ID = '1'";                            //修改开关状态值

        if(!mysql_query($sql, $con)){
            die('Error: '. mysql_error());
        }else{
                mysql_close($con);
                $retMsg = "已经关灯";
        }
}else if (strstr($content, "帮助")){
        $retMsg = "使用帮助:
    1.输入语句中含有"温度"或"湿度"可以查看当前房间内的温度或湿度值
    2.输入语句中含有"开灯"或"关灯"可以远程遥控灯的开关
    3.输入"关于"了解本项目的基本情况";
}else if (strstr($content, "关于")){
        $retMsg = "简易智能家居监控演示系统:
北京邮电大学信息工程专业程序设计实践作品
张泽阳袁普石镇军
2015年5月";
```

```
}else{
        $ retMsg = "暂时不支持该命令";
}
```

4.2.4 产品展示

本项目制作出了一个比较完整的 Arduino 应用作品,在 SAE 平台上建立了域名为 http://1.znjzkzzx.sinaapp.com/的一个应用,作为本项目的服务器,并建立了微信号为 gh_132564af7d79 的微信公众平台测试号。通过微信公众平台接口调试工具,为测试号添加了自定义菜单(添加自定义菜单的代码在源代码文件夹的微信自定义菜单代码.txt 文件中),菜单中每个按钮类型均为 click,其 key 值与按钮显示名称相同,经过 SAE 平台对 key 值的分析与处理,可以实现单击菜单按钮与输入相应文字有同样的反馈结果。微信公众平台测试号的使用界面和菜单结构如图 4-23 所示。

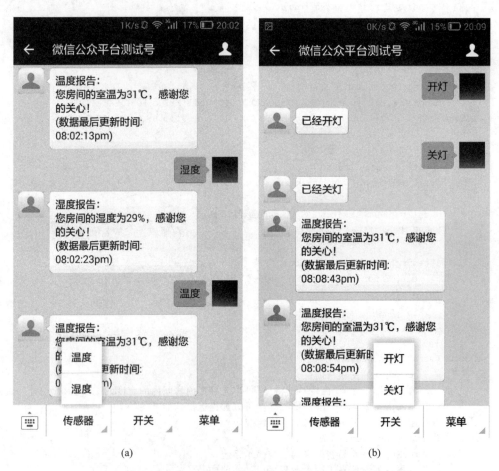

(a)　　　　　　　　　　　　(b)

图 4-23　微信公众平台测试号的使用界面和菜单结构

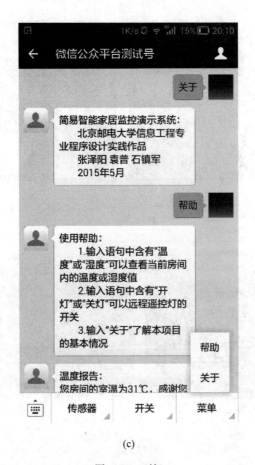

(c)

图 4-23　（续）

从图 4-23 中可以看出,在关于温度和湿度数据的反馈后增加了数据最后更新时间的显示,这样可以使用户判断出设备是否连接成功。一般情况下,设备联网成功后,每 5s 之内就会在服务器端更新一次温湿度的值。同时,本项目还提供了“帮助”和“关于”功能,用户单击菜单按钮或输入相应指令就可以查看这些信息。

由于权限不足,无法申请经过认证的订阅号或服务号。为了实现自定义菜单功能,使用了微信公众平台测试号,特点是账号名称不能更改,头像始终是灰色的默认头像。

对产品的外观进行了各种设计,利用相关的材料,在接口、显示屏和传感器处开孔,在保证硬件功能不会受到影响的情况下,将产品封装得较为美观大方。

内部结构图如图 4-24（a）、（b）所示,整体外观图如图 4-25 所示,最终演示效果图如图 4-25 所示。

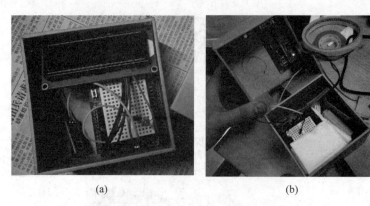

(a)   (b)

图 4-24　内部结构图

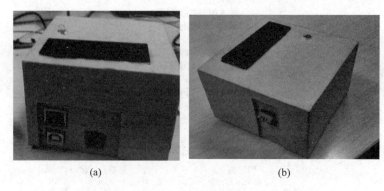

(a)   (b)

图 4-25　整体外观图

图 4-26　最终演示效果图

4.2.5 故障及问题分析

(1) 问题：显示屏无法更新温度信息而只能更新湿度信息。

解决方案：使用 LCD1602 显示屏实时显示两行数据时，需要不停移动"光标"位置。在第一版的代码中只有 lcd.setCursor(0,1)这一语句使光标移动到第二行第一个位置进行湿度显示，这样之后要显示温度时光标还在第二行，导致第一行的温度数据不能实时更新。最终在每次要显示温度数据的代码前再加一句 lcd.setCursor(0,0)，使光标回到了第一行第一个位置，从而解决了这个问题。

(2) 问题：设备不能联网。

解决方案：设备由网线经过路由器联网并访问服务器，在 Arduino 代码中设置的 MAC 物理地址、IP 地址和 DNS 正确与否非常关键。出现设备不能联网的问题后，认为最有可能是这三个参数设置不正确。最终以路由器连接计算机后，计算机端命令行中 ipconfig /all 命令所返回值为准设置这些参数，解决了这个问题。

整个调试阶段，所用的路由器没有改变。因为使用同一路由器所分配的 IP 联网，不管路由器接在什么网络环境下 Arduino 端代码都不用更改。在宿舍测试时只要路由器开启 DHCP 服务和动态 IP 就可以联网，在教室时需要对路由器设定相应的固定 IP，均不用更改 Arduino 代码。

(3) 问题：LED 灯不能准确响应用户命令进行开关。

解决方案：在开始尝试实现遥控 LED 灯的功能时，发现 LED 灯总是不受控制地开关。经过调用串口监视器，查看 Arduino 端从服务器得到的字符串数据和 SAE 平台的相关日志，发现不是连接的问题，而是有效信息定位的问题。SAE 平台向 Arduino 端发送的 state 值夹在一串字符中，state 值前有一标识符，Arduino 端读取到这个标识符后，将这一标识符后紧跟的字符赋值给本地的 state 变量，随后 LED 灯根据本地 state 变量的值进行状态更新。最初使用的标识符是"&"，但问题是这个字符在 SAE 平台向 Arduino 端发送的信息中多次出现，容易造成 Arduino 端将非 state 的值也存入本地，造成很多误操作。经过多次尝试，最终使用在信息字符串其他地方不会出现的"@"作为标识符，使遥控 LED 灯保持了非常好的准确度。

(4) 问题：菜单单击自动响应的实现。

解决方案：为了增强体验，在微信公众平台中加入了自定义菜单，单击菜单按钮与输入相应文字有相同的效果。为了实现菜单响应，查阅了一些资料并做了很多尝试，最终在 index.php 的代码中实现了这个功能。所有菜单按钮均为 click 类型的事件，其 key 值与按钮名称相同。SAE 平台接收到用户指令后，首先判断信息类型，若是 click 事件，则将其 key 值取出赋值给表示指令内容的变量 $content，之后对不同的 $content 实施不同的反馈操作。这样，反馈操作代码对文本命令和菜单命令均有效，是通用的。以这种方法，就实现了菜单单击的自动响应。

4.2.6　元器件清单

完成本项目所需要的元器件及其数量如表 4-4 所示。

表 4-4　智能家居监测控制中心元器件清单

元器件名称	数　量
Arduino 开发板	1
Arduino 扩展板	1
W5100 网络扩展板	1
LED 灯	1
显示屏 LCD1602	1
DHT11 温湿度传感器	1
杜邦线	若干
小米手环外壳	1
面包板	1

参考文献

[1]　Massimo Banzi. 于欣龙,郭浩赟,译. 硬件开源电子设计平台：爱上 Arduino[M]. 第 2 版. 北京：人民邮电出版社,2011.

[2]　温江涛,张煜. 物联网智能家居平台 DIY——Arduino＋物联网云平台＋手机＋微信[M]. 北京：科学出版社,2014.

[3]　Arduino 中文社区. Ulink——基于微信的物联网平台[J/OL]. http://www. Arduino. cn/thread-7368-1-1. html

[4]　李永华,高英,陈青云. Arduino 软硬件协同设计实战指南[M]. 北京：清华大学出版社,2015.

4.3　项目 17：红外网络双控窗帘

设计者：杨星源,王思源,李寒雨

4.3.1　项目背景

基于目前信息化社会的物联网概念,通过传感器使设备智能化,并将设备连入互联网,用户即可通过网络查看家中设备的状况,并可通过互联网对家中设备进行控制,在用户不控制的情况下,通过烧录的程序,实现设备智能化运行。

本项目将家中的窗帘通过 Arduino 开发板的控制融入到物联网中,用户可以通过互联网连接到所设计的 Curtain Control 页面,在 Bright 项查看室内亮度,通过页面内设的按钮控制窗帘的升降、开关。考虑到当网络不畅通的状况,设计红外控制模块,通过红外线传感来控制窗帘。

4.3.2 创意描述

本项目可以通过手机、平板、计算机等终端打开窗帘控制网站，对窗帘进行控制，控制窗帘的上升、下降以及停止，并且通过光敏传感器，将房间的亮度显示在所设计的网页上，用户可以通过网站获取相关的信息。

本项目通过网页控制具有普适性。通过 W5100 网络模块来控制，用户只需要有一个能链接网站的终端即可进行控制，而不需要专门的 APP 进行控制。本项目中打开网页所需的设备在同一个局域网内，而一般家中是以 WiFi 作为局域网，WiFi 的密码相对安全，这就保证了网页不会被外人所控制。

本项目考虑到网络受到限制的情况，增加了 NFC 红外线控制模块，使用户可以通过红外遥控来控制窗帘的上升、下降、停止，方便用户使用。窗帘会根据亮度来判断是上升，还是下降，并用光学传感器来控制其停止。

4.3.3 功能及总体设计

针对以上的创意，主要从网络部分和红外部分进行设计，使得两部分都可以对窗帘进行控制。

1. 功能介绍

(1) 网络控制：能够链接互联网的终端通过网页来控制窗帘的升降和开关；在网页页面内显示室内亮度。

(2) 红外控制：通过红外遥控器控制窗帘的升降和开关。控制窗帘进入智能模式，进入智能模式后窗帘会根据室内的亮度来决定是上升还是下降，并由上下两个光学传感器来控制其停止。

(3) 光学控制：当光亮达到一定时，窗帘自动上升或下降，并通过在窗帘顶端和尾部的光传感器来控制其停止。

2. 总体设计

要实现上述功能，需要从网络部分和红外部分分别进行设计。网络部分主要实现控制即可，而红外部分需要添加智能模式。

1) 整体框架图

项目整体框架图如图 4-27 所示。

2) 系统流程图

系统流程图如图 4-28 所示。

3) 总电路图

系统总电路图如图 4-29 所示。

整套电路由三个模块分别构成，右边的蓝色板是网络模块，可以对其设置 MAC 地址以

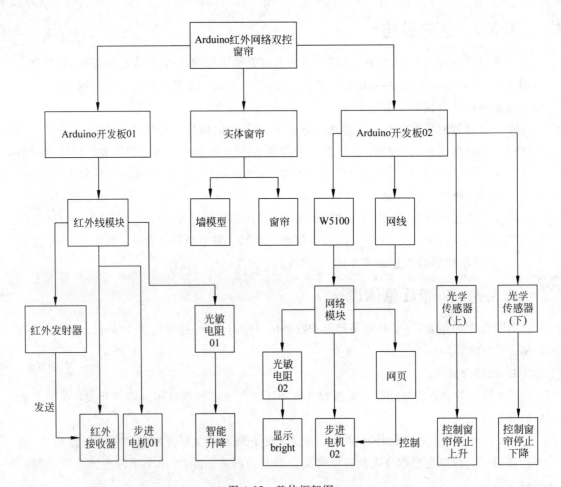

图 4-27　整体框架图

及 IP 地址,生成一个网页来对窗帘进行控制。

　　左上角是红外线模块的核心红外线接收器,由它接收发射器的信号,根据收到的信号,执行不同的程序来驱动步进电机。

　　红外线接收器旁边有三个光敏电阻 A0、A1、A2。A0 负责测试室内的亮度,将其测到的模拟值分别发送到网络模块、红外线模块。通过网络模块显示在网页上,让用户获取目前室内亮度。红外线模块中,如果进入智能模式,系统将会对该亮度进行判断,决定窗帘是上升还是下降。

　　中间的两个步进电机以及左边红色的 Motor Shield 构成的步进电机模块,将接收电信号,驱动窗帘的运动。

3. 模块介绍

　　该项目主要分为两个模块：W5100 网络模块、红外线模块。

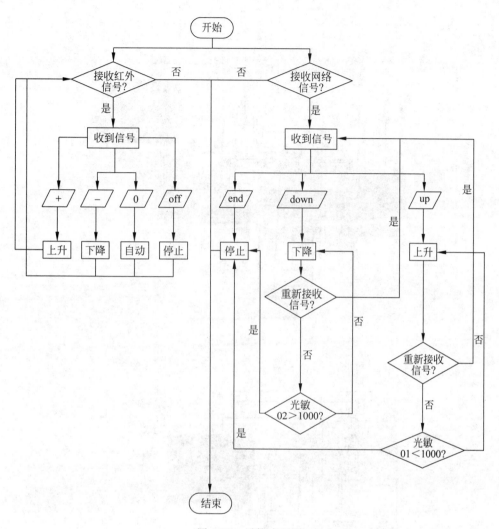

图 4-28　系统流程图

1) W5100 网络模块

功能介绍：该模块搭建网络连接，在模块上，用网线将 Arduino 连入局域网内，实现无操作系统的 Internet 连接。

元器件清单：该模块所使用的元器件及其数量如表 4-5 所示。

表 4-5　W5100 网络模块元器件清单

元器件名称	数　量
光敏电阻	1
步进电机	2

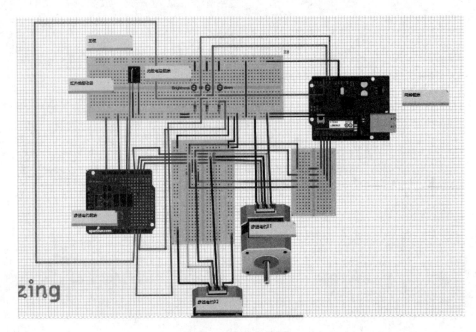

图 4-29　总电路图

电路图：该模块电路图如图 4-30 所示。

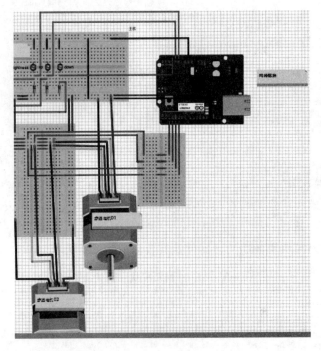

图 4-30　W5100 模块电路图

相关代码：

```
# include < SPI. h >
# include < Ethernet. h >
byte mac[ ] = { 0xDE, 0xAD, 0xBE, 0xEF, 0xFE, 0xE9 };   //设置的 MAC 地址
IPAddress ip(10,202,7,150);                              //设置的 IP 地址,用其打开所制作的网页
EthernetServer server(80);
EthernetClient client;
String readString = "";
int Sensor = A0;                                          //用于接收室内亮度信息
static char b;                                            //静态变量 b,每次运行判断其值来决定步进电机工作
void setup() {
Serial. begin(9600);                                      //初始化 Ethernet 通信

Ethernet. begin(mac, ip);
server. begin();
Serial. println(Ethernet. localIP());
for( int i = 2;i < 6;i++)
{
pinMode( i,OUTPUT);
}
b = '0';
}

void loop() {

int a;
a = 20;
client = server. available();                             //监听连入的客户端
if (client) {
Serial. println("new client");
boolean currentLineIsBlank = false;
while (client. connected()) {
if (client. available()) {
char c = client. read();
readString += c;
if (c == '\n') {
Serial. println(readString);

//检查收到的信息中是否有"up",有则上拉
if(readString. indexOf("?up") > 0) {
b = '1';
Serial. println("Curtain UP");
}
//检查收到的信息中是否有"down",有则下拉
if(readString. indexOf("?down") > 0) {
b = '2';
```

```
Serial.println("Curtain DOWN");
}
if(readString.indexOf("?end") > 0) {
b = '0';
Serial.println("Curtain STOP");
}
//判断 b 的值,来决定步进电机的工作
if(b == '1')
{
while(a -- )
{
    for( int i = 2;i < 6;i++)
    {
     digitalWrite(i,1);
    delay(10);
   digitalWrite(i,0);
    }
    }
}
else if(b == '2')
{
while(a -- )
  {
    for( int i = 6;2 < i;i -- )
{
digitalWrite(i,1);
delay(10);
    digitalWrite(i,0);
}
}
}
else{
while(a -- )
{
for( int i = 2;i < 6;i++)
digitalWrite(i,0);

}
}
if(readString.indexOf("?gB") > 0) {
client.println(analogRead(Sensor));
break;
}

//发送 HTML 文本
SendHTML();
break;
}
```

```
}
}
delay(1);
client.stop();
Serial.println("client disonnected");
Serial.println(b);
readString = "";
}
}
```

//用于输出 HTML 文本的函数
```
void SendHTML()
{
client.println("HTTP/1.1 200 OK");
client.println("Content - Type: text/html");
client.println();
client.println("<!DOCTYPEHTML>");
client.println("<html><head><metacharset = \"UTF - 8\"><title>0</title><scripttype = \"
text/javascript\">");
```
//网页内函数 s2 用于控制窗帘的上下
```
client.println("function s2(){
varxmlhttp;
if(window.XMLHttpRequest)xmlhttp = newXMLHttpRequest();
elsexmlhttp = newActiveXObject(\"Microsoft.XMLHTTP\");
element = document.getElementById(\"lit\")if(element.innerHTML.match(\"U\"))
{element.innerHTML = \"D\";
xmlhttp.open(\"GET\",\"?up\",true);}
else{ element.innerHTML = \"Up\";xmlhttp.open(\"GET\",\"?down\",true); }
xmlhttp.send();}");
```
//网页内函数 s3 用于控制窗帘的开关
```
client.println("function s3()
{var xmlhttp;
if (window.XMLHttpRequest)xmlhttp = new XMLHttpRequest();
else xmlhttp = new ActiveXObject(\"Microsoft.XMLHTTP\");
element = document.getElementById(\"s\");
if (element.innerHTML.match(\"E\"))
{ xmlhttp.open(\"GET\",\"?end\",true);}
xmlhttp.send();}");
```
//网页内函数 gB,用于采集模拟值 A0 并显示在页面上
```
client.println("function gB()
{var xmlhttp;
if (window.XMLHttpRequest)xmlhttp = new XMLHttpRequest();
else xmlhttp = new ActiveXObject(\"Microsoft.XMLHTTP\");
xmlhttp.onreadystatechange = function()
{if(xmlhttp.readyState = = 4&&xmlhttp.status = = 200) document.getElementById(\"brt\").
innerHTML = xmlhttp.responseText;
};
xmlhttp.open(\"GET\",\"?gB\",true); xmlhttp.send();}
window.setInterval(gB,1000);</script>");
client.println("</head><body><div align = \"center\"><h1>N</h1><div>brt:</div><div
```

```
id = \"brt\">");
client.println(analogRead(Sensor));
//页面内设置 button
client.println
("</div><button id = \"lit\" type = \"button\" onclick = \"s2()\">Up</button><button id = \"
s\" type = \"button\" onclick = \"s3()\"> E</button></div></body></html>");
}
```

2）红外线模块

功能介绍：将待发送的数据转换成脉冲，驱动红外发光管向外发送数据，再通过红外接收装置进行接收、放大和解调，还原为原格式数据，实现数据的无线传输。本项目通过红外线发射器的四个按键，发射红外线来控制窗帘的升降以及是否进入智能模式。

元器件清单：该模块所使用的元器件及其数量如表 4-6 所示。

表 4-6 红外线模块元器件清单

元器件名称	数　量
光敏电阻	3
步进电机	2
红外线发射器	1
红外线接收器	1

电路图：该模块电路图如图 4-31 所示。

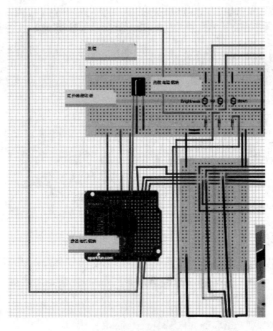

图 4-31 红外线模块电路图

相关代码：

```
#include <IRremote.h>
int RECV_PIN = 7;
static char c = '0';
int Sensor = A0;
int Senup = A1;
int Sendown = A2;
int val = 0;
int up = 0;
int down = 0;
IRrecv irrecv(RECV_PIN);
decode_results results;                //用于存储编码结果的对象

void setup() {
Serial.begin(9600);
irrecv.enableIRIn();                    //初始化红外解码
for(int i = 2; i < 6; i++)
{
pinMode(i,OUTPUT);
}

}

void loop() {
int a;
a = 20;
val = analogRead(Sensor);              //读取传感器的模拟值并赋值给 val
up = analogRead(Senup);                //读取传感器的模拟值并赋值给 up
down = analogRead(Sendown);            //读取传感器的模拟值并赋值给 down
Serial.println(up);                    //显示 val 变量数值

if (irrecv.decode(&results))
{
Serial.println( results.value);
if( results.value == 0xFF906F)         //按下"-"时接收到的 NFC 编码
{
c = '1';                               //对 c 进行赋值并在后面进行判断
}
else if(results.value == 0xFFA857)     //按下"+"时接收到的 NFC 编码
{
c = '2';
}
else if(results.value == 0xFFE01F)     //按下"EQ"时接收到的 NFC 编码
{
c = '3';
}
```

```
else if(results.value == 0xFFA25D)        //按下"停止键"时接收到的 NFC 编码
{
c = '0';

}
irrecv.resume();                          //接收下一个编码
//按下" - "时下降
if(c == '1')
{
while(a -- )
{
for(int i = 2;i < 6;i++)
{
digitalWrite(i,1);
delay(10);
digitalWrite(i,0);
}
}

}
//按下" + "时上升
else if(c == '2')
{
while(a -- )
{
for(int i = 5;1 < i;i -- )
{
digitalWrite(i,1);
delay(10);
digitalWrite(i,0);
}
}
}
if(c == '3')
{
Serial.println("Enter Intellgent Mode");  //串口输出进入智能模式
}
if(c == '0')
{
Serial.println("OFF");                    //窗口输出强制停止
}
Serial.println(c);
}

//智能模式控制
if(c == '3')
{
```

```
if ((val < 800)&&(up < 1000))        //室内光度小于 800 时窗帘上升,上升至一定高度,当光敏电阻见
                                     //光 up < 1000 时,停止
{
while(a -- )
{
for( int i = 2;i < 6;i++)
{
digitalWrite(i,1);
delay(10);
digitalWrite(i,0);
}
}
}

else if((val > 801)&&(down > 1000))  //室内光度大于 800 时窗帘下降,下降至一定高度,当光敏
                                     //电阻见光 down > 1000 时,停止
{
while(a -- )
  {
  for(int i = 5;1 < i;i -- )
   {
    digitalWrite(i,1);
    delay(10);
   digitalWrite(i,0);
   }
  }

  }
}
}
```

4.3.4　产品展示

项目整体外观图如图 4-32 所示,内部结构图如图 4-33 所示,最终演示效果图如图 4-34
所示。

图 4-32　整体外观图

图 4-33　内部结构图

图 4-34 最终演示效果图

4.3.5 故障及问题分析

（1）问题：红外线模块突然接收不到信号。

解决方案：经过试验发现 Digital 端的 GND 没有连接，不能只接 Analogy 端的 GND。

（2）问题：网页控制时每次进入 loop，都必须单击按钮才能转动。

解决方案：设置静态变量 static char b，并在 loop 中判断 b 的值，决定转动方向以及是否停止。

（3）问题：红外线模块与网络模块不能同时运行。

解决方案：两种模块放在一起使用的时候会产生冲突，解决方法是将两个程序烧录到两块板内，分别来控制网络模块和红外线模块。

（4）问题：W5100 设置的网页打不开。

解决方案：Arduino 动态内存达到 90％以上的时候就会出现错误，导致功能出现异常。本项目中内存中的代码都有用，无法进行删改，所以只能将每个变量的字符数减少，将动态内存降低到 88％，最终成功实现。

4.3.6 元器件清单

完成该项目所需的元器件及其数量如表 4-7 所示。

表 4-7 红外网络双控窗帘元器件清单

元器件名称	数　量
Arduino 开发板	2
W5100 网络模块	1
光敏电阻	3
步进电机驱动板块	2
步进电机	2
红外线发射器	1
红外线接收器	1

参考文献

[1] 奈何 col. Arduino 教程——使用 Ethernet 构建简易的 Web Server[J/OL]. http://www. Arduino. cn/thread-8514-1-1. html

[2] 奈何 col. Arduino 教程(提高篇)——红外遥控[J/OL]. http://www. Arduino. cn/thread-1220-1-1. html

[3] 赵英杰. Arduino 互动设计入门[M]. 北京:科学出版社,2014.

[4] 李永华,高英,陈青云. Arduino 软硬件协同设计实战指南[M]. 北京:清华大学出版社,2015.

4.4 项目18:实时红外监测系统

设计者:舒悦,韩蕾

4.4.1 项目背景

在技术快速发展的今天,人类用于防盗的手段越来越先进,人体红外感应防盗系统就是其中的一种。热释电人体红外(PIR)传感器,主要利用探头表面的菲涅耳透镜红外传感器,探测人体发出的红外辐射,从而在有效探测范围内实现对运动人体的检测。由于它的低成本、低功耗,在入侵检测等方面有着广泛的应用。本项目将利用该传感器研发一款基于人体红外感应的防盗系统。具体可以实现的功能为:在家中安装人体红外感应模块,检测家中是否有人;将红外传感器模块连接至网络,在感应到有人体运动特征的瞬间,将感应信号通过网络发送到手机微信客户端,这样,用户便可在第一时间接收到家中是否有人入侵的消息。当然,该系统也可以用于类似的安防场景。

4.4.2 创意描述

将一个人体红外传感器模块与 Arduino 开发板、W5100 网络模块相连接,置放于家中适当的位置。当该传感器感受到有人体的运动特征时,Arduino 开发板和 W5100 网络模块便会通过网线将处理过的高电平信号传输到网络,然后,通过网络再将该信号发送到手机微信客户端,实现将检测到人的活动信息的传送与保存。而用户在接收到家中有人进出的预警信号后,确认非法用户进入家中时,可通过手机反向控制,开启报警功能。

4.4.3 功能及总体设计

基于本项目以上的创意,首先,需要将红外传感器模块与 Arduino 开发板相连,并使之能够实现收集感知信息的功能;其次,将 W5100 网络模块与 Arduino 开发板相连,使得电路可以与网络相连接;最后,需要调用相应的微信接口,将收集到的信息发送到手机微信客户端。

1. 功能介绍

该项目实现的主要功能为:红外传感器收集外界人体的运动信息,并将这些信息发送到手机端微信上,向使用者发出警报。

2.总体设计

要完成上述功能,需要将总体设计分为电路部分、网络部分和报警部分。电路部分收集信息,并通过网络部分将信息传送到手机微信,报警部分对用户进行提醒。

1) 整体框架图

项目整体框架图如图 4-35 所示。

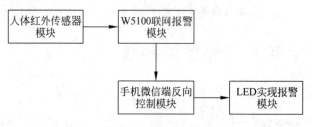

图 4-35 整体框架图

2) 系统流程图

系统流程图如图 4-36 所示。

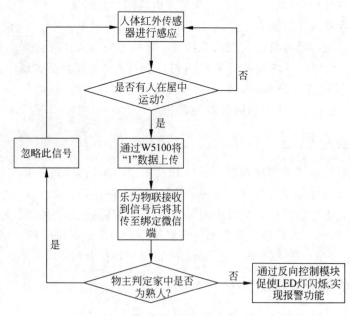

图 4-36 系统流程图

3) 总电路图

系统总电路图如图 4-37 所示。

3.模块介绍

该项目主要包括四个模块:人体红外感应模块、W5100 网络模块、反向控制模块和报警

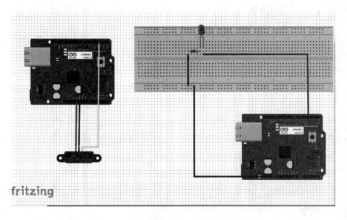

图 4-37 总电路图

模块。

1) 人体红外感应模块

功能介绍:

(1) 全自动感应。人进入其感应范围则输出高电平,人离开感应范围则自动延时关闭高电平,输出低电平。感应范围小于 120°锥角,7m 以内。包括一个双元探头,当人体从该探头的较长方向两端经过时,会感应到人体的运动。另外,还包括一个涅菲尔圆形透镜,使人体发出的红外信号通过折射全部聚焦于探头,加强了传感器的灵敏度。

(2) 温度补偿(可选择,出厂时未设)。在夏天当环境温度升高至 30~32℃,探测距离稍变短,温度补偿可作一定的性能补偿。两种触发方式:可以跳线选择,一种是不可重复触发方式,即感应输出高电平后,延时时间结束,输出将自动从高电平变成低电平;另一种是可重复触发方式,即感应输出高电平后,在延时时间段内,如果有人体在其感应范围活动,其输出将一直保持高电平,直到人离开后才延时将高电平变为低电平,本项目使用这种方式。

(3) 具有感应封锁时间,默认设置为 2.5s,感应模块在每一次感应输出后(高电平变成低电平),可以设置一个封锁时间段,在此时间段内感应器不接收任何感应信号,可以通过调节按钮进行调节。工作电压范围是 DC4.5~20V;功耗比较低,静态电流小于 50μA,特别适合干电池供电的自动控制产品;感应距离可调,可通过距离调节旋钮在 0~7m 范围内调节。

元器件清单:HC-SR501 人体红外传感器、Arduino 开发板。

电路图:该模块电路图如图 4-38 所示。

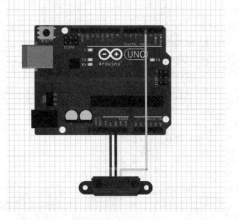

图 4-38 人体红外感应模块电路图

相关代码：

```
int Sensor_pin = 3;                                    //将传感器的输入口设定为 3
void setup() {
    Serial.begin(9600);
    pinMode(Sensor, INPUT);
}
void loop() {
    int SensorState = digitalRead(Sensor);             //读取红外传感器的数字值
    Serial.println(SensorState);
    delay(100);                                        //延时
}
```

2）W5100 网络模块

功能介绍：W5100 是一款多功能的单片网络接口芯片，内部集成有 10/100Mbps 以太网控制器，主要应用于高集成、高稳定、高性能和低成本的嵌入式系统中，使用 W5100 可以实现没有操作系统的 Internet 连接。W5100 与 IEEE802.3 10BASE-T 和 802.3u100BASE-TX 兼容，W5100 内部集成了全硬件的且经过多年市场验证的 TCP/IP 协议栈、以太网介质传输层（MAC）和物理层（PHY）。全硬件 TCP/IP 协议栈支持 TCP、UDP、IPv4、ICMP、ARP、IGMP 和 PPPoE，W5100 内部还集成有 16KB 存储器用于数据传输。使用 W5100 不需要考虑以太网的控制，只需要进行简单的端口编程。W5100 提供三种接口：直接并行总线、间接并行总线和 SPI 总线。W5100 与 MCU 接口非常简单，就像访问外部存储器一样。

本项目使用 W5100 通过网线与互联网相连，利用了乐为物联平台，将人体红外传感器输出的"1"高电平信号，通过互联网发送，使用乐为物联绑定的微信，将"1"信号直接发送到手机微信客户端，并将数据存在互联网上。

元器件清单：W5100 网络模块、Arduino 开发板、人体红外传感器。

电路图：该模块电路图如图 4-39 所示。

相关代码：

```
# include <LeweiClient.h>                              //乐为物联网的头文件
# include <SPI.h>
# include <Ethernet.h>
# define LW_USERKEY "179ba535cca04d99aba994285f94f4e1"  //API
# define LW_GATEWAY "01"                                //01 号接口
# define POST_INTERVAL (1000)                           //延时
LeWeiClient * lwc;

void setup() {
    Serial.begin(9600);
        lwc = new LeWeiClient(LW_USERKEY, LW_GATEWAY);  //调用 API，网关
}
void loop() {
    if (lwc) {
```

```
    Serial.println("read data ");                    //定义串口输出
     int l = digitalRead(3);                         //引脚 3 输出,数字输出
     Serial.println (l);                             //感应到人时输出 1
      lwc -> append("infrared2.0", l);               //设定搜索路径
      lwc -> send();                                 //上传到乐联网
      Serial.println(" *** send completed *** ");

  delay(1000);
   }
}
```

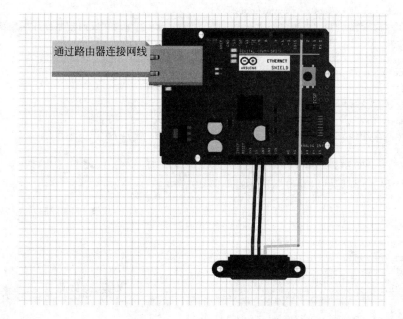

图 4-39　W5100 网络模块电路图

3) 反向控制模块

功能介绍:通过 W5100 将处理过的信号发送到乐联网,通过乐联网与微信相互联通,将收集到的信号传送到微信客户端,用户判断家中进入的为非法用户后,通过手机微信的开关直接控制报警模块启动。

元器件清单:Arduino 开发板、W5100 网络模块、LED 灯、微信客户端。

电路图:该模块电路图如图 4-40 所示。

相关代码:

```
# include < SPI. h >
# include < Ethernet. h >
# include < LeweiTcpClient. h >                      //加入乐联网库
# include < EEPROM. h >                              //加入 AVR 内部读写函数库
# define LW_USERKEY "179ba535cca04d99aba994285f94e1"  //定义 API
```

```
#define LW_GATEWAY "02"                                    //定义接口
#define LED_PIN 3                                          //定义 LED 引脚
LeweiTcpClient * client;                                   //基于 TCP 的乐联网反控
void setup()
{
  Serial.begin(9600);
client = newLeweiTcpClient(LW_USERKEY, LW_GATEWAY);        //调用 API,网关
  UserFunction uf1(functionIWrote,"functionNameDefinedOnWeb");
  client->addUserFunction(uf1);                            //在反向控制操作中加入开灯
  UserFunction uf2 (ledOn,"turnledon");
  client->addUserFunction(uf2);                            //在反向控制操作中加入关灯
  UserFunction uf3 (ledOff,"turnledoff");
  client->addUserFunction(uf3);                            //在反向控制操作中定义 LED 输出
   pinMode(LED_PIN, OUTPUT);
}
void loop()                                                //上传网络
{
    client->keepOnline();
}
void functionIWrote(char * p1)                             //与微信连接
{
  client->setRevCtrlMsg("true","message to server");
  Serial.println(p1);
}
void ledOn()                                               //定义 LED 灯亮
{
  client->setRevCtrlMsg("true","on");
  digitalWrite(LED_PIN,HIGH);
}
void ledOff()                                              //定义 LED 灯灭
{
  client->setRevCtrlMsg("true","off");
  digitalWrite(LED_PIN,LOW);
}
```

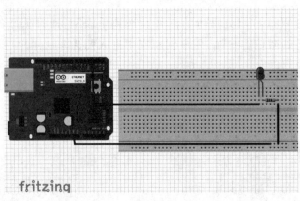

图 4-40　反向控制模块电路图

4）报警模块

功能介绍：当用户通过手机微信客户端控制，将报警开关打开时，报警模块接收到来自 Arduino 传来的高电平信号，使得 LED 亮，作为警示的标志。当然也可以实现声音的报警，功能类似。

元器件清单：LED 灯、面包板、Arduino 开发板、电阻。

电路图：该模块电路图如图 4-41 所示。

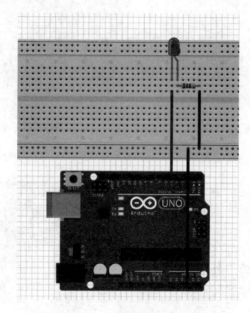

图 4-41　报警模块电路图

相关代码：

```
void ledOn()                                      //定义 LED 灯亮
{
  client->setRevCtrlMsg("true","on");            //微信连接
  digitalWrite(LED_PIN,HIGH);
}
void ledOff()                                     //定义 LED 灯灭
{
  client->setRevCtrlMsg("true","off");           //微信连接
  digitalWrite(LED_PIN,LOW);
}
```

4.4.4　产品展示

整体实物图如图 4-42 所示，最终演示效果图如图 4-43(a)、(b)所示。

如图 4-42 所示，左边部分实现人体红外感应信号上传功能，右端实现反向操作和报警功能。

图 4-42　整体实物图

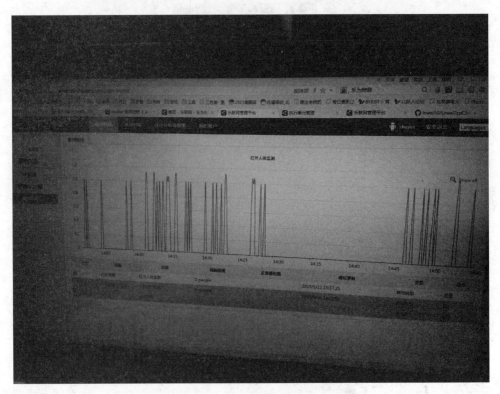

(a)

图 4-43　最终演示效果图

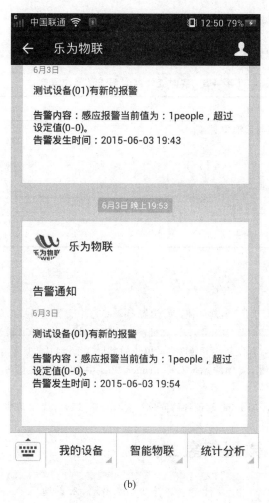

(b)

图 4-43　（续）

如图 4-43(a)所示,人体红外感应模块感应到的人体运动信号输出为高电平"1"信号。图中每一个"1"信号都是人体红外感应模块感应到的人体信号。图 4-43(b)所示为手机微信端接收到的报警信号。

4.4.5　故障及问题分析

（1）问题：不知如何使用红外传感器。

解决方案：查资料后发现,红外传感器只能检测人的运动特征,也就是只能检测垂直于探头方向运动的人物。因此,在放置以及封装传感器的时候应该将其探头方向固定垂直。

（2）问题：W5100 不能直接在校园网上传数据。

解决方案：使用串口上传,通过调试乐联网配对的串口上传,成功地获得了有线上传的路径,将数据传到了网上。

4.4.6　元器件清单

完成该项目所需的元器件及其数量如表 4-8 所示。

表 4-8　实时红外监测系统元器件清单

元器件名称	数　量
人体红外传感器与菲涅尔透镜	1
W5100 网络模块	2
LED 灯	1
Arduino 开发板	2
面包板	1
杜邦线	若干
电阻	1

参考文献

[1]　Bradski G，Kaehler A. 于仕琪，刘瑞祯，译. 学习 OpenCV(中文版)[M]. 北京：清华大学出版社，2009.

[2]　Robert Laganiere. 张静，译. OpenCV2 计算机视觉编程手册[M]. 北京：科学出版社，2013.

[3]　宋楠，韩广义. Arduino 开发从零开始学：学电子的都玩这个[M]. 北京：清华大学出版社，2014.

[4]　Stephen Prata. 张海龙，袁国忠，译. C++ Primer Plus 中文版[M]. 第 6 版. 北京：人民邮电出版社，2012.

[5]　李永华，高英，陈青云. Arduino 软硬件协同设计实战指南[M]. 北京：清华大学出版社，2015.

4.5　项目 19：微型气象站

设计者：汪宁非，常硕元，王韵迪

4.5.1　项目背景

如今，市场上已有的一些预报气象的软件功能有限，一般情况下，它们只能监测较大范围的天气情况，不能监测特定、小范围区域的天气情况；同时，它们的监测一般按时间段更新，而不能实时更新。这使得我们对天气的判断造成了一定的误差。另外，已有的家用气象站大多缺乏远程监测的功能，而远程监测室内或室外天气的功能是一些市民日常生活所需要的。

本项目设计的微型气象站旨在解决两大需求：

（1）远程监测。即使用户不在家，只要有网络覆盖的地方，就可以掌握家中的环境。这样既利于对家中环境的了解，也可以及时感知异常的情况，从而防患火灾和水灾等。同时，本项目也希望可以足不出户地实时掌握户外的天气情况，有助于制定合理的出行计划。

（2）实时监测。本项目可以实时监测室内或者室外的特定位置的天气情况，并把数据上传到网络,用户可以随时使用手机查看监测位置的即时温度、湿度和气压等天气参数。

4.5.2　创意描述

本项目的创意有以下三点:

(1) 远程监控。传统的气象站,用户必须处于监测的位置,才能查看气象站显示的天气情况,而这款微型气象站实现了远程监测。无论用户在哪里,都可以随时使用自己的手机查到家中,或者其他监测位置的天气情况。这打破了空间的限制,大大提高了监测的方便性。同时,可以实现远程控制,用手机遥控气象站。

(2) 定点监控。已有的气象软件对天气的检测范围过大,会出现与我们所在的局部位置情况不符的现象,这给我们的出行造成了不便,定点监控使得天气监测的结果更有针对性,更准确。

(3) 实时监控。可以随时监测当前的天气情况,不再担心气象软件呈现天气情况的延时性。

4.5.3　功能及总体设计

基于以上创意,设计通过温湿度传感器等模块监测信息,通过网络模块发送到互联网上,从而实现远程监测的目的。

1. 功能介绍

本项目可以实现远程监控、定点监控、实时监控天气情况以及手机遥控气象站的功能。

2. 总体设计

要实现上述功能,主要将项目分为网络部分和电路部分。电路部分主要完成信息的采集,之后将收集到的信息传输到网络,即乐联网,并做信息的显示。

1) 整体框架图

该项目整体框架图如图 4-44 所示。

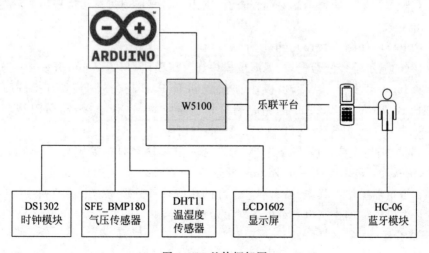

图 4-44　整体框架图

图 4-44 所示,将 Arduino 开发板与 W5100 连接,从而实现网络的功能。将 DS1302 时钟模块、SFE_BMP180 气压传感器、DHT11 温湿度传感器和 LCD1602 显示屏、HC-06 蓝牙模块都依次与 Arduino 开发板相连。

Arduino 通过 W5100 网络模块将监测得到的数据发送到乐联网,用户可以通过手机登录乐联网查看监测得到的数据。同时,用户也可以直接通过手机上的蓝牙管理软件来控制 Arduino 开发板。

2)系统流程图

系统流程图如图 4-45 所示。

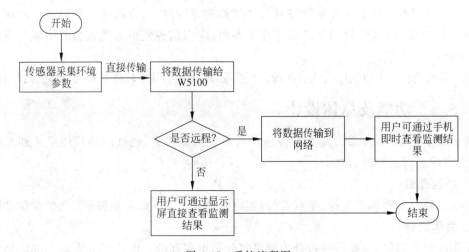

图 4-45　系统流程图

图 4-45 所示为软件功能以及模块之间的关系。先通过传感器采集环境参数,直接传输给 Arduino 开发板。如果需要进行远程查看,则由 W5100 将数据传输到网络,用户可由手机及时查看监测结果。如果不需要远程查看,则用户可直接通过显示屏查看监测结果。

3)总电路图

系统总电路图如图 4-46(a)、(b)所示。

图 4-46(a)显示了传感器模块(温湿度模块和气压模块)与 Arduino 开发板的连接方式,依次为:Arduino 开发板和 W5100 模块的叠加、SFE_BMP180 气压模块和 DHT11 温湿度模块。SFE_BMP180 和 DHT11 的相应端口分别连接,并分别与 Arduino 开发板的 3.3V端口、GND 端口、DIGITAL2 端口、A4 和 A5 端口相连。

图 4-46(b)描述了蓝牙模块、继电器模块、显示屏模块和时钟模块与 Arduino 开发板的连接方式,依次为:显示屏模块、Arduino 开发板和 W5100 模块的叠加、蓝牙模块、DS1302时钟模块和继电器模块。其中,显示屏和蓝牙的相应端口分别与继电器的相应端口连接,从而实现蓝牙对继电器的控制以及继电器对显示屏的控制。

3. 模块介绍

该项目分为七个模块:时钟模块、温湿度模块、气压模块、显示屏模块、网络模块、蓝牙

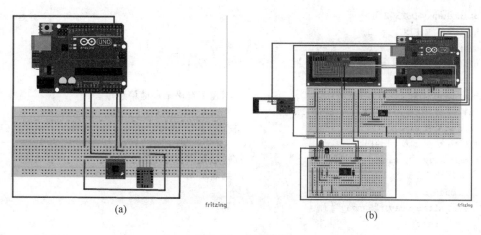

图 4-46　总电路图

模块和继电器模块。

1) 时钟模块

功能介绍：对年、月、日、周、时、分进行计时。

元器件清单：DS1302。

电路图：该模块电路图如图 4-47 所示。

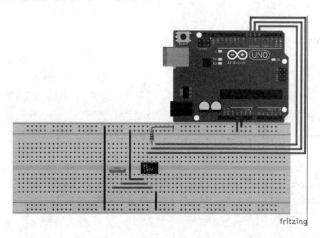

图 4-47　时钟模块电路图

图 4-47 显示了 DS1302 时钟模块的电路连接方式。注意，DS1302 的其中一个端口通过一个上拉电阻与 Arduino 开发板的 5V 端口连接，DS1302 的其余端口分别与 Arduino 开发板的 GND 端口、数字 5 端口、数字 6 端口和数字 7 端口连接。

相关代码：

```
#include<stdio.h>
#include<string.h>
```

```
# include <DS1302.h>
uint8_t CE_PIN   = 5;
uint8_t IO_PIN   = 6;
uint8_t SCLK_PIN = 7;                    //定义端口
char buf[50];
char day[10];                            //创建字符串来存储信息
DS1302 rtc(CE_PIN, IO_PIN, SCLK_PIN);
void print_time()
{ Time t = rtc.time();
memset(day, 0, sizeof(day));             //初始化字符串
  switch (t.day) {                       //判断星期
    case 1:
      strcpy(day, "Sunday");             //周日
      break;
    case 2:
      strcpy(day, "Monday");             //周一
      break;
    case 3:
      strcpy(day, "Tuesday");            //周二
      break;
    case 4:
      strcpy(day, "Wednesday");          //周三
      break;
    case 5:
      strcpy(day, "Thursday");           //周四
      break;
    case 6:
      strcpy(day, "Friday");             //周五
      break;
    case 7:
      strcpy(day, "Saturday");           //周六
      break;
  }
snprintf(buf, sizeof(buf), "%s  %02d:%02d",day,t.hr, t.min);
    Serial.println(buf);                 //输出字符串 星期 小时 分钟
}
void setup()
{
  Serial.begin(9600);
  rtc.write_protect(false);
  rtc.halt(false);
  Time t(2015, 6, 6, 18, 57, 37, 7);     //初始化时间
  rtc.time(t);
}
void loop(){

  print_time();                          //打印时间
```

```
        delay(1000);                          //延迟时间
}
```

2）温湿度模块

功能介绍：检测空气中的温度和湿度。

元器件清单：DHT11。

电路图：该模块电路图如图 4-48 所示。

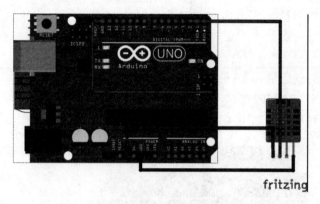

图 4-48　温湿度模块电路图

图 4-48 显示了 DHT11 温湿度模块的电路连接方式。DHT11 的相应端口分别与 Arduino 开发板的 3.3V 端口、GND 端口和数字 2 端口连接。

相关代码：

```c
#include <dht11.h>
#include <stdio.h>
#include <string.h>
dht11 DHT11;
#define DHT11PIN 2                        //定义数字 2 口输出
void setup()
{ Serial.begin(9600);}
void loop(){
int chk = DHT11.read(DHT11PIN);           //读取数据
Serial.print("Read sensor: ");            //判断读取成功与否
    switch (chk)
    {
        case DHTLIB_OK:
            Serial.println("OK");
            break;
        case DHTLIB_ERROR_CHECKSUM:
            Serial.println("Checksum error");
            break;
        case DHTLIB_ERROR_TIMEOUT:
            Serial.println("Time out error");
```

```
                break;
        default:
                Serial.println("Unknown error");
                break;
    }
    Serial.print("Humidity (%): ");          //输出湿度
    Serial.println((float)DHT11.humidity, 2);
    Serial.print("Temperature (℃): ");       //输出温度
    Serial.println((float)DHT11.temperature, 2);
}
```

3）气压模块

功能介绍：检测气压值，同时根据气压值换算出当地海拔。

元器件清单：SFE_BMP180。

电路图：该模块电路图如图 4-49 所示。

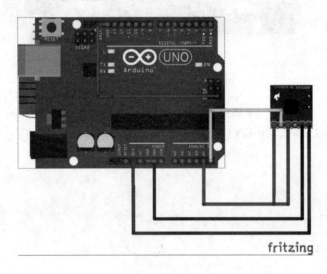

图 4-49　气压模块电路图

图 4-49 显示了 SFE_BMP180 气压模块的电路连接方式。气压模块的各端口分别与 Arduino 开发板的 3.3V 端口、GND 端口、模拟 4 端口和模拟 5 端口连接。

相关代码：

```
# include < SFE_BMP180.h>
# include < Wire.h>                          //库文件


SFE_BMP180 pressure;
double baseline = 1013.20;                   //海平面压强,单位 hPa


void setup()
```

```
{
  Serial.begin(9600);
   pressure.begin();
}
void loop()
{
  double a,P;
   P = getPressure();                       //获得当前所在地气压
   a = pressure.altitude(P,baseline);       //根据当地气压和海平面气压计算当地海拔
}
double getPressure()                        //获得当地压强的函数
{
   char status;
   double T,P,p0,a;
   status = pressure.startTemperature();
   if (status != 0)
   {
     delay(status);
     status = pressure.getTemperature(T);
     if (status != 0)
     {
       status = pressure.startPressure(3);
       if (status != 0)
       {
        delay(status);
         status = pressure.getPressure(P,T);
         if (status != 0)
         {
           return(P);
         }
       }
     }
   }
}
```

4）显示屏模块

功能介绍：显示时间、温湿度等。

元器件清单：LCD1602。

电路图：该模块电路图如图 4-50 所示。

图 4-50 描述了显示屏模块的电路连接方式。实际使用的 1602 器件中使用了扩展板，由于 Fritzing 中没有 PCA8574 这个扩展芯片，于是绘制了一个包含 20 个引脚的芯片。扩展板的前 16 个引脚分别连接显示屏的 16～1 引脚，后 4 个引脚分别连接 Arduino 开发板的 5V、GND、A4 和 A5 端口。

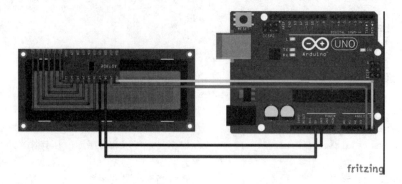

图 4-50　显示屏模块电路图

相关代码：

```
# include <Wire.h>
# include <LiquidCrystal_I2C.h>
LiquidCrystal_I2C lcd(0x27,16,2);
void setup(){
Serial.begin(9600);
}
void loop(){
lcd.init();                         //LCD1602 显示屏的输出
lcd.backlight();
lcd.print("      ");
lcd.print("2015.");                 //第一行输出
lcd.print("6.");
lcd.print("6");
lcd.setCursor(0,1);                 //第二行输出
lcd.print(" ");
lcd.print(buf);                     //读取时钟模块 DS1302 测出的数据
}
```

5）网络模块

功能介绍：实现数据传输，将测得的温湿度、气压、海拔等信息上传到乐联网，做出相应的图像，并返回到手机微信。

元器件清单：W5100 网络模块。

电路图：该模块电路图如图 4-51 所示。

图 4-51 显示了 W5100 网络模块的电路连接方式。Arduino 开发板和 W5100 网络模块的各端口吻合，连接在一起即可。

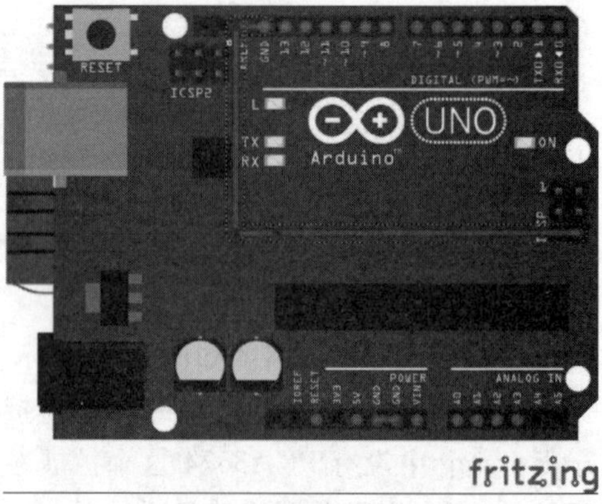

相关代码：

```
# include <LeweiClient.h>
```

图 4-51　网络模块电路图

```
# include < SPI.h >
# include < Ethernet.h >                    //头文件
# define LW_USERKEY "e12bb667dd544404bf4019d7f8ce8ca9"
# define LW_GATEWAY "01"
# define POST_INTERVAL (1000)
LeWeiClient * lwc;                          //乐联相应的参数
void setup()
{
    Serial.begin(9600);
    lwc = new LeWeiClient(LW_USERKEY, LW_GATEWAY);
}
void loop(){
if (lwc) {
    Serial.println("read data ");          //读取信息
    float temp_c = DHT11.temperature;      //温度信息
    float hum = DHT11.humidity;            //湿度信息
     Serial.println(temp_c);               //输出温度、湿度、高度以及气压
     Serial.println(hum);
     Serial.println(a);
     Serial.println(P);
    lwc -> append("tem", temp_c);
    lwc -> append("hum", hum);
    lwc -> append("alt", a);
    lwc -> append("pre", P);
    Serial.println(" *** data send *** ");
    lwc -> send();
    Serial.println(" *** send completed *** ");
    delay(POST_INTERVAL);
 }
}
```

6）蓝牙模块

功能介绍：通过蓝牙与 Android APP Amarino 进行通信，实现手机控制。

元器件清单：HC-06 蓝牙模块。

电路图：该模块电路图如图 4-52 所示。

图 4-52 显示了蓝牙模块 HC-06 的电路连接方式。蓝牙模块的相应端口分别与 Arduino 开发板的 5V 端口、GND 端口、数字 1 端口和数字 2 端口连接。

相关代码：

```
while(Serial.available())
 {
    char c = Serial.read();               //定义一个变量c来读取数据
    if(c == 'A')
      {
```

```
//当输入 A 时,实现此功能
  }
 if(c == 'B')
 {
//当输入 B 时,实现此功能
  }
}
```

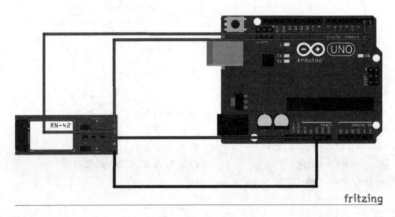

图 4-52　蓝牙模块电路图

7) 继电器模块

功能介绍：通过蓝牙控制继电器,进而使继电器控制 LCD1602 显示屏的亮和暗,起到开关的作用。

元器件清单：1 路继电器模块。

电路图：该模块电路图如图 4-53 所示。

图 4-53 描述了 1 路继电器模块的电路连接方式。在电路图上添加了相关的注释,继电器相应端口分别与 Arduino 开发板的 5V 端口、GND 端口和数字 8 端口连接。同时,用 LED 灯的亮灭来显示继电器开关的状态,用电阻来保护电路。

相关代码：

```
int relay = 8;                        //继电器导通触发信号 - 高电平有效
void setup(){
    pinMode(replay,output);           //定义端口属性为输出
}
void loop(){
    digitalWrite(relay,HIGH);         //继电器导通
    delay(1000);
    digitalWrite(relay,LOW);          //继电器断开
    delay(1000);
}
```

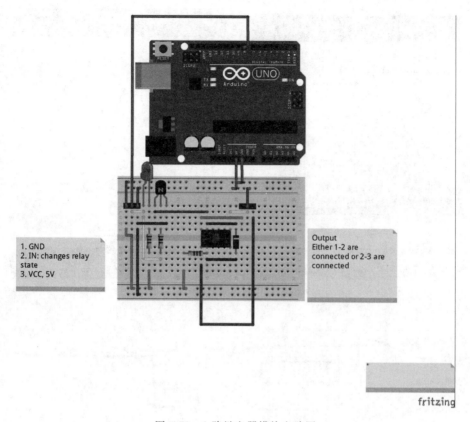

图 4-53　1 路继电器模块电路图

4.5.4　产品展示

整体实物图如图 4-54 所示。

如图 4-54 所示,最终将显示屏之外的所有模块都封装到了一个小盒子中,显示屏附于盒子的表面,方便对数据的查看。同时,选择了合适的包装纸来包装气象站,使外表更加美观。

最终演示效果图如图 4-55 所示。

图 4-55(a)为数据显示效果图。此图显示了所有测量数据的值,包括温度、湿度、气压和海拔,也显示了各个测量数据的更新时间。

图 4-55(b)为温度曲线图,显示了在一段时间内所测量位置的温度变化趋势。在该界面,可以选择查看实时曲线、以天为单位画出的曲线、以周为单位画出的曲线和以月为单位画出的曲线。

图 4-54　整体实物图

(a) 数据显示效果图

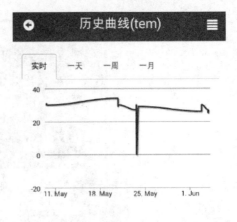

(b) 温度曲线图

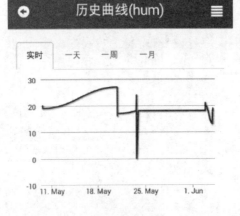

(c) 湿度曲线图

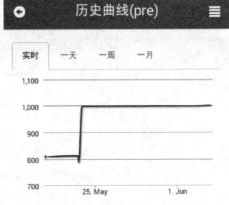

(d) 气压曲线图

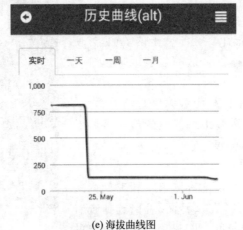

(e) 海拔曲线图

图 4-55　最终演示效果图

图 4-55(c)为湿度曲线图,显示了在一段时间内所测量位置的湿度变化趋势。与温度曲线图类似,在该界面,可以选择查看实时曲线、以天为单位画出的曲线、以周为单位画出的曲线和以月为单位画出的曲线。

图 4-55(d)为气压曲线图,显示了在一段时间内所测量位置的气压变化趋势。在该界面,可以选择查看实时曲线、以天为单位画出的曲线、以周为单位画出的曲线和以月为单位画出的曲线。

图 4-55(e)为海拔曲线图,显示了在一段时间内所测量位置的海拔变化趋势。在该界面,可以选择查看实时曲线、以天为单位画出的曲线、以周为单位画出的曲线和以月为单位画出的曲线。

4.5.5 故障及问题分析

(1) 问题:时钟模块的输出问题。刚开始调试的时候 DS1302 时钟模块不能输出偶数,每次输出偶数的时候都会置零,输出如下:0103050709…

解决方案:经过查阅资料,是 DS1302 读写端口的问题,解决方案是在 DS1302 的 6 端口上接一个 10kΩ 左右的上拉电阻。

(2) 问题:气压模块问题。

解决方案:SFE_BMP180 气压模块和 DHT11 模块的代码要求不同,SFE_BMP180 气压模块需要在 void setup()里调用 pressure.begin()函数才可以正常开始运行,否则无法测量数据。

(3) 问题:气压模块测量海拔的数据问题。

解决方案:在使用气压模块测海拔时,要注意该模块的工作机制为测出所在地的海拔,再与设定好的 baseline 处气压比较得出两地之间的高度差。如果要测定所在地相对于海平面的高度,应该设置 baseline 气压为 1013.20hPa(海平面气压)。

(4) 问题:使用乐联平台的输出格式问题。

解决方案:使用乐联平台时要严格按照规定的输出格式,用 lwc->append 匹配所读出的数据,用 lwc->send 来上传数据,否则服务器无法正确地读取测量的数据,导致上传失败。

(5) 问题:使用 W5100 模块时的输出函数问题。

解决方案:在使用 W5100 模块上传时要注意输出函数的使用,如果使用 Serial.print(),说明该数据尚未上传完毕,如果全部使用 Serial.print()将会导致一直上传该处的数据,而不进行下一组数据的上传。修改方法是在一组数据输出的最后一行输出时,使用 Serial.println()函数,表示该组数据此轮上传完毕,可以开始下一组数据的上传。

(6) 问题:蓝牙模块问题。调试蓝牙模块时,将蓝牙模块连接到 Arduino 开发板,上传代码,总是显示数据无法上传,换了一块新板子,数据仍无法上传。

解决方案:经过与学长交流,发现蓝牙模块必须要与 Arduino 开发板断开连接后,再上传代码,然后再将蓝牙模块插进去。依此步骤操作后,代码上传成功,通过手机 Amarino 成功实现了数据传输。

（7）问题：Arduino 开发板问题。直接开发板插着蓝牙模块进行代码上传，反复尝试多次，都无法上传，导致开发板被烧坏，重置也没有任何效果，Blink 示例程序也不能完成。

解决方案：先拔掉蓝牙模块，再上传数据，最后插上蓝牙模块。

4.5.6　元器件清单

完成该项目所需的元器件及其数量如表 4-9 所示。

表 4-9　微型气象站设计元器件清单

元器件名称	数　量
Arduino 开发板	2
W5100 网络模块	1
时钟模块 DS1302	1
温湿度传感器 DHT11	1
气压传感器 SFE_BMP180	1
显示屏 LCD1602	1
蓝牙模块 HC-06	1
1 路继电器模块	1
面包板	2
10kΩ 电阻	1
杜邦线	若干
导线	若干

参考文献

[1] Enrique Ramos Melgar, Ciriaco Castro Diez, Przemek Jaworski. 臧海波, 译. 爱上 Arduino：学 Arduino 玩转 Kinect 制作项目[M]. 北京：中国水利水电出版社, 2014.

[2] 温江涛, 张煜. 物联网智能家居平台 DIY：Arduino＋物联网云平台＋手机＋微信[M]. 北京：科学出版社, 2014.

[3] 《无线电》编辑部. 超炫的 35 个 Arduino 制作项目[M]. 北京：人民邮电出版社, 2014.

[4] 李永华, 高英, 陈青云. Arduino 软硬件协同设计实战指南[M]. 北京：清华大学出版社, 2015.

4.6　项目20：乐联智能家居

设计者：张子帆, 樊家澍, 陈天歌

4.6.1　项目背景

智能家居是人们向往的一种居住环境，以住宅为平台安装智能控制系统，实现家庭生活更加安全、节能、智能、便利和舒适。从而构建高效的住宅设施与家庭日程事务管理的综合系统,最终提升家居安全性、便利性、舒适性、艺术性,并实现环保节能的居住环境。

智能家居在当前物联网的大背景下,进行拓展延伸,旨在以用户体验为核心,创造有价值、有意义的新型产品。因此,本项目所表现的是一种新的思路、一种新的设计体系,通过智能家居模型,可以进行无限的拓展,具有非常大的潜力。

智能家居以"模块化"为核心,在智能家居的基础上,遵守"安全性"、"方便性"、"可操作性"三大原则进行设计与开发。

4.6.2 创意描述

本项目用微信客户端控制开关型设备,现有的家电产品,多数是以遥控器进行控制的,还有一些是通过手机的 APP 进行控制操作。遥控器不能实现远程控制,而用手机 APP 进行控制,不仅占用手机空间,且不能实现所有电器的接入控制。微信在近几年的发展中,用户黏合度非常好,通过微信客户端进行家电控制,不仅便利,而且节省空间,操作简单。

本项目将实现个性化智能家居,根据用户的直接需求进行设计,例如,用户的住所或者办公等环境的温度、湿度,从而来创建一个相对舒适、健康的居住、工作环境。智能家居通过传感器将温湿度信息传到平台上,并通过微信查询当前温湿度和历史温湿度,既方便又高效。同时,产品十分小巧,便于布置在相应环境中,可以添加本地显示端和远程报警装置。

4.6.3 功能及总体设计

基于以上的创意可以看出,本项目一方面是通过 Arduino 开发板控制传感器的应用,另一方面是微信客户端通信部分的开发,使微信客户端既可以实现控制功能,又可以显示用户需要的信息。

1. 功能介绍

(1) 远程开关控制系统:通过黏合度较高的微信客户端进行远端控制,可控制灯的开关以及对相应操作进行记录。

(2) 家居环境传感装置:通过 DHT11 感应室内温度、湿度值并通过 W5100 网络模块进行传输,实现微信客户端的信息浏览。

(3) 声控感应装置:用麦克捕捉声音信号,通过 Arduino 开发板进行信息传输,达到远程警报灯闪烁的目的。

(4) 液晶屏显示:显示本地室内温湿度,取代复杂的温湿度监控器。

2. 总体设计

要实现上述功能,需要将该项目分为网络部分和数据采集与显示部分。网络部分主要实现微信客户端的控制、手机显示信息等功能,而数据采集与显示部分主要进行环境温湿度等信息的采集并在本地显示。

1) 整体框架图

该项目整体框架图如图 4-56 所示。

本产品采用了四大模块:第一模块为声控模块(声音传感器+LED 灯板),第二模块为

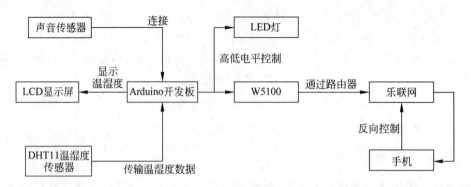

图 4-56　整体框架图

温度模块(DHT11),第三模块为 LCD 模块,第四模块是由 W5100 构成的网络传输模块。

2) 系统流程图

系统流程图如图 4-57 所示。

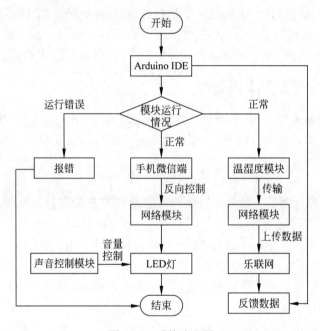

图 4-57　系统流程图

3) 总电路图

系统总电路图如图 4-58(a)、(b)所示。

如图 4-58(a)所示,第一块 Arduino 开发板和 W5100 相连接,分别与语音模块和 LED 灯板相连。如图 4-58(b)所示,第二块 Arduino 开发板和 W5100 相连接,分别与 DHT11 和 LCD 液晶显示屏相连。

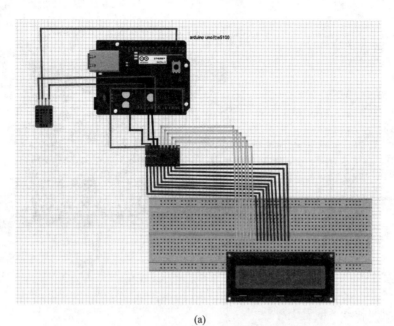

(a)

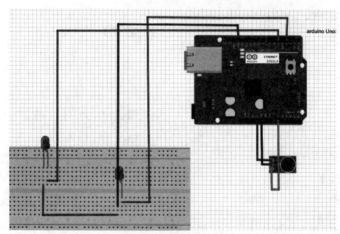

图 4-58　总电路图

3. 模块介绍

该产品主要分为四个模块：温湿度模块、LCD 显示屏模块、声控模块和网络模块。

1）温湿度模块

功能介绍：用 DHT11 温湿度传感器测出当前环境的温湿度，并在串口显示器中显示。

元器件清单：DHT11 温湿度传感器。

电路图：该模块电路图如图 4-59 所示。

相关代码：

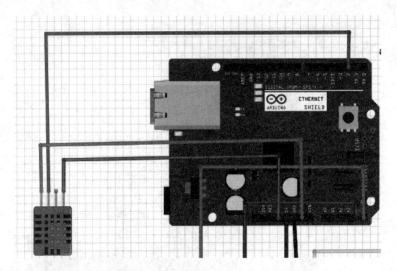

图 4-59　温湿度模块电路图

```
        double Fahrenheit(double celsius)
{
        return 1.8 * celsius + 32;
}                                        //摄氏温度转化为华氏温度

double Kelvin(double celsius)
{
        return celsius + 273.15;
}                                        //摄氏温度转化为开氏温度

//露点(在此温度时,空气饱和并产生露珠)
{
        double A0 = 373.15/(273.15 + celsius);
        double SUM = -7.90298 * (A0-1);
        SUM += 5.02808 * log10(A0);
        SUM += -1.3816e-7 * (pow(10, (11.344 * (1-1/A0)))-1) ;
        SUM += 8.1328e-3 * (pow(10,(-3.49149 * (A0-1)))-1) ;
        SUM += log10(1013.246);
        double VP = pow(10, SUM-3) * humidity;
        double T = log(VP/0.61078);          //温度变量
        return (241.88 * T) / (17.558-T);
}

//快速计算露点,速度是 5 倍 dewPoint()
{
        double a = 17.271;
        double b = 237.7;
        double temp = (a * celsius) / (b + celsius) + log(humidity/100);
```

```
        double Td = (b * temp) / (a - temp);
        return Td;
}


# include < dht11. h >
dht11 DHT11;
# define DHT11PIN 2
void setup()
{
  Serial. begin(9600);
  Serial. println("DHT11 TEST PROGRAM ");
  Serial. print("LIBRARY VERSION: ");
  Serial. println(DHT11LIB_VERSION);
  Serial. println();
}


void loop()
{
  Serial. println("\n");
  int chk = DHT11. read(DHT11PIN);
  Serial. print("Read sensor: ");
  switch (chk)
  {
    case DHTLIB_OK:
              Serial. println("OK");
              break;
    case DHTLIB_ERROR_CHECKSUM:
              Serial. println("Checksum error");
              break;
    case DHTLIB_ERROR_TIMEOUT:
              Serial. println("Time out error");
              break;
    default:
              Serial. println("Unknown error");
              break;
  }

  Serial. print("Humidity ( % ): ");
  Serial. println((float)DHT11. humidity, 2);

  Serial. print("Temperature (℃ ): ");
  Serial. println((float)DHT11. temperature, 2);

  Serial. print("Temperature (℉): ");
  Serial. println(Fahrenheit(DHT11. temperature), 2);

  Serial. print("Temperature (K): ");
```

```
Serial.println(Kelvin(DHT11.temperature), 2);

Serial.print("Dew Point (℃): ");
Serial.println(dewPoint(DHT11.temperature, DHT11.humidity));

Serial.print("Dew PointFast (℃): ");
Serial.println(dewPointFast(DHT11.temperature, DHT11.humidity));

delay(2000);
}
```

2）LCD 显示屏模块

功能介绍：将 DHT11 温湿度传感器收集到的当前环境下的温湿度数据通过 LCD 液晶显示屏进行显示。

元器件清单：LCD1602 液晶显示屏。

电路图：该模块电路图如图 4-60 所示。

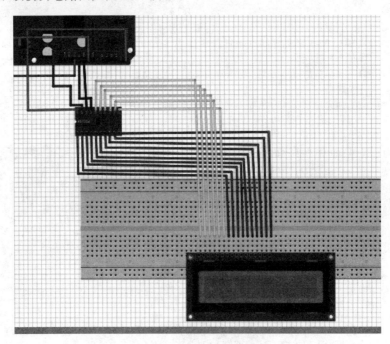

图 4-60　LCD 显示屏模块电路图

相关代码：

```
lcd.init();
//向 LCD 发送信息并显示
lcd.backlight();
lcd.print("Temperature ");                    //第一行
lcd.print(DHT11.temperature);
```

```
lcd.print("℃");
lcd.setCursor(0,1);                    //下一行
lcd.print("Humidity ");
lcd.print(DHT11.humidity);
lcd.print("%");
```

3）声控模块

功能介绍：通过采集声音控制灯的暗灭。

元器件清单：声音传感器（OJ-CG306）。

电路图：该模块电路图如图 4-61 所示。

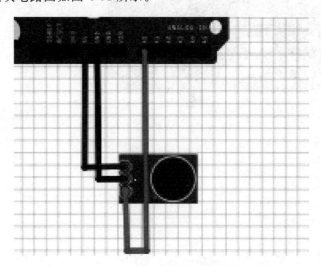

图 4-61　声控模块电路图

相关代码：

```
int Soundvalue = analogRead(A0);       //读取输入模拟值
if(Soundvalue > 20)
{
 digitalWrite(LEDpin,HIGH);            //当模拟值大于设定值后,点亮 LED
 for(int i = 0;i < 20;i++){
 delay(100);                           //延时 20s
 }
}
else{
 digitalWrite(LEDpin,LOW);             //关闭 LED
  }
```

4）网络模块

功能介绍：利用 W5100 和 Arduino 所构成的网络模块,实现温湿度上传到第三方平台,并将温湿度数据反馈到手机微信客户端,同时,可以利用手机微信客户端实现灯开关的

反向控制。

元器件介绍：W5100 模块。

电路图：该模块电路图如图 4-62 所示。

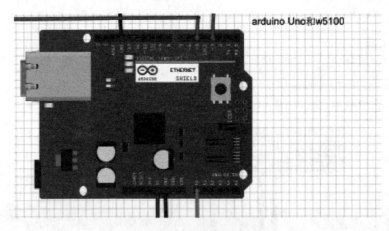

图 4-62　网络模块电路图

相关代码：

```
//温湿度数据上传代码
# include < LeweiClient. h>
# include < dht11. h>
# include < SPI. h>
# include < Ethernet. h>
# define LW_USERKEY "66a1ff2351314db3820e86c13bf0944a"
# define LW_GATEWAY "02"
# define POST_INTERVAL (1000)

LeWeiClient * lwc;
double Fahrenheit(double celsius)
{
        return 1.8 * celsius + 32;
}                                              //摄氏温度转化为华氏温度

double Kelvin(double celsius)
{
        return celsius + 273.15;
}                                              //摄氏温度转化为开氏温度

void setup()
{
    Serial. begin(9600);
    lwc = new LeWeiClient(LW_USERKEY, LW_GATEWAY);
```

```
}

void loop()
{
    if (lwc){
        Serial.println("read data ");                          //在串口显示器显示温湿度数据
        int chk = DHT11.read(DHT11PIN);
        Serial.print("Humidity (%): ");
        Serial.println((float)DHT11.humidity, 2);
        Serial.print("Temperature (℃): ");
        Serial.println((float)DHT11.temperature, 2);
        Serial.print("Temperature (℉): ");
        Serial.println((float)Fahrenheit(DHT11.temperature), 2);
        float c = Fahrenheit(DHT11.temperature);

        Serial.print("Temperature (K): ");
        Serial.println((float)Kelvin(DHT11.temperature), 2);
        float d = Kelvin(DHT11.temperature);



        float tem = DHT11.temperature;
        float hum = DHT11.humidity;
        lwc -> append("Temperature (℃)", tem);               //发送温湿度数据
        lwc -> append("Humidity (%)", hum);
        lwc -> append("Temperature (℉)",c);
        lwc -> append("Temperature (K)",d);
        lwc -> send();
        Serial.println(" *** send completed *** ");
        delay(POST_INTERVAL);
    }

//反向控制代码
#include < SPI.h >
#include < Ethernet.h >
#include < LeweiTcpClient.h >
#include < EEPROM.h >
#define LW_USERKEY "66a1ff2351314db3820e86c13bf0944a"
#define LW_GATEWAY "02"
#define LED_PIN 3
#define LEDpin 4
byte mac[] = {0x74,0x69,0x69,0x2D,0x30,0x31};
IPAddress ip(192,168,1, 15);
IPAddress mydns(8,8,8,8);
IPAddress gw(192,168,1,1);
```

```
IPAddress subnet(255,255,255,0);
LeweiTcpClient * client;
void setup()
{
  Serial.begin(9600);
  client = new LeweiTcpClient(LW_USERKEY, LW_GATEWAY);
  //设定客户端
  UserFunction uf1(functionIWrote,"functionNameDefinedOnWeb");
  client->addUserFunction(uf1);
  UserFunction uf2 (ledOn,"turnLedOn");              //调用 addUserFunction 函数
  client->addUserFunction(uf2);
  UserFunction uf3 (ledOff,"turnLedOff");
  client->addUserFunction(uf3);
  pinMode(LED_PIN, OUTPUT);                          //设定输出引脚
  pinMode(LEDpin,OUTPUT);
}
void loop()
{
    client->keepOnline();
}


void functionIWrote(char * p1)
{
  client->setRevCtrlMsg("true","message to server");
//如果发送信息成功,返回 true
  Serial.println(p1);
}
void ledOn()
{
  client->setRevCtrlMsg("true","on");               //如果接收信息为 on,返回 true
  digitalWrite(LED_PIN,HIGH);                        //使输出引脚输出高电平
}
void ledOff()
{
  client->setRevCtrlMsg("true","off");              //如果接收信息为 off,返回 true

  digitalWrite(LED_PIN,LOW);                         //使输出引脚输出低电平
}
```

4.6.4　产品展示

项目整体实物图如图 4-63(a)、(b)所示。

最终演示效果图如图 4-64(a)、(b)、(c)、(d)所示。

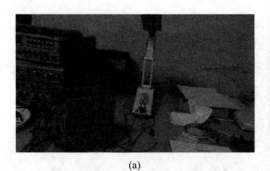

(a)　　　　　　　　　　　　　　　(b)

图 4-63　整体实物图

(a) 微信控制电器的开关　　　　　　(b) 微信显示数据

(c) LCD显示屏显示数据

图 4-64　最终演示效果图

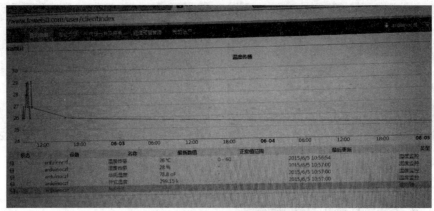
(d) 网页上显示的数据变化曲线

图 4-64　（续）

4.6.5　故障及问题分析

（1）问题：在使用串口上传工具时发生错误。

解决方案：原因是所发送数据占用一个输出端，不能同时发送多组数据，改善方法为使用 W5100。

（2）问题：在进行语音模块测试的时候，延迟过高。

解决方案：原因是数值出现偏差，多次测量后取得合适数值。

（3）问题：LED 灯经常短路。

解决方案：用纸胶带包裹，防止接触短路。

（4）问题：LCD 显示屏不显示数据。

解决方案：用螺丝刀旋紧背后螺丝，改变显示亮度。

4.6.6　元器件清单

完成该项目所需的元器件及其数量如表 4-10 所示。

表 4-10　智能家居设计元器件清单

元器件名称	数　量	元器件名称	数　量
Arduino 开发板	2	LCD1602 液晶屏显示板	1
W5100 网络模块	2	LED 灯板	2
DHT11 温湿度传感器	1	语音模块	1
折叠台灯	1	杜邦线	若干

参考文献

［1］　John Boxall.翁恺,译.动手玩转 Arduino[M].北京：人民邮电出版社,2014.

［2］　陈吕洲.Arduino 程序设计基础[M].北京：北京航空航天大学出版社,2014.

［3］　李永华,高英,陈青云.Arduino 软硬件协同设计实战指南[M].北京：清华大学出版社,2015.

4.7　项目 21：智能开关

设计者：李珂,李晓涵,倪文雯

4.7.1　项目背景

当今社会智能化产品与我们的生活日趋相关,因此,本项目设计制作一个智能开关,即结合温湿度模块,实现对温湿度是否在适宜范围内进行判定,当不适宜时,使开关闭合,用加湿器或电风扇来改善环境。与此同时,通过网络模块（W5100）可将当前温湿度传感器获得的数据发送至微信。最终效果是：用户不在室内,加湿器可以及时工作,使用户回到室内后获得舒适的环境。

本项目主要实现基于环境监测的温湿度控制,通过返回的温湿度的值,实现开关控制的功能,项目成本低廉,实用性强,可应用于各种场合。

4.7.2　创意描述

实现由温湿度控制的自动开关。通过乐联网,与微信平台进行连接,使用户可以从手机获取信息,并实现所在房间的温湿度控制。

4.7.3　功能及总体设计

基于上述创意,项目中主要设计、实现微信平台的对接和获取环境温湿度。

1. 功能介绍

获取开关所在房间的温湿度信息,通过 LCD 显示屏显示获取的信息,基于获取的信息控制开关的闭合与断开。与微信平台进行对接,将获取的信息发送到微信平台上。

2. 总体设计

要完成上述功能,将项目分为网络部分和信息采集部分。信息采集部分收集温湿度等信息,网络部分将获取的信息发送到微信平台上。

1）整体框架图

该项目整体框架图如图 4-65 所示。

如图 4-65 所示,本项目以 Arduino 开发板为核心,分别与显示屏模块（LCD1602）、温湿度模

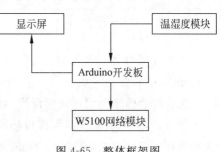

图 4-65　整体框架图

块(DHT11 温湿度传感器)以及网络模块(W5100 板)联合使用,最终通过温湿度的测量,完成对开关闭合与断开的控制。

2)系统流程图

系统流程图如图 4-66 所示。

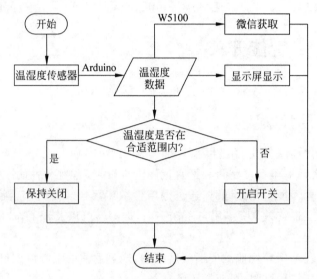

图 4-66   系统流程图

图 4-66 描述了本项目的基本工作过程。首先由温湿度传感器获取当前的温湿度数据,温湿度数据经 Arduino 开发板,通过网络模块上传,以便用户从手机微信端获取数据;同时,也传递至本地显示屏上显示。另外,利用程序进行条件判断,来完成对开关的控制。

3)总电路图

系统总电路图如图 4-67 所示。

如图 4-67 所示,元件依次为:自制 PCA8574 模块、Arduino 开发板和 W5100 模块的叠加、温湿度传感器、显示屏、电阻、LED。实际使用的 1602 器件中使用了扩展板,由于 Fritzing 软件中没有 PCA8574 这个扩展芯片,故绘制了一个芯片,包含 20 个引脚。扩展板的 16~1、17~20 引脚分别为 K、A、D7~D0、E、RW、RS、VO、VDD、VSS;VCC、GND、SDA、SCL(其中前 16 个引脚分别连接显示屏的 16~1 引脚,后 4 个引脚连接 Arduino 开发板的 5V、GND、A4、A5 端口)。

3. 模块介绍

该项目主要分为三个模块:温湿度和开关模块、网络模块和显示屏模块。

1)温湿度和开关模块

功能介绍:感知当前环境温湿度,并且实现基于温湿度对开关的控制。

元器件清单:DHT11 温湿度传感器、LED 灯、1kΩ 电阻。

电路图:该模块电路图如图 4-68 所示。

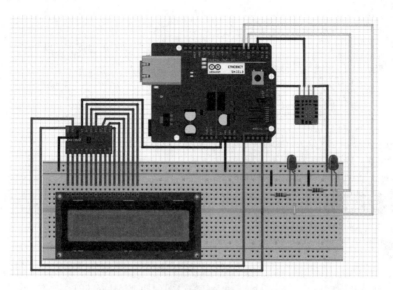

图 4-67　总电路图

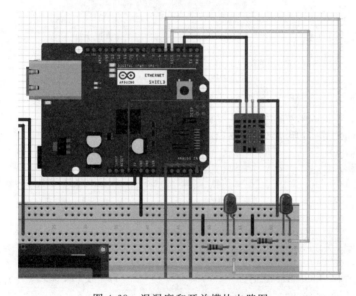

图 4-68　温湿度和开关模块电路图

图 4-68 中,使用 DHT11 温湿度传感器,用 LED 灯的亮灭显示开关的状态。电阻起保护作用。电压接 3.3V。温湿度传感器的 SDA 接至 Arduino 开发板的 4 口。

相关代码:

```
double Fahrenheit(double celsius)
{return 1.8 * celsius + 32;                              //摄氏温度转化为华氏温度
}
```

```
double Kelvin(double celsius){
return celsius + 273.15;
}                                              //摄氏温度转化为开氏温度
double dewPoint(double celsius, double humidity){
double A0 = 373.15/(273.15 + celsius);
double SUM = -7.90298 * (A0-1);
SUM += 5.02808 * log10(A0);
SUM += -1.3816e-7 * (pow(10,(11.344*(1-1/A0)))-1);
SUM += 8.1328e-3 * (pow(10,(-3.49149*(A0-1)))-1);
SUM += log10(1013.246);
double VP = pow(10, SUM-3) * humidity;
double T = log(VP/0.61078);                    //温度变量
return (241.88 * T) / (17.558-T);
}                                              //快速计算露点
double dewPointFast(double celsius, double humidity){
double a = 17.271;
double b = 237.7;
double temp = (a * celsius) / (b + celsius) + log(humidity/100);
double Td = (b * temp) / (a - temp);
return Td;
}
#include <dht11.h>                             //头文件
#define DHT11PIN 2                             //定义2号引脚

void setup() {
Serial.begin(9600);                            //设置波特率
Serial.print("LIBRARY VERSION: ");             //输出
Serial.println(DHT11LIB_VERSION);
Serial.println();                              //输出换行
//开关
pinMode(4,OUTPUT);                             //定义4、5号引脚为输出
pinMode(5,OUTPUT);
}

void loop() {                                  //DHT11
Serial.println("\n");
int chk = DHT11.read(DHT11PIN);                //定义chk读取2号引脚的值
Serial.print("Read sensor: ");
switch (chk){                                  //switch语句根据chk判断
case DHTLIB_OK:
Serial.println("OK");
break;
case DHTLIB_ERROR_CHECKSUM:
Serial.println("Checksum error");
break;
case DHTLIB_ERROR_TIMEOUT:
Serial.println("Time out error");
```

```
break;
default:
Serial.println("Unknown error");
break;}

Serial.print("Humidity (%): ");
Serial.println((float)DHT11.humidity, 2);            //输出湿度

Serial.print("Temperature (℃): ");
Serial.println((float)DHT11.temperature, 2);          //输出摄氏温度

Serial.print("Temperature (℉): ");
Serial.println(Fahrenheit(DHT11.temperature), 2);       //输出华氏温度

Serial.print("Temperature (K): ");
Serial.println(Kelvin(DHT11.temperature), 2);          //输出开尔文温度

Serial.print("Dew Point (℃): ");
Serial.println(dewPoint(DHT11.temperature, DHT11.humidity));
//输出露点
Serial.print("Dew PointFast (℃): ");
Serial.println(dewPointFast(DHT11.temperature,DHT11.humidity));
//输出露点
delay(2000);                                  //延迟 2s
//湿度开关
if(DHT11.humidity > 45 )
    digitalWrite(4,LOW);
else
    digitalWrite(4,HIGH);
//在湿度大于 45%,4 引脚输出低电平,否则,为高电平
//温度开关
if(DHT11.temperature > 30 )
   digitalWrite(5,HIGH);
else
  digitalWrite(5,LOW);
    //在温度大于 30℃ 时,5 引脚输出高电平,否则,为低电平
}
```

2) 网络模块

功能介绍：将 Arduino 开发板处理的温湿度的值发送至乐联网。

元器件清单：W5100 网络模块。

电路图：该模块电路图如图 4-69 所示。

如图 4-69 所示,Arduino 开发板和 W5100 网络模块的端口是完全吻合的,可以叠加在一起。

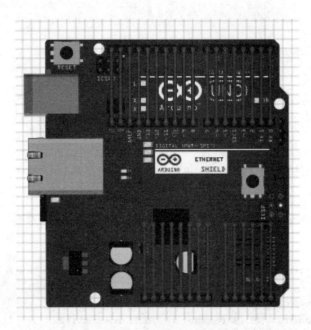

图 4-69   网络模块电路图

相关代码：

```
#include<LeweiClient.h>
#include<dht11.h>
#include<SPI.h>
#include<Ethernet.h>                                //定义头文件
//dht11
dht11DHT11;
#defineDHT11PIN2                                    //定义温湿度传感器引脚
#defineLW_USERKEY"666d571385eb4a7597f0fe1a0fc8549e" //定义乐联 UserKey
#defineLW_GATEWAY"01"                               //定义乐联设置设备网关号
#definePOST_INTERVAL(1000)                          //定义延迟时间
LeWeiClient * lwc;                                  //定义 lwc

voidsetup()
{
    Serial.begin(9600);                             //设置波特率
    lwc = newLeWeiClient(LW_USERKEY,LW_GATEWAY);    //设置 lwc
}
voidloop()
{
    if(lwc){                                        //循环
    Serial.println("readdata");
    intchk = DHT11.read(DHT11PIN);                  //定义 chk 为 2 号引脚输出的数值
    Serial.print("Humidity( % ):");
```

```
Serial.println((float)DHT11.humidity,2);
Serial.print("Temperature(℃):");
Serial.println((float)DHT11.temperature,2);          //输出 float 类型温、湿度值
floattem = DHT11.temperature;
floathum = DHT11.humidity;                           //定义标识
lwc -> append("tem",tem);
lwc -> append("hum",hum);                            //添加变量值
lwc -> send();                                       //发送
Serial.println("*** sendcompleted ***");
delay(POST_INTERVAL);                                //设置延迟时间
}
}
```

3）显示屏模块

功能介绍：显示由温湿度传感器获得的温湿度。

元器件清单：LCD1602 模块。

电路图：该模块电路图如图 4-70 所示。

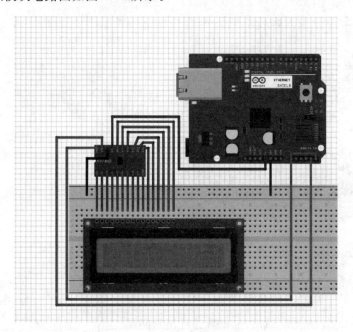

图 4-70　显示屏模块电路图

如图 4-70 所示，通过中介模块 PCA8574 完成连接。PCA8574（自制元件）的 20 个端口中前 16 个端口依次与显示屏连接，后 4 个端口与 Arduino 开发板的 5V、GND、A4、A5 端口连接。

相关代码：

```
# include < Wire.h >
```

```
# include < LiquidCrystal_I2C.h >
LiquidCrystal_I2C lcd(0x27,16,2);                    //头文件
void loop{
lcd.init();                                          //初始化
lcd.backlight();                                     //LCD背光函数
lcd.print("Temperature ");                           //定义输出,第一行
lcd.print(DHT11.temperature);
lcd.print("℃ ");
lcd.setCursor(0,1);                                  //换行
lcd.print("Humidity ");                              //下一行
lcd.print(DHT11.humidity);
lcd.print(" % ");
}
```

4.7.4 产品展示

最终演示效果图如图 4-71(a)、(b)所示。如图 4-71(a)所示,显示屏显示当前温湿度,小盒内的 LED 灯显示开关的状态。如图 4-71(b)所示,完成网络连接后,微信客户端获取实测的数据。

(a)

(b)

图 4-71　最终演示效果图

4.7.5 故障及问题分析

(1) 问题:液晶显示屏 LCD1602 第二行显示问题。

解决方案:调用 setCursor 函数,具体代码如下。

```
lcd.print("Temperature ");                           //第一行
lcd.print(DHT11.temperature);
lcd.print("℃ ");
lcd.setCursor(0,1);                                  //第二行
lcd.print("Humidity ");
lcd.print(DHT11.humidity);
lcd.print(" % ");
```

(2) 问题：串口传输数据时，数据传输失败。

解决方案：更改代码中数据输出的格式，具体代码如下。

```
Serial.print("hum:");
Serial.println((float)DHT11.humidity, 2);
Serial.print("tem:");
Serial.println((float)DHT11.temperature, 2);
```

(3) 问题：W5100 网络模块的使用及路由器设置。

解决方案：重设路由器，将网线插至路由器 WAN 口，W5100 接网线连至路由器 LAN 口。

4.7.6　元器件清单

完成该项目所需的元器件及其数量如表 4-11 所示。

表 4-11　智能开关设计元器件清单

元器件名称	数　量
Arduino 开发板	1
W5100 网络模块	1
温湿度传感器(DHT11)	1
液晶显示屏(LCD1602)	1
LED 灯	2
1kΩ 电阻	2
杜邦线	若干

参考文献

[1] 陈吕洲. Arduino 程序设计基础[M].北京：北京航空航天大学出版社,2014.

[2] Massimo Banzi .于欣龙,郭浩赟,译.硬件开源电子设计平台：爱上 Arduino[M].第 2 版.北京：人民邮电出版社,2012.

[3] 李永华,高英,陈青云. Arduino 软硬件协同设计实战指南[M].北京：清华大学出版社,2015.

4.8　项目 22：微信控制智能插排

设计者：曹颖森,曹阳华,王思尧

4.8.1　项目背景

本项目创意来自生活中最常用的插排,由于懒惰、忘记等原因会在睡觉、离家前忘记关闭插排,造成电器损伤,形成电路安全问题。本项目旨在让生活变得更快捷、方便,并有效地消除安全隐患。实现在移动终端的微信平台远程控制插座开关,并控制在不同模式下用电器的开关,实现测试当前用电量大小与自动报警功能。从而便捷生活,从根本上消除安全隐患。

4.8.2 创意描述

本项目的智能插排可实现远程微信客户端控制,并有不同模式可供选择,同时检测用电量大小,有效防止安全隐患。

4.8.3 功能及总体设计

基于以上创意,需要为插排添加网络模块,以便与微信客户端相连;为了让插排可以检测用电量的多少,需要使用电流模块。除此之外,还需要在微信客户端进行相应的开发设计,使得微信客户端可以远程遥控插排的开关。

1. 功能介绍

本项目的微信智能插排实现的功能有微信端远程遥控开关、即时用电量检测、情景模式。

插排将微信公众号作为终端,在微信平台中输入指令,微信端识别指令并将数据上传到新浪云平台,新浪云平台再将数据传给 Arduino 开发板,开发板通过控制继电器模块实现插座的开关,开发板可通过电流模块实现功率的检测。

2. 总体设计

要完成上述功能,需要将整个项目分为 Arduino 端和微信端两个部分进行设计,通过两个部分的通信,完成项目的整体功能。

1) 整体框架图

项目整体框架图如图 4-72 所示。

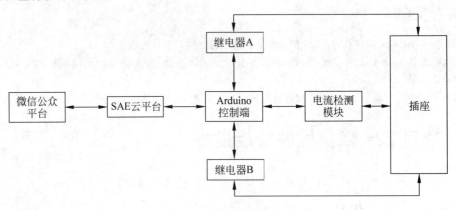

图 4-72　整体框架图

2) 系统流程图

系统流程图如图 4-73 所示。

3) 总电路图

系统总电路图如图 4-74 所示。

如图 4-74 所示,黑线代表元器件接地线,红线(A 组)代表元器件驱动电流的正极,黄线

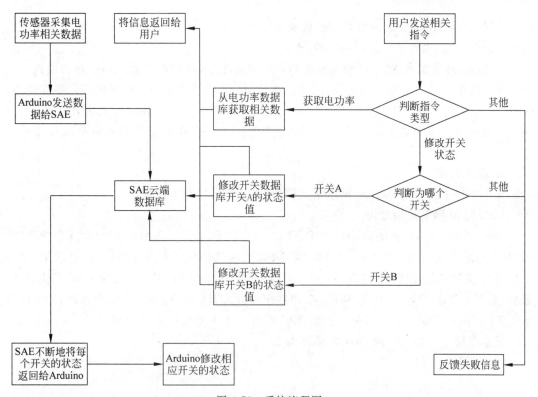

图 4-73　系统流程图

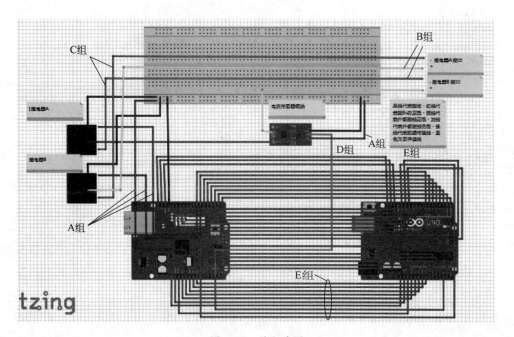

图 4-74　总电路图

（B组）代表外电路的正极，灰线（C组）代表外电路的负极，绿线（D组）代表电流模块输出数据线，蓝线（E组）为元器件之间的连线。

Arduino开发板和W5100板相同接口一一对应相连，将功能整合成为一块功能板。电流模块和继电器模块的电源接口并联，连接在Arduino开发板的5V电源位置。继电器A、B的控制接口接于开发板的数字6、7接口。电流模块的电流输出接口接于开发板的模拟3接口。继电器A的外电路端和电流模块的外电路端串联，继电器B的外电路端直接接外电路。

3. 模块介绍

整个项目主要分为W5100网络拓展模块、继电器模块和电流模块。

1）W5100网络拓展模块

功能介绍：支持全硬件TCP/IP协议，如TCP、UDP、ICMP、IPv4、ARP、IGMP、PPPoE、Ethernet；内嵌10BaseT/100BaseTX以太网物理层；支持自动应答（全双工/半双工模式）；支持自动MDI/MDIX；支持ADSL连接（支持PPPoE协议，带PAP/CHAP验证）；支持4个独立端口；内部16KB存储器作为TX/RX缓存；3.3V工作电压，I/O口可承受5V电压；有6个I/O口可以控制，SPI 4个口，1个复位口，1个中断口。

元器件清单：W5100网络模块、若干导线。

相关代码：

```
# include <SPI.h>
# include <Ethernet.h>
byte mac[] = {
0xDE, 0xAD, 0xBE, 0xEF, 0xFE, 0xED};
IPAddress ip(192,168,1,177);              //设置IP地址，可由100到200
IPAddress myDns(192,168,1,1);             //与路由器相关
EthernetClient client;
char server[] = "1.iwitch.sinaapp.com";   //连接SAE服务器
boolean lastConnected = false;
void setup()
{
Ethernet.begin(mac, ip, myDns);
pinMode(7, OUTPUT);
}
void loop()
{
while(client.available())                 //成功连接后
  {
    c = client.read();
      state = client.read();
      Serial.println("reading succeed");
  }

    if (!client.connected() && lastConnected)
```

```
{
    Serial.println("disconnecting.");
    client.stop();
}
```

2）继电器模块

功能介绍：该模块在控制和使用上非常方便，只需要给继电器的输入端输入不同的电平，即可达到通过控制继电器控制其他设备的目的。另外，在多路继电器 PCB 布局上采用了两行式布局，方便用户引出线的连接。同时，在电路中增加了一个直流二极管，大大提高了继电器模块的电流能力，防止被烧坏。本项目在这款继电器中增加了一个状态指示灯，可以实时观察继电器的开关状态。

元器件清单：5V 继电器、若干导线。

相关代码：

```
char state = '0';
char c;

void setup()
{
    pinMode(7, OUTPUT);
}
void loop()
{
                        //接收到 W5100 的信息后(state),控制继电器
    if(state == '0'){                        //state = 0,关
        digitalWrite(7, LOW);
    }else if(state == '1'){                  //state = 1,开

        digitalWrite(7, HIGH);
    }
```

3）电流模块

功能介绍：电流模块为基于霍尔检测的原理，插针 5V 供电，板载电源指示灯，模块可以测量 ±5A 电流，对应模拟量输出 185mV/A，没有检测电流通过时，输出的电压是 VCC/2。

元器件清单：电流模块、若干导线。

相关代码：

```
double I = 0;                        //定义电流 I
double E = 0;                        //定义功率 E
int Ipin = 3;
double Vin = 0;
Void Loop()
{
```

```
Serial.print("E is ");
Serial.println(E);
N = analogRead(Ipin);                          //电流模块读取电流
Vin = (N * 5)/1024;
I = (Vin - 2.5)/0.185;                          //对获取的电流进行归一化处理
if(I > -0.06 && I < 0.06){I = 0;}
Serial.print("I is ");
Serial.println(I);                              //输出处理后的电流
E = E + 220 * I;
}
```

4.8.4 产品展示

项目整体实物图如图 4-75(a)、(b)所示,最终演示效果图如图 4-76(a)、(b)、(c)、(d)所示。

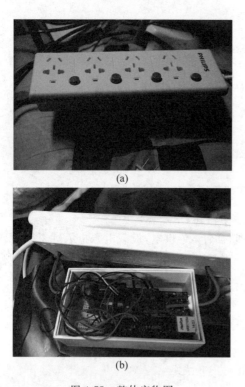

图 4-75 整体实物图

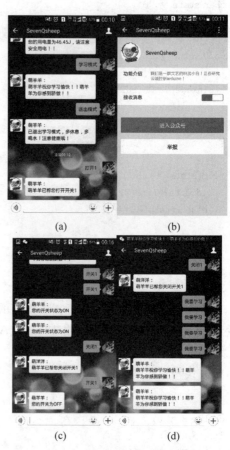

图 4-76 最终演示效果图

4.8.5 故障及问题分析

(1) 问题：对服务器的 PHP 语言不熟悉，造成只能修改一个状态，不能同时修改两个开关的状态。

解决方案：进一步熟悉 PHP 语言，找到出错的地方。同一个进程只能修改一个状态，如果需要多状态同时修改，需要进入下一个进程。

(2) 问题：电流模块数据显示不正确。

解决方案：没有进行归一化处理。所以在编写 Arduino 开发代码的时候，对电流模块获取的数据进行运算归一化处理。最后得到正确的电流，从而算出功率。

(3) 问题：W5100 的 IP 地址出错，一直显示 000.000.0.0。

解决方案：因校园网关系，所以只能通过路由器连接服务器。因为服务器中的设置错误，造成 IP 冲突，所以让 W5100 不能正确联网。最后打开 DHCP 功能，设置静态 IP，使 W5100 正确联网。

(4) 问题：微信端不能正确连接服务器。

解决方案：从微信公众平台官网上下载官方的 PHP 代码，对其进行修改。但是不能运行。进一步分析，发现新浪云中缺少实名认证，对访问有限制，经实名认证后，能够正确连接。

4.8.6 元器件清单

完成该项目所需的元器件及其数量如表 4-12 所示。

表 4-12 微信控制智能插排设计元器件清单

元器件名称	数 量
W5100 网络拓展模块	1
继电器模块	1
电流模块	1
Arduino 开发板	1
导线	若干

参考文献

[1] Bradski G,Kaehler A. 于仕琪,刘瑞祯,译.学习 OpenCV(中文版)[M].北京：清华大学出版社,2009.
[2] Robert Laganiere. 张静,译. OpenCV2 计算机视觉编程手册[M].北京：科学出版社,2013.
[3] 宋楠,韩广义. Arduino 开发从零开始学：学电子的都玩这个[M].北京：清华大学出版社,2014.
[4] Stephen Prata. 张海龙,袁国忠,译. C++ Primer Plus 中文版[M].第 6 版.北京：人民邮电出版社,2012.
[5] 李永华,高英,陈青云. Arduino 软硬件协同设计实战指南[M].北京：清华大学出版社,2015.

第 5 章

人机交互类开发案例

5.1 项目 23：可穿戴智能盲人导航系统

设计者：刘钦国,郑逸琛,刘良琪

5.1.1 项目背景

根据卫生部统计数据：我国每年大概有 45 万人失去光明,成为盲人,目前视力残障人士的数量已经达到 500 万,占全世界视力残障总人数的 18%。据世界卫生组织估计,到 2030 年,全世界视力残障人士将达到 2500 多万左右。

盲人数量的增多,使其成为社会一大弱势人群,越来越受到人们的关注。而随着城市交通的日益发展,盲人以及视障人士的出行问题面临着巨大的挑战,传统的盲杖已经远远不能满足其日常出行的要求。因此,如何设计出一套合理的盲人出行智能导航辅助系统,是当前社会亟需解决的一个问题。

目前用于盲人导航,最为普遍的工具是盲杖。传统盲杖的工作原理如下：当杖头碰上物体之后,传达给盲人障碍信息,盲人听过自身感知物体的位置及几何特征,进而决定行走方向或进行回避。这类盲杖虽然在一定程度上能帮助盲人独立行走,但是它只能感知近距离的、低矮的、静态的障碍物,难以发现较远处或处于半空中的物体。另外,它不具备定位能力,当在平坦的地面上行走时,虽然没有障碍物进行阻挡,却容易迷失方向。

当前国内的导航设备虽然是智能导盲手杖,但是并没有解决传统手杖的主要缺点。国外基于图像处理的导盲设备虽然技术成熟,但是价格高昂,不适宜被推广使用。因此,在经过必要的调研之后,本项目构想了新的智能导盲系统。

本项目基于 Arduino 嵌入式开发平台,以 Arduino/Intel Galileo Gen2 为核心,辅以超声波测距模块、GPS 定位模块、语音录放模块、语音识别模块,旨在设计一款能有效辅助盲人安全行走,集定位导航、障碍物规避功能于一身的低成本智能可穿戴设备,通过使用该可穿戴设备,盲人及视障人士可以安全、便捷地到达预定目的地,有效提高其户外行走质量。

5.1.2　创意描述

相比于市场上大多数传统导盲设备,本项目导盲设备有以下四个创新点:

(1) 可穿戴式设备。采用 6 个超声波传感器分别置于腰、大腿、左小腿、右小腿、左脚、右脚上,可有效地解决传统手杖难以发现较远处物体和半空中物体的缺陷,并将障碍物划分为不可跨越障碍、可跨越障碍,通过语音给予盲人相应的解决方案。

(2) 智能导航。我们对整个校园主要的建筑物进行标注,通过 Dijkstra 高效算法,实现点对点最短路径的计算。与此同时,通过自己编写的算法,实现对盲人的实时导航,使得盲人可以在特定的区域里自主到达所要前往的目的地。

(3) 语音播放系统。充分考虑了盲人的特点,增加了智能语音播放功能,可将超声波避障及智能导航所得到的信息通过语音的方式进行播放,从而有利于盲人的出行。

(4) 语音识别系统。充分考虑了盲人的特点,增加了智能语音识别功能。在智能导航的系统中,盲人只需说出目的地,系统便可以智能识别出目的地,并进行导航工作。

5.1.3　功能及总体设计

为了实现该项目的功能,采用超声波测距来进行避障,采用语音录放来对使用者进行提醒,使用 GPS 定位模块对使用者进行定位,并为使用者提供相应的帮助。

1. 功能介绍

该项目主要实现五种功能:

(1) 超声波测距避障功能(利用超声波传感器模块 US-015 实现)。传感器向外发射超声波并接收碰到障碍物而反射回来的超声波,内部计时器记录两者的时间间隔,最后根据渡越时间法,将时间转化为目标障碍物与信号发射源之间的距离,实现测距功能。

(2) GPS 定位功能(利用 GPS 定位模块 XY-15 实现)。GPS 信号接收机捕获卫星信号,对接收到的信号进行处理,最终实时计算出位置等信息。

(3) 智能导航功能(利用 GPS 模块 XY-15 和最短路径算法、Dijkstra 算法实现)。构造有权重的有向图,以顶点表示各个地理位置,顶点之间的边的权重代表对应两个地理位置之间的距离。在确定结束顶点之后,找出所有顶点中与结束顶点权重最小的顶点,加入路径,通过此方法不断迭代直到起始顶点加入路径为止,即可得到点到点之间的最短路径。利用 GPS 模块将路径信息转化为对应导航信息,实现智能导航功能。

(4) 语音播放功能(利用语音录放模块 PM66 实现)。利用语音烧录器将所需语音烧录进语音芯片之中,利用相关的软件对语音档案进行编辑、处理,外接电源、喇叭之后便可实现一个独立的语音播放系统。通过调用语音对应的地址便可播放相应的语音信息。在本项目中主要将超声波避障及智能导航所得到的信息通过语音的方式进行播放。

(5) 语音识别功能(利用语音识别模块 LP-ICR V1.4 实现)。利用上位机软件将需要识别的语音信息录入语音识别芯片之中,将拾音器(MIC)插到识别模块上,外接电源后,通过对麦克风说话即可得到对应的识别结果。在本项目中主要用于将导航目的地的语音信息转化为程序信息,为盲人的导航提供便利。

2. 总体设计

要实现上述功能,将该项目分为超声波测距避障、语音录放、GPS 定位、智能导航、语音识别五个部分。

1) 整体框架图

项目整体框架图如图 5-1 所示。

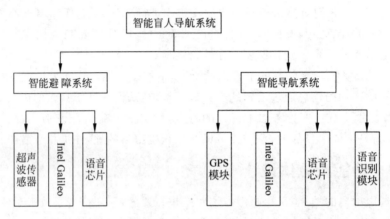

图 5-1 整体框架图

本系统分为智能避障和智能导航两大系统。其中,智能避障系统由超声波测距避障模块、语音录放模块组成;智能导航系统由 GPS 定位模块、智能导航模块、语音录放模块、语音识别模块组成。

2) 系统流程图

系统流程图如图 5-2 所示。

3) 总电路图

系统总电路图如图 5-3 所示。

各模块说明如下,其中 Intel Galileo Gen2 可以与 Arduino 兼容。

(1) 超声波传感器 US-015。每个超声波传感器有四个引脚:VCC、Trig、Echo、GND。Trig 与 Intel Galileo Gen2 的 Digital Pin 7 相连;Echo 与 Intel Galileo Gen2 的 Digital Pin 1~6 相连;VCC 与 Intel Galileo Gen2 的 5V 端相连;GND 与 Intel Galileo Gen2 的 GND 端相连。

(2) 语音芯片 PM66。语音芯片有 16 个引脚。K1 与 Intel Galileo Gen2 的 Digital Pin 8 相连;K2 与 Intel Galileo Gen2 的 Digital Pin 9 相连;O1 与 Intel Galileo Gen2 的 Digital Pin 10 相连;VCC 与 Intel Galileo Gen2 的 5V 端相连;GND 与 Intel Galileo Gen2 的 GND 端相连;SPP 与喇叭的负极相连;SPN 与喇叭的正极相连。

(3) GPS 模块。GPS 模块有四个引脚:VCC、TX、RX、GND。TX 与 Intel Galileo Gen2 的 Digital Pin 11 相连;RX 与 Intel Galileo Gen2 的 Digital Pin 12 相连;VCC 与 Intel

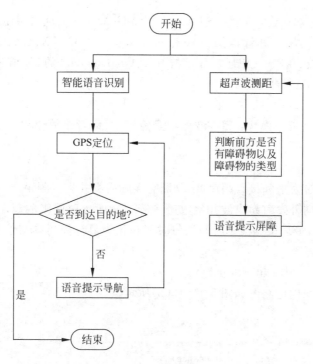

图 5-2 系统流程图

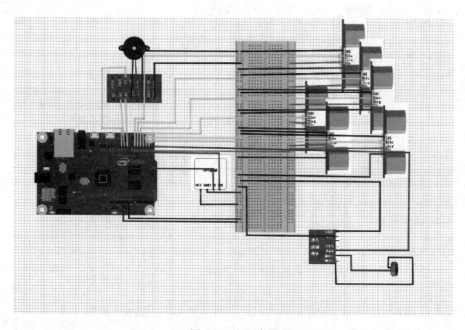

图 5-3 总电路图

Galileo Gen2 的 5V 端相连；GND 与 Intel Galileo Gen2 的 GND 端相连。

（4）语音识别模块。语音识别模块有四个引脚：VCC、TX、RX、GND。RX 与 Intel Galileo Gen2 的 Digital Pin 0 相连；VCC 与 Intel Galileo Gen2 的 5V 端相连；GND 与 Intel Galileo Gen2 的 GND 端相连。

3. 模块介绍

该项目主要分为五个模块：超声波测距避障模块、语音录放模块、GPS 定位模块、智能导航模块和语音识别模块。

1）超声波测距避障模块

功能介绍：通过发射和接收超声波，判断有无障碍物并进行测距。

原理：传感器向外发射超声波并接收碰到障碍物而反射回来的超声波，内部计时器记录两者的时间间隔，最后根据渡越时间法将时间转化为目标障碍物与信号发射源之间的距离，实现测距功能。

元器件清单：US-015 超声波传感器。

电路图：该模块的电路图如图 5-4(a)、(b)所示。

相关代码：

```
//--------------------------------------------------- 测距子程序
void measuring(float echo, float distance)
{
  delay(500);
  digitalWrite(t, LOW);
  delayMicroseconds(2);
  digitalWrite(t, HIGH);
  delayMicroseconds(10);
  digitalWrite(t, LOW);

  distance = pulseIn(echo, HIGH)/ 58.0;        //将回波时间换算成 cm
  distance = (int(distance * 100.0))/ 100.0;   //保留两位小数
}

//--------------------------------------------------- 判断子程序
void judge()
{
  if(yao < 200)
  {
   if(yao < 100)
   {
    showdata();                                //显示数据子程序
    Serial.println(" 正前方一米内有障碍 ");
    playing(0X0C);                             //放音子程序
    delay(3000);
   }
   else
```

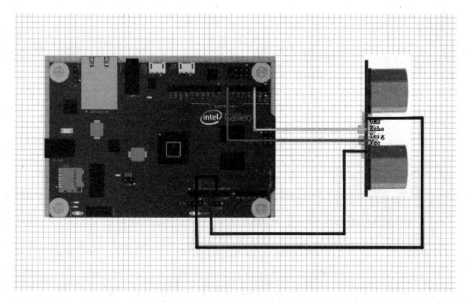

(a)

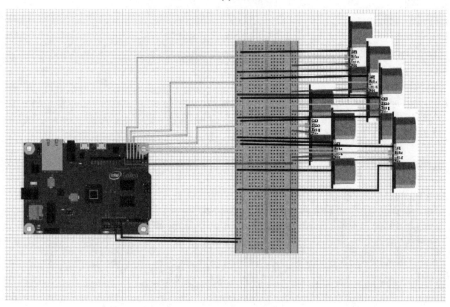

(b)

图 5-4　超声波测距避障模块电路图

```
{
  showdata();
  Serial.println(" 正前方两米内有障碍 ");
  playing(0X09);
  delay(3000);
```

```
    }
    if(zuotui < 200)
    {
    showdata();
    Serial.println(" 左边有障碍物 ");
    playing(0X0F);


    delay(3000);
    }
    if(youtui < 200)
    {
     showdata();
     Serial.println(" 右边有障碍物 ");
     playing(0X08);
     delay(3000);
    }
   }
  else
    {
    if(tui < 200)
    {
     if(tui < 100)
     {
     showdata();
     Serial.println(" 正前方一米内有可跨越障碍 ");
     playing(0X0D);
     delay(3000);
     }
     else
     {
     showdata();
     Serial.println(" 正前方两米内有可跨越障碍 ");
     playing(0X0A);
     delay(3000);
     }
    }
    else
    {
     if(zuojiao < 100)
     {
     showdata();
     Serial.println(" 左边地面一米内有障碍物 ");
     playing(0X0E);
     delay(3000);
     }
     elseif( youjiao < 100)
     {
```

```
showdata();
Serial.println(" 右边地面一米内有障碍物 ");
playing(0X07);


delay(3000);
}
else
showdata();
Serial.println(" 前方无任何障碍可放心直行 ");
playing(0X0B);
delay(3000);
}
}
}
```

2）语音录放模块

功能介绍：实现语音的录放功能，在本项目中主要将超声波避障及智能导航所得到的信息通过语音的方式进行播放。

原理：利用语音烧录器将所需语音烧录进语音芯片之中，利用对应软件对语音档案进行编辑、处理，外接电源、喇叭之后，便可实现一个独立的语音播放系统。通过调用语音对应的地址便可播放相应的语音信息。

元器件清单：PM66 语音模块。

电路图：该模块电路图如图 5-5 所示。

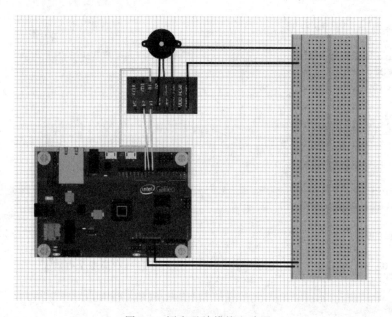

图 5-5　语音录放模块电路图

相关代码：

```
// ------------------------------------------------------ 录音子程序
void sp(unsigned char k1_data)
{
  unsigned char i;
  digitalWrite(K2, HIGH);
  delayMicroseconds(2);
  digitalWrite(K1, LOW);
  delayMicroseconds(2);
  delay(25);
  digitalWrite(K1, HIGH);
  delayMicroseconds(2);
  delay(25);
  for(i = 0; i < 8; i++)                           //读取 8 位地址
  {
    digitalWrite(K2, LOW);
    delayMicroseconds(2);
    if((k1_data&0X01) == 1)
    {
      digitalWrite(K1, HIGH);
      delayMicroseconds(2);
    }
    else
    {
      digitalWrite(K1, LOW);
      delayMicroseconds(2);
    }
    k1_data = k1_data >> 1;                        //右移一位
    delay(50);
    digitalWrite(K2, HIGH);
    delayMicroseconds(2);
    delay(50);
  }
  digitalWrite(K1, HIGH);
  delayMicroseconds(2);
}


// ------------------------------------------------------ 放音子程序
void playing(unsigned char h)
{
  delay(1000);
  sp(h);
  while(O1 == HIGH);                               //高电平有效
  delay(5);
}
```

3）GPS 定位模块

功能介绍：获取设备穿戴者的经纬度等地理信息。

原理：GPS信号接收机捕获一定卫星高度截止角所选择的待测卫星的信号，并跟踪卫星的运行，同时对接收到的信号进行处理，最终实时计算出位置等信息。

元器件清单：XY-15模块。

电路图：该模块电路图如图5-6所示。

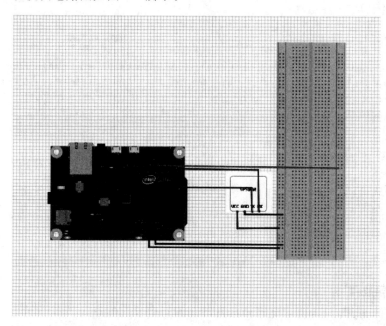

图5-6　GPS定位模块电路图

相关代码：

```
//------------------------------------------------- 显示数据子程序
void showgpsdata()
{
  int i;
  for(i = 0; i <= 12; i++)
  switch(i)                                          //依次输出各种数据
  {
    case 0 :Serial.print("Time in UTC (HhMmSs): ");break;
    case 1 :Serial.print("Status (A = OK,V = KO): ");break;
    case 2 :Serial.print("Latitude: ");break;
    case 3 :Serial.print("Direction (N/S): ");break;
    case 4 :Serial.print("Longitude: ");break;
    case 5 :Serial.print("Direction (E/W): ");break;
    case 6 :Serial.print("Velocity in knots: ");break;
    case 7 :Serial.print("Heading in degrees: ");break;
    case 8 :Serial.print("Date UTC (DdMmAa): ");break;
    case 9 :Serial.print("Magnetic degrees: ");break;
    case 10 :Serial.print("(E/W): ");break;
    case 11 :Serial.print("Mode: ");break;
```

```
        case 12 :Serial.print("Checksum: ");break;
    }
}
```

```
// ------------------------------------------------------ 获取经纬度子程序
void get_lat_lon()
{
    if(i == 2)                                           //获取纬度
    {
latitude = (linea[indices[i] + 1] − 48) * 10 + (linea[indices[i] + 2] − 48) + (linea[indices[i]
+ 3] − 48) * 0.1 + (linea[indices[i] + 4] − 48) * 0.01 + ( linea[indices[i] + 6] − 48) * 0.001 +
(linea[indices[i] + 7] − 48) * 0.0001 + ( linea[indices[i] + 8] − 48) * 0.00001 + (linea[indices
[i] + 9] − 48) * 0.000001;
    }

    if(i == 3)                                           //获取经度
    {
        longitude = (linea[indices[i] + 1] − 48) * 100 + (linea[indices[i] + 2] − 48) * 10 + (linea
[indices[i] + 3] − 48) + (linea[indices[i] + 4] − 48) * 0.1 + (linea[indices[i] + 5] − 48) * 0.01
+ (linea[indices[i] + 7] − 48) * 0.001 + (linea[indices[i] + 8] − 48) * 0.0001 + ( linea[indices
[i] + 9] − 48) * 0.00001 + (linea[indices[i] + 10] − 48) * 0.000001;
    }
}
```

4）智能导航模块

功能介绍：利用 GPS 模块将路径信息转化为对应导航信息，实现智能导航功能。

原理：利用最短路径 Dijkstra 算法实现。构造有权重的有向图，其中，以顶点表示各个地理位置，顶点之间边的权重代表对应两个地理位置之间的距离。在确定结束顶点之后，找出所有顶点中与结束顶点权重最小的顶点加入路径，通过此方法不断迭代直到起始顶点加入路径为止，即可得到点到点之间的最短路径。

元器件清单：PM66 与 XY-15。

电路图：智能导航模块电路图如图 5-7 所示。

相关代码：

```
// --------------------------------- FindMin 子程序找到离当前节点最近点的 ID
int FindMin(int Disk[], bool S[], int n)
{
    int k = 0;
    int min_now = MAX;
    for(int i = 0; i < n; i++)
    {
        if(!S[i]&& min_now > Disk[i])
        {
            min_now = Disk[i];
            k = i;
        }
    }
```

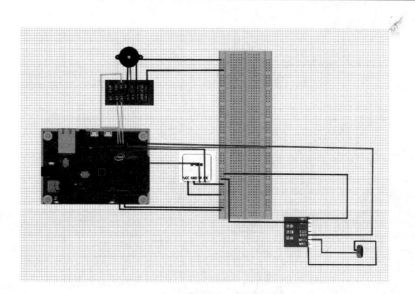

图 5-7　智能导航模块电路图

```
    if(min_now == MAX)
    return - 1;
    return k;
}


//------------------------------------------------GPS 坐标转换子程序
void gps_to_node()
{
    double pi = 3.1415926535898;
    double L = 6381372 * pi * 2;
    double H = L / 2;
    double mill = 2.3;
    double x_now = longitude * pi / 180;
    double y_now = latitude * pi / 180;
    y_now = 1.25 * log( tan( 0.25 * pi + 0.4 * y_now ));
    node_now.x = ( L / 2 ) + ( L /( 2 * pi )) * x_now;      //米勒投影
    node_now.y = ( H / 2 ) - ( H /( 2 * mill )) * y_now;    //米勒投影
    node_now.x = ( node_now.x - 33000000 - 6800 )/ 1.5;    //转化为校园坐标
    node_now.y = ( node_now.y - 6810000 - 2415) /1.5;      //转化为校园坐标
}


//------------------------------------------最短路径子程序 Dijkstra 算法
void ShortPath(int Disk[])
{
    int v = m_end;
    bool S[NUM_OF_NODE];
    for (int i = 0; i < num_of_vertex; i++)                //初始化辅助数组
    {
      S[i] = false;
      Disk[i] = arc[v][i];
```

```
    if (Disk[i] != MAX)
    {
      Path[i] = v;
    }
    else
    {
      Path[i] = -1;
    }
  }
  S[v] = true;
  Disk[v] = 0;
  for (int i = 0; i < num_of_vertex; i++)
  {
    v = FindMin(Disk, S, num_of_vertex);
    if (v == -1)
    return;
    S[v] = true;
    for (int j = 0; j< num_of_vertex; j++)                    //更新辅助数组
    if ( !S[j] && ( Disk[j] > arc[v][j] + Disk[v] ) )
    {
      Disk[j] = arc[v][j] + Disk[v];;
      Path[j] = v;
    }
    if (v == m_start)
    break;
  }
}
```

5）语音识别模块

功能介绍：对若干语音进行语音识别，在本项目中主要用于将导航目的地的语音信息转化为程序信息，为盲人的导航提供便利。

原理：利用上位机软件将需要识别的语音信息录入语音识别芯片之中，将拾音器（MIC）插到识别模块上，外接电源后，通过对麦克风说话即可得到对应的识别结果。

元器件清单：LP-ICR V1.4。

电路图：语音识别模块电路图如图 5-8 所示。

相关代码：

```
//---------------------------------------------------- 语音识别程序
void loop()
{
  if(Serial.available())
  {
    inByte = Serial.read();
    end_node.x = nodex[inByte];
    end_node.y = nodey[inByte];
  }
}
```

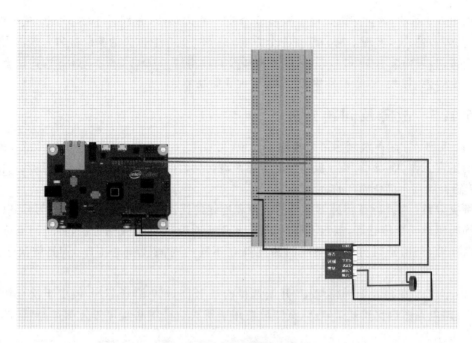

图 5-8　语音识别模块电路图

5.1.4　产品展示

项目整体实物图如图 5-9 所示。

图 5-9　整体实物图

如图 5-9 所示,该可穿戴式设备嵌有 6 个超声波传感器,分别置于腰、大腿、左小腿、右小腿、左脚、右脚上,实现了前、左、右三个方向,高、中、低三个位置的测距避障。腰部右侧嵌有一个腰包,里面装有 Intel Galileo Gen 板子及自制电源。Intel Galileo Gen 连接语音录放模块、GPS 定位模块、语音识别模块,有效实现导航功能。

5.1.5 故障及问题分析

(1) 问题:在超声波测距避障模块中发现,当 Galileo 板只连接 1 个超声波传感器时,传感器能正常工作,而当 Galileo 板连接 6 个超声波传感器时,只有 3 个传感器能正常工作,有 3 个传感器始终不能正常工作。

解决方案:在排除了传感器本身的故障和连线的错误等问题后,推测是因为 Galileo 板无法同时驱动 6 个传感器,电流不够。于是,采用了时隙 ALOHA 的方法,将时间划分成离散的时间隙,利用延时分别使不同的传感器在不同的时间段独立工作,从而解决了这个问题。

(2) 问题:在语音识别模块中,开始选择的是 ISD-1760 语音芯片,但由于没有相关例程,芯片的电路图也比较复杂,在认真阅读使用手册后自己编写程序进行测试,然而芯片不能正常工作。

解决方案:在长达两星期的调试之后决定放弃,改用连线较为简单的 PM66 语音芯片。在测试的过程中芯片仍然不能正常工作,调试时发现是喇叭出了故障。更换喇叭之后芯片能正常出声,但是出声过快,前后语句发生混叠,经过不断修改代码,不断实验测试,解决了问题。

5.1.6 元器件清单

完成该项目所使用的元器件及其数量如表 5-1 所示。

表 5-1 智能盲人导航系统设计元器件清单

元器件名称	数 量
Intel Galileo	1
US-015 超声波传感器	6
PM66 语音芯片	1
GPS 模块	1
喇叭	1
语音识别模块	1

参考文献

[1] US-015超声波模块介绍[J/OL]. http://wenku.baidu.com/view/54720b33376baf1ffc4fadcf.html
[2] PM66语音芯片使用手册[J/OL]. http://wenku.baidu.com/view/5c8612ef6f1aff00bed51ecd.html
[3] GPS模块基本介绍[J/OL]. http://wenku.baidu.com/view/e088eaf3b8f67c1cfad6b87a.html

[4] 关于 Arduino 上读取 GPS 模块遇到的几个问题[J/OL]. http://www.cnblogs.com/wzc0066/archive/2013/03/08/2949270.html

[5] VC环境下最短路径算法的实现[J/OL]. http://zhidao.baidu.com/question/96361381.html

[6] Arduino SPI Library[J/OL]. https://www.pjrc.com/teensy/td_libs_SPI.html

[7] 李永华,高英,陈青云. Arduino 软硬件协同设计实战指南[M].北京:清华大学出版社,2015.

5.2 项目 24:老年人的"哆啦 A 梦"

设计者:戴蕊,刘思源,肖佳莉

5.2.1 项目背景

近年来,随着生活水平的提高与医疗技术的发展,人的寿命不断增长,死亡率越来越低,即有越来越多的老年人生活在一起,我国已步入了"老龄化"社会。同时,老年人的健康问题也成为了社会关注的热点。调查数据显示,在老年人中,心脑血管疾病发病率极高,且由于这些病发病时间很快,如果得不到快速救治,很有可能造成无法估计的后果。于是,本项目组结合自身经历体会,为了避免此类意外发生而留下终生遗憾,便萌生了开发"老年人的'哆啦 A 梦'",通过监测老年人的心跳数,检测老年人的身体健康情况,当心脏病等疾病发作时,可以让老年人快速得到救助。

5.2.2 创意描述

在项目开发之前,本组成员进行了相关调研,发现现在检测心跳的产品有很多,大多数都是智能手环或者智能手表,它们同时还可以监测睡眠质量、记录行走步数或者记录卡路里消耗量等,功能较多。但是这些基本都要与智能手机配对才可以使用,而且它们的功能多偏于运动,面向对象也主要是年轻人。考虑到老年人的头脑及身体条件,这些对老年人的实用性不高。而本项目"老年人的'哆啦 A 梦'",主要是针对老年人而设计的,所实现的功能都是为老年人的健康服务的,容易操作,可以为老年人身体监测提供帮助。

5.2.3 功能及总体设计

基于这样的背景,如何对心跳进行实时监测,并在合适的时候给出提醒,是本项目主要需要考虑解决的问题。另外,由于产品对象是老年人,务必使产品简单易用。

1. 功能介绍

该产品的功能有:①监测心跳(用开发板一个 LED 灯闪烁与心跳同步);②蜂鸣报警;③蓝牙传输通知家人。

2. 总体设计

要实现上述的功能,主要将产品分为以下几部分进行设计:信息采集与监测部分、报警部分和蓝牙传输部分。

1）整体框架图

该项目整体框架图如图 5-10 所示。

2）系统流程图

系统流程图如图 5-11 所示。

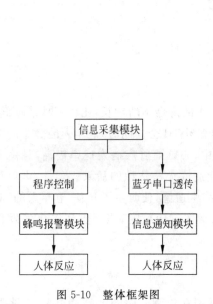

图 5-10　整体框架图

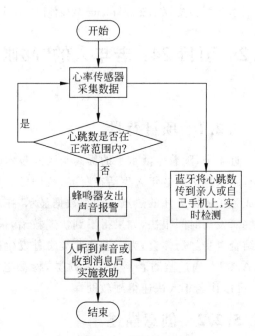

图 5-11　系统流程图

3）总电路图

系统总电路图如图 5-12 所示。

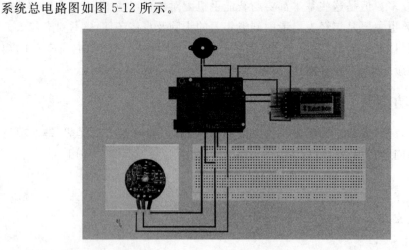

图 5-12　总电路图

如图 5-12 所示,各模块与 Arduino 开发板的连接描述如下:

(1) 心率传感器与开发板的连接:S 与 A0 连接;"+"与 5V 连接;"−"与 GND 连接。

(2) 蓝牙与开发板的连接:TX 与 RXO 连接;RX 与 TXO 连接;VCC 与 5V 连接;GND 与 GND 连接。

(3) 蜂鸣器与开发板连接:"+"接 4;"−"接 GND。

3. 模块介绍

该项目主要分为如下模块进行设计:信息采集与蜂鸣报警模块和信息传递模块。

1) 信息采集与蜂鸣报警模块

功能介绍:当心跳数超过正常范围时触发蜂鸣器发出声音进行报警。

元器件清单:心率传感器、蜂鸣器。

相关代码:

```
if( BPM<50)                              //心跳小于 50
 {
  for(int i=200;i<=800;i++)
   {
    pinMode(4,OUTPUT);
newtone(4,i,5);                          //在端口 4 输出频率
//该频率持续 5ms
   }
  delay(4000);
  for(int i=800;i>=200;i--)
   {
    pinMode(4,OUTPUT);
   newtone(4,i,10);

   }
 }
 else if (BPM>150)                       //心跳大于 150
 {
   for(int i=200;i<=800;i++)
 {
   pinMode(4,OUTPUT);
   newtone(4,i,5);
   }
  delay(4000);
  for(int i=800;i>=200;i--)
   {
    pinMode(4,OUTPUT);
   newtone(4,i,10);

   }
 }
}
```

2) 信息传递模块

功能介绍：将心率传感器采集到的心跳数信息通过蓝牙传到手机(着重实现)，并通过软件在计算机上显示波形和数目。通过设置将蓝牙与手机配对好，数据串口透传直接到手机上显示，故此步无需代码。通过 Processing 上位机可视化。

元器件清单：心率传感器、计算机 Processing 软件、蓝牙模块。

相关代码：

```
//Arduino 内代码
void sendDataToProcessing(char symbol, int data ){
Serial.print(symbol);
Serial.println(data);
  }
sendDataToProcessing('S', Signal);
  if (QS == true){
        fadeRate = 255;
        sendDataToProcessing('B',BPM);
        sendDataToProcessing('Q',IBI);
        QS = false;
      }
//Processing 图形化显示代码
import processing.serial.*;
PFont font;
Scrollbar scaleBar;
Serial port;
int Sensor;
int IBI;
int BPM;
int[] RawY;
int[] ScaledY;
int[] rate;
float zoom;
float offset;
color eggshell = color(255, 253, 248);
int heart = 0;
int PulseWindowWidth = 490;
int PulseWindowHeight = 512;
int BPMWindowWidth = 180;
int BPMWindowHeight = 340;
boolean beat = false;
void setup() {
  size(700, 600);
  frameRate(100);
  font = loadFont("Arial - BoldMT - 24.vlw");
  textFont(font);
  textAlign(CENTER);
  rectMode(CENTER);
  ellipseMode(CENTER);
//Scrollbar 输入: x,y,width,height,minVal,maxVal
```

```
      scaleBar = new Scrollbar (400, 575, 180, 12, 0.5, 1.0);
      RawY = new int[PulseWindowWidth];
      ScaledY = new int[PulseWindowWidth];
      rate = new int [BPMWindowWidth];
      zoom = 0.75;
      for (int i = 0; i < rate.length; i++){
        rate[i] = 555;
        }
    for (int i = 0; i < RawY.length; i++){
        RawY[i] = height/2;
    }
    println(Serial.list());
    port = new Serial(this, Serial.list()[0], 115200);
    port.clear();
    port.bufferUntil('\n');
}
void draw() {
    background(0);
    noStroke();
    fill(eggshell);
    rect(255,height/2,PulseWindowWidth,PulseWindowHeight);
    rect(600,385,BPMWindowWidth,BPMWindowHeight);
    RawY[RawY.length - 1] = (1023 - Sensor) - 212;
    zoom = scaleBar.getPos();
    offset = map(zoom,0.5,1,150,0);
    for (int i = 0; i < RawY.length - 1; i++) {
        RawY[i] = RawY[i + 1];
        float dummy = RawY[i] * zoom + offset;
        ScaledY[i] = constrain(int(dummy),44,556);
    }
    stroke(250,0,0);
    noFill();
    beginShape();
    for (int x = 1; x < ScaledY.length - 1; x++) {
        vertex(x + 10, ScaledY[x]);
    }
    endShape();

  if (beat == true){
    beat = false;
    for (int i = 0; i < rate.length - 1; i++){
        rate[i] = rate[i + 1];
    }
    BPM = min(BPM,200);
    float dummy = map(BPM,0,200,555,215);
    rate[rate.length - 1] = int(dummy);
  }
    stroke(250,0,0);
```

```
    strokeWeight(2);
    noFill();
    beginShape();
    for (int i = 0; i < rate.length - 1; i++){
     vertex(i + 510, rate[i]);
     }
  endShape();
  fill(250,0,0);
  stroke(250,0,0);
  heart -- ;
  heart = max(heart,0);
  if (heart > 0){
     strokeWeight(8);
  }
  smooth();
  bezier(width - 100,50, width - 20, - 20, width,140, width - 100,150);
  bezier(width - 100,50, width - 190, - 20, width - 200,140, width - 100,150);
  strokeWeight(1);
  fill(eggshell);
  text("Pulse Sensor Amped Visualizer 1.1",245,30);
  text("IBI " + IBI + "mS",600,585);
  text(BPM + " BPM",600,200);
  text("Pulse Window Scale " + nf(zoom,1,2), 150, 585);
  scaleBar.update (mouseX, mouseY);
  scaleBar.display();
}
```

5.2.4 产品展示

整体实物图如图 5-13 所示。

最终演示效果图如图 5-14 所示。

图 5-14(a)演示的是产品正常工作时的状态：心率传感器在正常连接后会显示绿色的灯光，蓝牙模块在与手机正确配对后，蓝色闪烁的灯光会稳定下来成常亮的状态。

图 5-14(b)、(c)分别演示了通过蓝牙在手机和 Processing 上实时显示心率传感器检测到的数据。所显示的数据格式均为 ASCII 码，由于数据量较大，采用的波特率为 115 200，其中包含三种数据：以 S 为前缀的表示脉搏波数据；以 B 为前缀的表示 BPM 数值(心率值，即每分钟心跳)；以 Q 为前缀的表示 IBI 数值(连续两个心拍之间

图 5-13　整体实物图

的时间差)。S 数据每 20ms 发送一次,数据量大;B 和 Q 数据只有在检测到有效脉搏后,在每一次心跳后发送一次,数据量小。

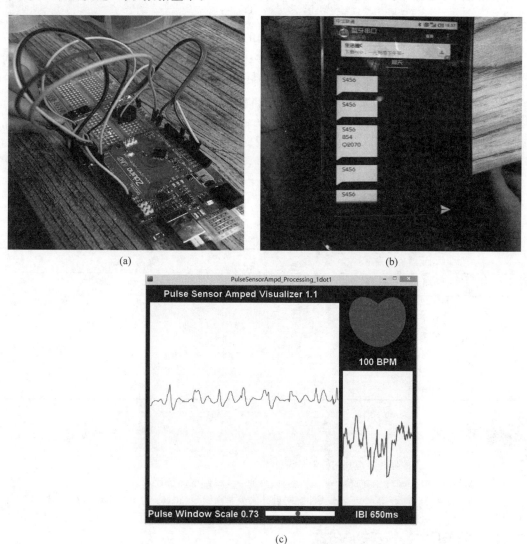

(a)   (b)

(c)

图 5-14 最终演示效果图

5.2.5 故障及问题分析

(1) 问题:在第一次使用心率传感器时,成功在 Processing 上显示出心跳的波形和次数,但是,当不连接 Processsing 时,Arduino 监视器内一片空白,并未有任何数据显示。

解决方案:修改波特率的值。

(2) 问题:将心率传感器和蜂鸣器连接到一起时,只是将两种代码拼接到一起,编译始终没有成功。

解决方案：通过查找资料及自己思考后，多次修改了代码，终于编译成功，将两者成功连接。

（3）问题：在实际操作过程中，发现蜂鸣器的报警总是有点晚于心跳值。

解决方案：开始以为是代码的问题，但检查代码并无错误，后将串口数据与报警时间对比，发现是所购买的心率传感器的检测有些延迟导致的。

（4）问题：在信息传递方式的选择上，网络模块和蓝牙模块究竟该选哪一个。

解决方案：蓝牙模块较小，可以实现家居内部的监测，网络模块可以实现远程的监测，但是模块较大，最终选择了蓝牙模块。

5.2.6　元器件清单

完成该项目所需的元器件及其数量如表 5-2 所示。

表 5-2　老年人的"哆啦 A 梦"设计元器件清单

元器件名称	数　量
Arduino 开发板	1
面包板	1
心率传感器	1
蜂鸣器	1
蓝牙模块	1
USB 连接线	1
杜邦线	若干

参考文献

[1]　蔡睿妍. Arduino 的原理及应用[J]. 电子设计工程，2012，20(16)：155-157.

[2]　Dale Wheat. Arduino 技术内幕[M]. 翁恺，译. 北京：人民邮电出版社，2013.

[3]　李永华，高英，陈青云. Arduino 软硬件协同设计实战指南[M]. 北京：清华大学出版社，2015.

5.3　项目 25：运动手环

设计者：杨旭辉，杨诗雨，吴永侠

5.3.1　项目背景

社会在进步，人类在发展，随着生活水平的不断提高，人们越来越追求健康生活。为了能实时监测身体的各项指标，本项目基于 Arduino 开发一种穿戴式智能设备——智能手环。通过这款手环，用户可以记录日常生活中的锻炼、睡眠、饮食等实时数据，并将这些数据与手机、平板、iPod touch 同步，通过数据指导健康生活。通过查找相关资料，目前通过 Arduino

实现的复古手环,功能相对单一,即通过加速计收集数据,然后发到移动设备上,移动设备根据数据计算用户消耗热量和走动步数,功能比较简单。本项目在此基础上,可以实现测量距离、运动消耗的卡路里、心率和电子罗盘模块,可以实时监测运动过程中的心率变化,防止运动太剧烈,对身体造成伤害。因此,生命在于运动,只要有运动,运动手环就有其存在价值。

5.3.2　创意描述

智能手环主要用于记录日常生活,通过数据来指导健康生活。本项目的运动手环着重于运动时的数据监测,通过计步计算运动的距离,进一步可以计算运动期间消耗的卡路里,这对运动减肥的人提供了极大的动力。除此之外,为了避免减肥瘦身过度剧烈运动,在运动手环中加入心率模块,可以实时监测心率,在正常的有氧运动时,心率一般都在 130～150BPM,而长时间无氧运动对身体有反作用,当心率超过 150BPM 时,蜂鸣器会报警提示适当减速。此手环还具有电子罗盘功能,当外出、登山、探险时,可以指引方向,为人身安全添加了一份保障。

5.3.3　功能及总体设计

要实现上述创意,需要设计合适的方法对各项数据进行测量,如步数、心率、卡路里等。另外,设计了用户提醒功能,对不健康的行为进行提醒。

1．功能介绍

本项目的运动手环实现了计步、测距、计算消耗卡路里、记录运动过程中使用者的心率变化以及指示方向的功能。

2．总体设计

1）整体框架图

项目整体框架图如图 5-15 所示。

图 5-15　整体框架图

2）系统流程图

系统流程图如图 5-16 所示。

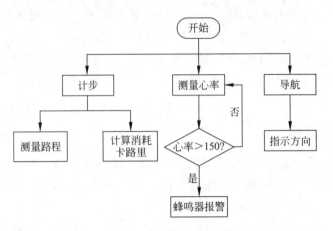

图 5-16　系统流程图

3）总电路图

系统总电路图如图 5-17 所示。

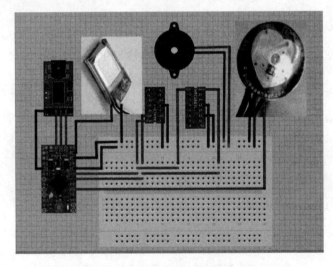

图 5-17　总电路图

3．模块介绍

该项目主要分为如下模块：三轴加速度 ADXL345 模块、电子罗盘 HMC5883L 模块、心率传感器与蜂鸣器模块。

1）三轴加速度 ADXL345 模块

功能介绍：ADXL345 可以在倾斜检测应用中测量静态重力加速度，还可以测量运动或冲击导致的动态加速度。其高分辨率（3.9mg/LSB），能够测量小于 1.0°的倾斜角度变化，提供多种特殊检测功能。活动和非活动检测功能通过比较任意轴上的加速度与用户设置的阈值来检测有无运动发生，敲击检测功能可以检测任意方向的单振和双振动作，自由落体检测功能可以检测器件是否正在掉落,这些功能可以独立映射到两个中断输出引脚中。低功耗模式支持基于运动的智能电源管理,从而以极低的功耗进行阈值感测和运动加速度测量。

元器件清单:ADXL345 加速度传感器、Arduino Pro mini、杜邦线。

电路图:该模块电路图如图 5-18 所示。

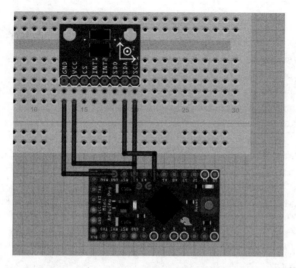

图 5-18　三轴加速度 ADXL345 模块电路图

相关代码:

```
void loop()
{
  //-------------- X 轴
  Wire.beginTransmission(ADXAddress);          //传到设备
  Wire.write(Register_X0);
  Wire.write(Register_X1);
  Wire.endTransmission();
  Wire.requestFrom(ADXAddress,2);
  if(Wire.available()<=2)
  {
    X0 = Wire.read();
    X1 = Wire.read();
    X1 = X1 << 8;
    X_out = X0 + X1;
  }//------------------ Y 轴
  Wire.beginTransmission(ADXAddress);          //传到设备
  Wire.write(Register_Y0);
  Wire.write(Register_Y1);
  Wire.endTransmission();
  Wire.requestFrom(ADXAddress,2);
  if(Wire.available()<=2)
```

```
{
    Y0 = Wire.read();
    Y1 = Wire.read();
    Y1 = Y1 << 8;
    Y_out = Y0 + Y1;
}
//------------------- Z轴
Wire.beginTransmission(ADXAddress);              //传到设备
Wire.write(Register_Z0);
Wire.write(Register_Z1);
Wire.endTransmission();
Wire.requestFrom(ADXAddress,2);
if(Wire.available()<=2)
{
    Z0 = Wire.read();
    Z1 = Wire.read();
    Z1 = Z1 << 8;
    Z_out = Z0 + Z1;
}

Xg = X_out/256.0;
Yg = Y_out/256.0;
Zg = Z_out/256.0;
```

2) 电子罗盘 HMC5883L 模块

功能介绍:霍尼韦尔 HMC5883L 是一种表面贴装的高集成模块,并带有数字接口的弱磁传感器芯片,应用于低成本罗盘和磁场检测领域。HMC5883L 包括最先进的高分辨率 HMC118X 系列磁阻传感器,并附带霍尼韦尔专利的集成电路,包括放大器、自动消磁驱动器、偏差校准、能使罗盘精度控制在 $1°\sim2°$ 的 12 位模数转换器,简易的 I^2C 系列总线接口。HMC5883L 采用无铅表面封装技术,带有 16 引脚,尺寸为 $3.0\text{mm}\times3.0\text{mm}\times0.9\text{mm}$。HMC5883L 的所应用领域有手机、笔记本电脑、消费类电子、汽车导航系统和个人导航系统。

元器件清单:电子罗盘 HMC5883L 模块、Arduino Pro mini、杜邦线。

电路图:该模块电路图如图 5-19 所示。

相关代码:

```
void loop(){
    int x,y,z;                            //三个坐标轴的数据
    //开始读数据
    Wire.beginTransmission(address);
    Wire.write(0x03);
    Wire.endTransmission();              //从每个坐标轴读数据,每个坐标轴两个传感器
    Wire.requestFrom(address, 6);
    if(6<=Wire.available()){
```

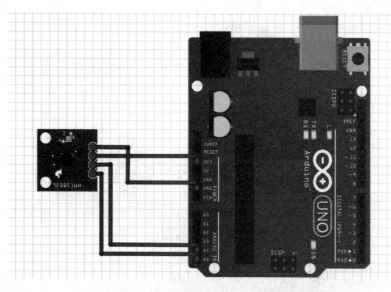

图 5-19　电子罗盘 HMC5883L 模块电路图

```
    x = Wire.read()<<8;
    x |= Wire.read();
    z = Wire.read()<<8;
    z |= Wire.read();
    y = Wire.read()<<8;
    y |= Wire.read();
}                                   //输出每个坐标轴的值
Serial.print("x: ");
Serial.print(x);
Serial.print("  y: ");
Serial.print(y);
Serial.print("  z: ");
Serial.println(z);
 delay(250);
}
```

3）心率传感器与蜂鸣器模块

功能介绍：心率传感器是用于脉搏心率测量的光电反射式模拟传感器。将其佩戴于手指、耳垂处，通过导线连接可将采集到的模拟信号传输给 Arduino 开发板转换为数字信号，通过 Arduino 开发板简单计算后就可以得到心率数值。此外，还可将脉搏波形上传到计算机上进行显示。蜂鸣器内部装有压电陶瓷片，若在蜂鸣器上加入音频信号，就能产生机械振动并发出响声。可作为故障报警使用，采用直流电压供电，广泛应用于计算机、打印机、复印机、报警器、电子玩具、汽车电子设备、电话机、定时器等电子产品中作为发声器件。

元器件清单：心率传感器、蜂鸣器、Arduino Pro mini、杜邦线。

电路图：该模块电路图如图 5-20 所示。

图 5-20 心率传感器与蜂鸣器模块电路图

相关代码：

```
void loop(){
    sendDataToProcessing('S', Signal);        //发送处理原始脉冲传感器数据
    if (QS == true){
        fadeRate = 255;                        //设置 fadeRate 变量为 255
sendDataToProcessing('B',BPM);
        sendDataToProcessing('Q',IBI);
        QS = false;
    }
  ledFadeToBeat();
  delay(500);
   if( BPM < 10)
{
for(int i = 200;i < = 800;i++)               //用循环的方式将频率从 200Hz 增加到 800Hz
    {
    pinMode(4,OUTPUT);
    newtone(4,i,5);                          //在 4 号端口输出频率
                                             //该频率维持 5ms
    }
  delay(500);                                //最高频率下维持 4s
```

```
for( int i = 800;i > = 200;i -- )
 {
    pinMode(4,OUTPUT);
    newtone(4,i,10);

    }
}
 else if (BPM > 150)
{
   for( int i = 200;i < = 800;i++)          //用循环的方式将频率从 200Hz 增加到 800Hz
   {
   pinMode(4,OUTPUT);
   newtone(4,i,5);                          //在 4 号端口输出 5ms
                                            //该频率维持 5s

   }
delay(500);                                 //最高频率下维持 4s
for( int i = 800;i > = 200;i -- )
   {
    pinMode(4,OUTPUT);
    newtone(4,i,10);
    }}}
```

5.3.4 产品展示

整体实物图如图 5-21 所示,最终演示效果图如图 5-22 所示。

图 5-21 整体实物图

其中,B 代表心率,S 代表路程,K 代表消耗的卡路里,D 代表方向。

图 5-22　最终演示效果图

5.3.5　故障及问题分析

（1）问题：Arduino 开发板串口接触不良。

解决方案：检查后发现是数据线损坏，更换数据线后可以正常工作。

（2）问题：电子罗盘传感器调试时接触不良。

解决方案：焊接后问题得到解决。

（3）问题：Arduino Pro mini 板上传代码时一直失败。

解决方案：查找资料后发现每次上传时都要在由编译完成到正在下载的瞬间按下复位键，非常复杂，重复了很多次才最终上传成功。

5.3.6　元器件清单

完成本项目所需要的元器件及其数量如表 5-3 所示。

表 5-3　运动手环元器件清单

元器件名称	数　量
Arduino Pro mini	1
ADXL345 加速度传感器	1
HMC5883L 电子罗盘传感器	1
心率传感器	1
蜂鸣器	1
显示屏	1
面包板	1
杜邦线	若干

参考文献

[1]　刘思言.可穿戴智能设备市场和技术发展研究[J].现代电信科技,2014,06:20-23、28.

[2]　刘思言.可穿戴智能设备引领未来终端市场诸多关键技术仍待突破[J].世界电信,2013,12:38-42.

[3]　友文.让生活更精彩——走进可穿戴智能设备[J].电脑知识与技术(经验技巧),2014,01:102-105.

[4]　李永华,高英,陈青云.Arduino软硬件协同设计实战指南[M].北京:清华大学出版社,2015.

5.4　项目26：星空墙壁灯

设计者：杨晓航,王迪,李新羽

5.4.1　项目背景

本项目属于目前比较火热的"智能家居"范畴,智能家居是在互联网的影响之下的物联化体现,智能家居通过物联网技术将家中的各种设备(如音视频设备、照明系统、窗帘控制、空调控制、安防系统等)连接到一起,提供家电控制、照明控制、电话远程控制、室内外遥控、防盗报警、环境监测、暖通控制、红外转发以及可编程定时控制等多种功能和手段。本项目主要实现的是"星空墙壁灯"(Starry Light)的制作及功能的实现。

本项目通过"星空墙壁灯"的设计,主要意图是实现一种智能的识别人体靠近的并且可播放音乐的墙壁灯,不仅在外形上给用户梦幻的感觉,在实际功能上也能满足智能家居需求。

5.4.2　创意描述

本项目着重的创新点主要有以下几点：首先,此星空墙壁灯不仅能实现随着人的移近而点亮,还有音乐播放的功能；其次,此墙壁灯里的小LED灯会随着音乐的节奏进行闪烁；最后,该星空墙壁灯可以实现Arduino播放音乐功能,并可以用遥控器控制歌曲转换。

5.4.3　功能及总体设计

要实现上述创意,首先需要人体感应传感器,可以感应是否有人靠近,从而控制灯的亮灭。除此之外,需要有音乐播放,实现对音乐的控制。

1. 功能介绍

"星空墙壁灯"的功能有：可以实现随着人体的靠近使墙壁灯点亮；Arduino可以自动播放存储在SD卡中的音乐；可以实现LED灯随着音乐的节奏闪烁；可以用遥控器实现控制歌曲的选择与播放。

2. 总体设计

该项目分为人体红外线热式电传感器部分、声强传感器部分、音乐播放部分和遥控部分来实现上述功能。

1）整体框架图

该项目整体框架图如图 5-23 所示。

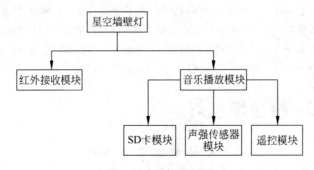

图 5-23　整体框架图

2）系统流程图

系统流程图如图 5-24 所示。

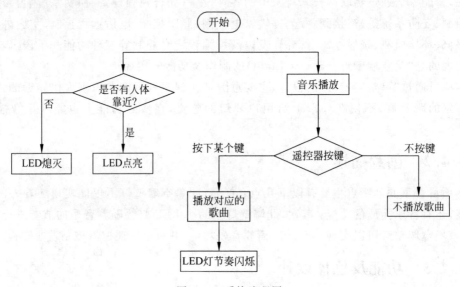

图 5-24　系统流程图

3）总电路图

系统总电路图如图 5-25 所示。

本电路包含四个模块，分别为人体红外线热释电传感器模块、声强传感器模块、音乐播放（TF）模块、红外遥控模块，并分别以棕色、绿色、黄色、灰色标出。

本电路中的 LED 灯共分为四个声强范围，分别接 Arduino 开发板的 3、5、7、8 接口，在实际展示的连接中，使用了并联方法，将每个声部并联了很多灯，按照星空的图案，最终形成星空的感觉。

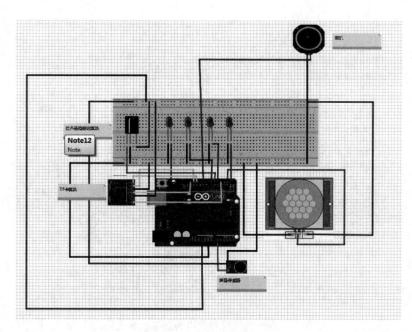

图 5-25　总电路图

3. 模块介绍

该项目主要分为四个模块：人体红外线热释电传感器模块、声强传感器模块、音乐播放模块和红外遥控模块。

1）人体红外线热释电传感器模块

功能介绍：人体红外线热释电传感器利用人体会发出固定波长的红外线的特性，同时使用菲涅尔镜可以增大人体感应范围，能够实现人体靠近时利用电荷转移的热释电现象而产生报警信号的功能。

元器件清单：人体红外线热释电传感器、LED 灯、杜邦线。

电路图：该模块电路图如图 5-26 所示。

如图 5-26 所示，该模块共有三个接口：VCC、OUT、GND。其中，OUT 端为数字输入，只有高低电平两个状态输入，其接 Arduino 开发板的 2 接口；LED 灯接 3 接口，其余接口，按照 VCC 与 GND 依次连接。

相关代码：

```
int Sensor_pin = 2;
int LED = 3;
void Blink()                      //LED 发光
{
for( int i = 0;i < 100;i++){
digitalWrite(LED,HIGH);           //发光
delay(2);
digitalWrite(LED,LOW);            //不发光
```

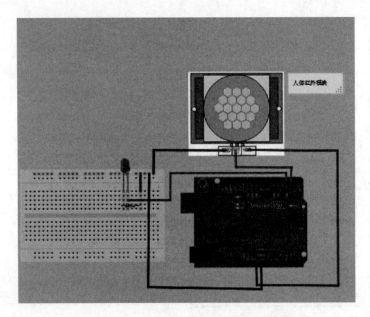

图 5-26　人体红外线热释电传感器模块电路图

```
  delay(2);                              //修改延时时间
  }
void setup()
  {
  pinMode(Sensor_pin,INPUT);             //设置人体红外接口为输入状态
  pinMode(LED ,OUTPUT);                  //设置 LED 为输出状态
  }
void loop()
  {
  int val = digitalRead(Sensor_pin);     //定义参数存储人体红外传感器读到的状态
  if(val == 1)                           //如果检测到有动物运动(在检测范围内)
  {
  Blink();
  }
  else
  {
  return;
  }
delay(100);                              //延时 100ms
  }
```

2) 声强传感器模块

功能介绍：声强传感器可以对周围环境中的声音强度进行检测,检测到声音的强度与输出电压成正比,并且可以进行模拟量的输入。本项目中用来检测 Arduino 播放音乐的强度,并以此为条件实现 LED 随不同强度的闪烁,实现与声音感知相关的互动效果。

元器件清单：声强传感器、LED 灯、杜邦线。

电路图：该模块电路图如图 5-27 所示。

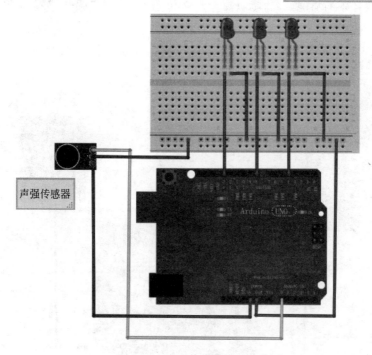

图 5-27　声强传感器模块电路图

声强传感器共有三个接口，分别为 VCC、OUT、GND。声强传感器输入的信号为模拟信号，因此输出端接 Arduino 开发板的 A0 接口；三个不同声强范围的 LED 灯分别接 Arduino 开发板的 4、8、13 接口。

相关代码：

```
Soundvalue = analogRead(A0);
 if(Soundvalue < 480)
{
 digitalWrite(LEDpin,HIGH); delay(100);      //当模拟值大于设定值后,点亮 LED
}
else if (Soundvalue > 480&&Soundvalue < 500)
{
  digitalWrite(LEDpina,HIGH); delay(100);
}
 else if (Soundvalue > 500)
{
  digitalWrite(LEDpinb,HIGH); delay(100);
}
```

3）音乐播放模块

功能介绍：此模块主要实现 Arduino 与 SD 卡模块结合进行音乐播放的功能。先将要播放的音乐转为.afm 文件存入格式化的 SD 卡中，通过 Arduino 软件自带的 SD 卡示例代码，实现自动播放音乐的功能，并将喇叭靠近声强传感器，实现声强传感器的不同声音强度模拟量的输入。

元器件清单：音乐播放模块、SD 卡、喇叭、杜邦线。

电路图：该模块电路图如图 5-28 所示。

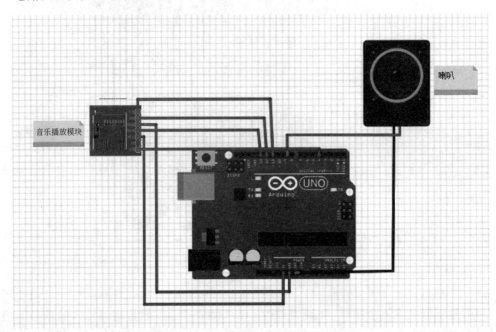

图 5-28　音乐播放模块电路图

音乐播放模块共有 7 个接口，在此使用其中的 6 个。若喇叭声音过小，可用音频接口连接音箱进行声音的放大。具体接口连接如表 5-4 所示。

表 5-4　音乐播放模块连接引脚

TF 卡	Arduino 引脚
CS	4 号引脚
MOSI	11 号引脚
MISO	12 号引脚
SCK	13 号引脚
VCC	VCC
GND	GND
喇叭	9 号引脚

相关代码：

```
#include <SimpleSDAudio.h>
void DirCallback(char * buf) {
  Serial.println(buf);
}

char AudioFileName[16];
#define BIGBUFSIZE (2 * 512)                //大于 2×512 可在 Arduino mega 中使用
uint8_t bigbuf[BIGBUFSIZE];
int freeRam () {
  extern int __heap_start, * __brkval;
  int v;
  return (int) &v - (__brkval == 0 ? (int) & __heap_start : (int) __brkval);
}
void setup()
{
  Serial.begin(9600);
   while (!Serial) {
    ;
  }
  Serial.print(F("Free Ram: "));
  Serial.println(freeRam());
  SdPlay.setWorkBuffer(bigbuf, BIGBUFSIZE);
  Serial.print(F("\nInitializing SimpleSDAudio V" SSDA_VERSIONSTRING " ..."));
  if(!SdPlay.init(SSDA_MODE_FULLRATE | SSDA_MODE_MONO | SSDA_MODE_AUTOWORKER)) {
    Serial.println(F("initialization failed. Things to check:"));
    Serial.println(F(" * is a card is inserted?"));
    Serial.println(F(" * Is your wiring correct?"));
    Serial.println(F(" * maybe you need to change the chipSelect pin to match your shield or
module?"));
    Serial.print(F("Error code: "));
    Serial.println(SdPlay.getLastError());
    while(1);
  } else {
    Serial.println(F("Wiring is correct and a card is present."));
  }
}
void loop(void) {
  uint8_t count = 0, c, flag;                //定义歌曲名类型
  Serial.println(F("Files on card:"));       //串口显示歌曲名
  SdPlay.dir(&DirCallback);
ReEnter:
  count = 0;
  Serial.println(F("\r\nEnter filename (send newline after input):"));
  do {
    while(!Serial.available()) ;             //表示当能读取到歌曲名时
```

```
        c = Serial.read();
        if(c > ' ') AudioFileName[count++] = c;  //数组顺序读取
    } while((c != 0x0d) && (c != 0x0a) && (count < 14));
    AudioFileName[count++] = 0;
    Serial.print(F("Looking for file... "));
    if(!SdPlay.setFile(AudioFileName)) {
        Serial.println(F(" not found on card! Error code: "));
        Serial.println(SdPlay.getLastError());
        goto ReEnter;
    } else {
        Serial.println(F("found."));
    }
    Serial.println(F("Press s for stop, p for play, h for pause, f to select new file, d for
deinit, v to view status."));
    flag = 1;
    while(flag) {
        SdPlay.worker();
        if(Serial.available()) {
            c = Serial.read();
            switch(c) {
                case 's':
                    SdPlay.stop();
                    Serial.println(F("Stopped."));  //停止
                    break;

                case 'p':
                    SdPlay.play();
                    Serial.println(F("Play."));     //播放
                    break;

                case 'h':
                    SdPlay.pause();
                    Serial.println(F("Pause."));    //暂停
                    break;

                case 'd':
                    SdPlay.deInit();
                    Serial.println(F("SdPlay deinitialized. You can now safely remove card. System
halted."));
                    while(1) ;
                    break;

                case 'f':
                    flag = 0;
                    break;

                case 'v':
```

```
            Serial.print(F("Status: isStopped = "));
            Serial.print(SdPlay.isStopped());
            Serial.print(F(", isPlaying = "));
            Serial.print(SdPlay.isPlaying());
            Serial.print(F(", isPaused = "));
            Serial.print(SdPlay.isPaused());
            Serial.print(F(", isUnderrunOccured = "));
            Serial.print(SdPlay.isUnderrunOccured());
            Serial.print(F(", getLastError = "));
            Serial.println(SdPlay.getLastError());
            Serial.print(F("Free RAM: "));
            Serial.println(freeRam());
            break;
        }
      }
    }
}
```

4) 红外遥控模块

功能介绍：红外遥控模块的主要功能是根据遥控器各按键对应的编码不同，控制各种功能的实现。首先，要确认遥控器各按键对应的编码，然后再以此为命令，控制按键实现 Arduino 的自动播放音乐和选歌功能。

元器件清单：38kHz 红外接收模块、红外遥控器、杜邦线。

电路图：该模块电路图如图 5-29 所示。

红外遥控模块共有三个接口：OUT、GND、VCC。将红外接收头的圆头朝向自己，依次便是；将 OUT 端接 Arduino 开发板的 6 号引脚，其余依次接电源和地。

相关代码：

```
//遥控器每个按键代码实现部分
    # include < IRremote. h >
    int RECV_PIN = 6;                    //红外一体化接收头连接到 Arduino 6 号引脚
    IRrecv irrecv(RECV_PIN);
    decode_results results;              //用于存储编码结果的对象

    void setup()
{
    Serial.begin(9600);                  //初始化串口通信
    irrecv.enableIRIn();                 //初始化红外解码
}

    void loop() {
    if (irrecv.decode(&results)) {
    Serial.println(results.value, HEX);
    irrecv.resume();                     //接收下一个编码
    }
```

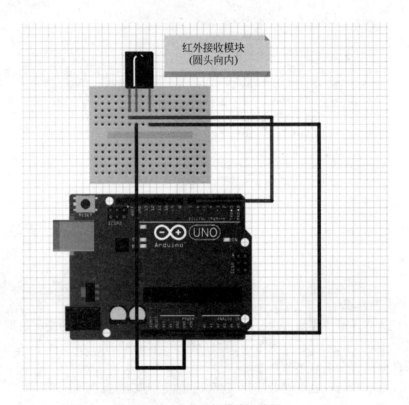

红外接收模块
(圆头向内)

图 5-29　红外遥控模块电路图

```
    }
  //遥控器控制选歌及音乐播放部分
    # include < IRremote. h >
    IRrecv irrecv(RECV_PIN);
    decode_results results;                        //用于存储编码结果的对象
    irrecv. resume();
while(!irrecv.decode(&results)){Serial.println("enter");irrecv.decode(&results);}
        if( results.value == 0xFD20DF)         //4 按键
          {
            input = 's';
          }
        else if(results.value == 0xFDA05F)      //5 按键
          {
            input = 'p';
          }
        switch(input) {
          case 's':
            SdPlay.stop();
            Serial.println(F("Stopped."));
            break;
```

```
        case 'p':
            SdPlay.play();
    }
    irrecv.resume();
```

5.4.4　产品展示

整体实物图如图 5-30 所示,最终演示效果图如图 5-31 所示。

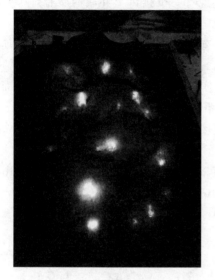

图 5-30　整体实物图

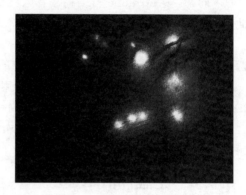

图 5-31　最终演示效果图

5.4.5　故障及问题分析

(1) 问题:在人体红外线热释电传感器模块的使用中,发现人体靠近时 LED 会亮,但是在一定时间范围内一直闪烁,不能实现人靠近时灯一直亮。

解决方案:仔细阅读说明书,发现此传感器在接收了高电平后会有一段缓冲时间,在这段时间内不再接收任何电平,而且此传感器为移动型传感器,只有在脉冲发生瞬时的变化时才会产生反应,所以会出现闪烁现象,可以通过调节传感器本身的按钮来控制延时时间或者在程序中写入。

(2) 问题:遥控器每个按键码识别的时候,会接收到 FFFFFF 代码。

解决方案:经过查询知道这种情况是由于按键过快,使得不同的红外发射信号在接收端混淆造成,只要控制按键的速度即可修正这一问题。

(3) 问题:音乐播放模块实现音乐播放时,在卡与引脚全部匹配正确后,仍然不会在串口显示"播放"、"暂停"、"停止"等选择语句。

解决方案:经过一步步的排查,发现此 SD 卡一直是通过手机连接来实现歌曲文件的导入/导出,而连入手机后并不会使此 SD 卡进行真正的格式化,总会有一些手机文件残留,当选择使用读卡器之后,这个问题便得到了解决。

(4)问题:当分别实现了四个模块的功能后,因为 SD 卡部分的示例代码复杂,导致不能使四个部分的功能完全实现。

解决方案:对代码进行细致的分析,采取了循环套用的方法,设定一个总的时间 T,使得每首歌的播放都采用循环结构,并且将最开始的歌曲文件改变了变量类型,因为 C 语言不能定义字符串类型,所以使用数组的形式让歌曲名一个一个读入进去。

(5)问题:在实现了所有声部的灯组装之后,发现有一个接口上并联的所有灯一直亮着,检查了外部连线之后发现没有问题。

解决方案:后来进一步排查,发现是代码部分没有让 5 端口的灯熄灭的命令语句,加上一句命令行之后就可以实现灯的亮灭转换。

(6)问题:在 Arduino 自动播放音乐模块,能够实现喇叭放出歌曲,但是声音太小而且彼此间声强的区分度很小,在尝试着连上 LM386 后不能实现放大功能。

解决方案:决定用音箱尝试自动放大,买了音频接口并且进行了焊接,使得它能从中引出两根导线最后插在面包板上,实现了声音的放大。

(7)问题:在所有模块都连接好之后,用一块布罩在上面,实现星空的感觉,但是由于 LED 灯的亮度过大,导致被布吸收之后只剩一个个小亮点,演示效果不好。

解决方案:在思考过后,决定用棉花来分散 LED 灯发出的光,实现星空的感觉,不至于使每一个小灯的光强太大。

5.4.6　元器件清单

完成本项目所需的元器件及其数量如表 5-5 所示。

表 5-5　星空墙壁灯设计元器件清单

元器件名称	数量
Arduino 开发板	1
USB 数据线	1
人体红外线热释电传感器	1
声强传感器	1
音乐播放模块	1
38kHz 红外接收模块	1
红外遥控器	1
杜邦线	若干
LED 灯	若干

参考文献

[1]　极客工坊. Arduino 播放音乐教程[J/OL]. http://www.geek-workshop.com/thread-2611-1-1.html

[2]　Arduino中文社区. Arduino 示例教程模块版——7、红外遥控实验[J/OL]. http://www. Arduino.

cn/thread-3259-1-1.html

[3]　李永华,高英,陈青云. Arduino 软硬件协同设计实战指南[M].北京：清华大学出版社,2015.

5.5　项目 27：智能导盲棍

设计者：王嘉盛,陈豪庭,郭宸辰

5.5.1　项目背景

盲杖可以在盲人外出时起到避障的作用,方便盲人出行,但是,盲人使用盲杖行走时,无法感知前方一定距离内是否有障碍物,也无法感知障碍物是否可跨过,更无法在走失或遇到意外情况时让家人迅速接收到自己的位置。所以,一般的导盲棍仍然无法很好地解决盲人出行不便的问题。因此,制作一款智能导盲棍,补足上述缺点是非常有必要的。

本项目的智能导盲棍,设计旨在让盲人正确接收到障碍物的具体信息,并提示盲人如何避障,让盲人的出行更加便利。此外,在盲人走失或遇到意外状况时,可以让家人及时了解到盲人的位置,让盲人的出行得到更安全的保障。

5.5.2　创意描述

本项目的创新点包括以下两项：

(1) 语音提示功能：智能导盲棍能让盲人迅速接收障碍物信息,并告诉盲人如何避障,方便盲人出行,让盲人能够在目不能视的情况下较好地感知外界环境。

(2) 短信发送位置信息功能：当盲人走失或遇到意外状况时,可以刷专用 NFC 卡将自己的位置信息以短信的方式发送到家人的手机,让家人及时接收到盲人的求助信号和位置信息,使盲人的出行得到更加安全的保障。

5.5.3　功能及总体设计

基于以上创意,需要在导盲棍上添加一些模块,在避障的同时进行语音提示,在特定的情况下可以完成短信发送的功能。

1. 功能介绍

该产品实现的功能有：

(1) 测距功能：使用上下两个超声波测距模块测量前方障碍物的距离。

(2) 语音提示功能：使用语音模块提示盲人障碍物信息(距离以及是否可跨过),并提示盲人如何避障。

(3) 定位功能：使用 GPS 模块定位。

(4) 短信发送位置信息功能：使用 NFC 模块和 SIM900 模块将位置信息远程传输到手机。

2. 总体设计

根据上述功能,将项目对应的四个部分分别进行设计：测距部分、语音提示部分、定位部分和短信发送部分。

1）整体框架图

项目整体框架图如图 5-32 所示。

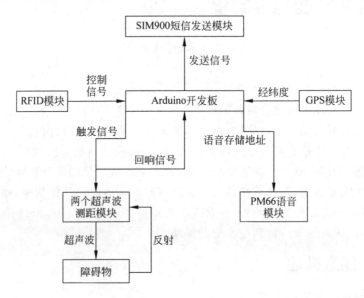

图 5-32　整体框架图

2）系统流程图

系统流程图如图 5-33 所示。

3）总电路图

系统总电路图如图 5-34 所示。

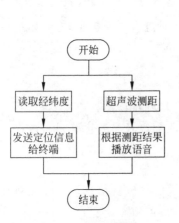

图 5-33　系统流程图

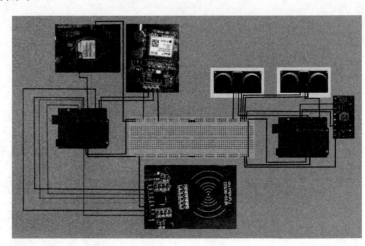

图 5-34　总电路图

如图 5-34 所示,用了两块 Arduino 开发板,分别负责两个功能部分。第一个开发板用作语音导盲,与两个超声波传感器连接,分别有一个输入与一个输出端,VCC 与 GND 通过面包板对应相连。PM66 是语音模块,一个数据输入端、一个时钟输入端分别与 Arduino 两个端口连接,VCC 与 GND 通过面包板与 Arduino 开发板相连。第二个 Arduino 开发板用作 GPS 定位及坐标发送。SIM900 与 GPS 模块两个串口分别与 Arduino 开发板的两个端口连接,RFID 模块的 7 个工作端口与 Arduino 开发板的 7 个数字端相连。VCC 与 GND 通过面包板对应相连。需要注意的是,RFID 需要 3.3V 供电。

3. 模块介绍

该项目主要有五个模块:超声波测距模块、语音模块、GPS 模块、RFID 模块和 SIM900 模块。

1)超声波测距模块

功能介绍:Arduino 开发板给该模块发送触发信号,该模块便能自动发送并检测超声波信号,开发板接收超声波模块的回响信号便能测得前方障碍物的距离(单位为 cm)。

元器件清单:该模块所需的元器件及其数量如表 5-6 所示。

表 5-6 超声波测距模块元器件清单

元器件名称	数 量
超声波测距模块	2
Arduino 开发板	1

电路图:该模块电路图如图 5-35 所示。

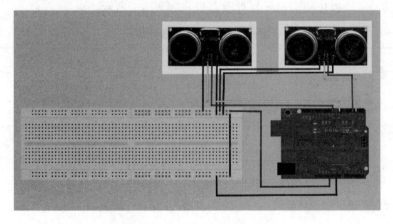

图 5-35 超声波测距模块电路图

相关代码:

```
digitalWrite(TrigPin1, LOW);
delayMicroseconds(2);
```

```
digitalWrite(TrigPin1, HIGH);
delayMicroseconds(10);                          //产生一个 10μs 的高脉冲去触发 TrigPin
digitalWrite(TrigPin1, LOW);
distance1 = pulseIn(EchoPin1, HIGH) / 58.00;
                                                //把超声波从发送到返回的时间换算成距离
Serial.println(distance1);
delay(500);
digitalWrite(TrigPin2, LOW);                    //两个超声波传感器轮流测量距离
delayMicroseconds(2);
digitalWrite(TrigPin2, HIGH);
delayMicroseconds(10);
digitalWrite(TrigPin2, LOW);
distance2 = pulseIn(EchoPin2, HIGH) / 58.00;
 Serial.println(distance2);
delay(500);
```

2) 语音模块

功能介绍：两个超声波测距模块在导盲棍上的位置一低一高，设低处测得距离为 d_1（单位为 cm），高处测得距离为 d_2（单位为 cm），它们同语音模块和开发板连接后，如果 $d_1>1000$ 且 $d_2>1000$，则语音模块发出提示语音"保持直行"；如果 $d_1<100$ 且 $d_2<100$，则语音模块发出提示语音"前方 1 米内有大障碍"；如果 $d_1<100$ 且 $d_2>100$，则语音模块发出提示语音"前方 1 米内有可跨过障碍"；如果 $d_2<200$，则语音模块发出提示语音"前方 2 米内有大障碍"；如果 $d_1<200$ 且 $d_2>200$，则语音模块发出提示语音"前方 2 米内有可跨过障碍"；如果 $d_1>200$ 且 $d_2>200$，则语音模块发出提示语音"前方 2 米内无障碍物，可放心直行"。

元器件清单：该模块所需的元器件及其数量如表 5-7 所示。

表 5-7 语音模块元器件清单

元器件名称	数量
超声波测距模块	2
语音模块 PM66	1
Arduino 开发板	1

电路图：该模块电路图如图 5-36 所示。
相关代码：

```
void sp(unsigned char k1_data)
{
  unsigned char i;

  digitalWrite(K2, HIGH);
  delayMicroseconds(2);

  digitalWrite(K1, LOW);
```

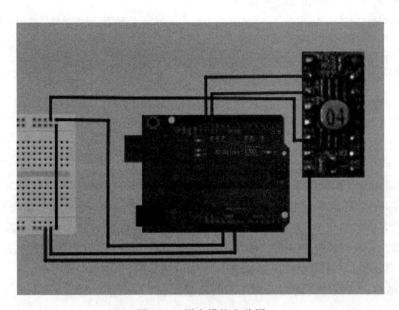

图 5-36 语音模块电路图

```
delayMicroseconds(2);

delay(25);

digitalWrite(K1, HIGH);
delayMicroseconds(2);

delay(25);

for (i = 0;i < 8;i++)                         //串行输入 8 位二进制地址码
{
  digitalWrite(K2, LOW);
  delayMicroseconds(2);

  if ((k1_data&0X01) == 1)                    //判断地址码最后一位是 1 还是 0
  {
    digitalWrite(K1, HIGH);
    delayMicroseconds(2);
  }
  else
  {
    digitalWrite(K1, LOW);
    delayMicroseconds(2);
  }
  k1_data = k1_data >> 1;                      //地址数据右移,始终判断最后一位
  delay(50);
```

```
        digitalWrite(K2, HIGH);                      //上升沿触发,将串行地址数据锁存
        delayMicroseconds(2);

        delay(50);
    }
    digitalWrite(K1, HIGH);
    delayMicroseconds(2);
}
```

3）GPS 模块

功能介绍：GPS 模块就是集成了 RF 射频芯片、基带芯片和核心 CPU，并加上相关外围电路而组成的一个集成电路。目前 GPS 模块的芯片大部分还是采用全球占有率第一的 SiRFIII 系列为主。由于 GPS 模块采用的芯片组不一样，性能和价格也有区别，采用 SiRF 三代芯片组的 GPS 模块性能较好。现阶段芯片也持续在升级，总体灵敏度提高了不少，缩短了定位时间，同时也帮助客户快速地进入定位应用状态。

元器件清单：该模块所需的元器件及其数量如表 5-8 所示。

表 5-8　GPS 模块元器件清单

元器件名称	数　量
GPS 模块	1
天线	1
Arduino 开发板	1

电路图：该模块电路图如图 5-37 所示。

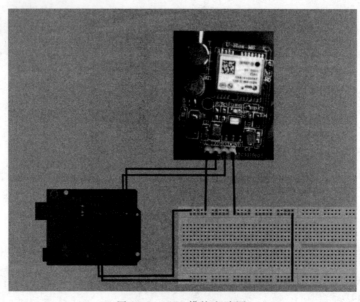

图 5-37　GPS 模块电路图

相关代码：

```
//1s 进行一次 GPS 数据刷新
for (unsigned long start = millis(); millis() - start < 1000;)
{
  while (ss.available())
  {
    char c = ss.read();
    Serial.write(c);                    //侦测是否有数据更新
    if (gps.encode(c))
      newData = true;
  }
}

  unsigned long age;
if (newData)                            //存在数据更新
{
  gps.f_get_position(&flat, &flon, &age);
  flat == TinyGPS::GPS_INVALID_F_ANGLE;  //获取 flat 信息
  a = flat;                             //整数部分给 a 方便输出
  Serial.print(flat);                   //串口检测是否有值
  flon == TinyGPS::GPS_INVALID_F_ANGLE;  //获取 flon 信息
  b = flon;                             //整数部分给 b 方便输出
}
Else                                    //若未出现则进入此循环
{
  Serial.println(" ** No characters received from GPS: check wiring ** ");
  Serial.println(".................................................");
  delay(1000);
}
```

4）RFID 模块

功能介绍：MF RC522 是高度集成的非接触式（13.56MHz）读写卡芯片。此发送模块利用调制和解调的原理，并将它们完全集成到各种非接触式通信方法和协议中。使用这个模块主要是与 RFID 卡片结合起来，通过读取卡片信息实现开关功能，控制发送短信。

元器件清单：该模块所需的元器件及其数量如表 5-9 所示。

表 5-9 RFID 模块元器件清单

元器件名称	数 量
RFID-RC522	1
RFID 卡片	1
Arduino 开发板	1

电路图：该模块电路图如图 5-38 所示。

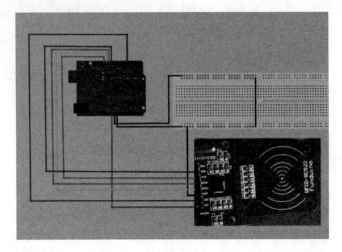

图 5-38 RFID 模块电路图

相关代码：

```
uchar status;
uchar str[MAX_LEN];
int nfc = 0;
//检索卡片,返回卡的类型
status = MFRC522_Request(PICC_REQIDL, str);
if (status != MI_OK)
{
    return;
}
ShowCardType(str);                          //串口输出卡的类型
status = MFRC522_Anticoll(str);
if (status == MI_OK)
{
    Serial.print("The card's number is: ");
    memcpy(serNum, str, 5);
    ShowCardID(serNum);                     //串口输出卡号
    //通过卡号的不同识别不同的人
    uchar * id = serNum;
    if( id[0] == 0x4B && id[1] == 0xE6 && id[2] == 0xD1 && id[3] == 0x3B )
    {
        Serial.println("Hello Mary!");
    } else if(id[0] == 0x3B && id[1] == 0xE6 && id[2] == 0xD1 && id[3] == 0x3B)
    {
        Serial.println("Hello Greg!");
    }else{

        nfc = 1;                            //识别到特定的卡后,开关变量置 1
    }
}
```

5) SIM900 模块

功能介绍：装入手机卡,向 SIM900 模块发送特定的 AT 指令,可以发送短信。

元器件清单：该模块所需的元器件及其数量如表 5-10 所示。

表 5-10 SIM900 模块元器件清单

元器件名称	数 量
SIM900	1
手机 SIM 卡	1
Arduino 开发板	1
天线	1

电路图：该模块电路图如图 5-39 所示。

相关代码：

```
void sendSMS(String message)
{
SIM900.print("AT + CMGF = 1\r");                          //AT 指令,以 txt 文本模式发送短信
delay(100);
SIM900.println("AT + CMGS = \" + 8613969628382\"");       //指定接收的电话号码
delay(100);
SIM900.println(message);                                  //发送短信
delay(100);
SIM900.println((char)26);                                 //以字母 z 结束 AT 指令
delay(100);
SIM900.println();
delay(5000);
}
```

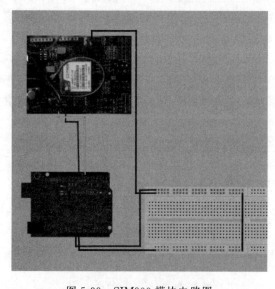

图 5-39 SIM900 模块电路图

5.5.4 产品展示

整体实物图如图 5-40 所示。

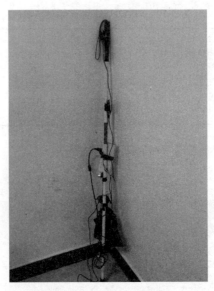

图 5-40 整体实物图

5.5.5 故障及问题分析

(1) 问题：两个超声波传感器只有其中一个正常工作，另一个测距总为 0。

解决方案：当同时向两个超声波传感器发送触发电平时，回波会相互干扰，严重影响测量结果。当改成轮流发送触发电平，调整好间隔周期，可解决故障。

(2) 问题：超声波测距结果有时会有错误，造成误报。

解决方案：超声波传感器对障碍物及测量环境有一定要求。数据手册说明，只有当被测障碍物面积大于 $0.5m^2$，且表面平整时，才能得到较准确的结果。实际调测时，在实验环境较好情况下可得到准确结果。在不考虑成本的情况下，可用激光传感器等精度较高的测距传感器代替。

(3) 问题：PM66 语音播报时前后段重叠，播放语句不完整。

解决方案：间隔时间过短，调整延迟时间后，可以听到清晰完整的语句。

(4) 问题：SIM900 不能成功发送短信。

解决方案：没有认真阅读数据手册，接线错误，且没有获得较稳定的信号。连接正确后，在信号接收较好时，成功发送短信。

5.5.6 元器件清单

完成该项目所需的元器件及其数量如表 5-11 所示。

表 5-11　智能导盲棍设计元器件清单

元器件名称	数　量
超声波测距模块	2
语音模块 PM66	1
GPS 模块	1
天线	2
RFID-RC522	1
RFID 卡片	1
SIM900	1
手机 SIM 卡	1
长棍	1
面包板	2
Arduino 开发板	2
导线	若干
移动电源	1

参考文献

[1] 百度文库. 超声波测距模块用户手册 V1.0[J/OL]. http://wenku. baidu. com/link? url＝0c0naJb3LChnShWc44SPNNXKc-0GS1Lth24V2OGzsCiEUAn1In4xug1CFFzC0r4xbCqcXawoXBfDSh SuzYsmMID-ZtuM7EKc1dV7Vo1Xwem

[2] 道客巴巴. PM66 语音芯片应用手册 V2.0[J/OL]. http://www. doc88. com/p-6911973126234. html

[3] GPS 模 块 数 据 手 册 V1.0[J/OL]. http://wenku. baidu. com/link? url＝5vazRIoAJ-AyMzmE4nUHxN7KnmRYnzgwzzNIehymEZd2gXJN8D1tPH3l_WirTHmiRyxj8DPPcmca_KWVcyh MyifUfzeMKx9qPGC5fS4Y_FS

[4] RFID-RC522 数 据 手 册 V1.0[J/OL]. http://wenku. baidu. com/link? url＝aW0Tb_58bEm-YHyoBCieDUJ1_C5p17f4MAVuvOBEHBebaR0vcLi1YcOjeUdd1l69PCKk4Zyuoh M9i2MVXrHLAyb AO_URzxPJTE20V6hM-Qm

[5] SIM900数据手册 V1.0.0[J/OL]. http://wenku. baidu. com/link? url＝aexRXQ822IapdnQ2j3zaqfQj611d_XXihumaYx0qCOiEsGUkl0t7p5zrXSHuuQIn7NdxHFCbyY3bBD4B0BpxjISKODqhXXLB7JVOk_cCU1u

[6] 李永华,高英,陈青云. Arduino 软硬件协同设计实战指南[M]. 北京:清华大学出版社,2015.

第6章

其他创意类开发案例

6.1 项目28：水幕时钟

设计者：赵月，王彦杰，刘美忆

6.1.1 项目背景

本项目基于 Arduino 控制的创意艺术品，富有创意的水幕时钟带给人们不一样的控制时间的方式。数字水幕技术成为新的媒体显示技术。数字水幕是通过水的自由落体拼成需要的任意文字水幕和图案，不同的出水长度就可以在离开出水口到达水面的瞬间组成所需要的水幕图形、文字水幕，通过外置 LED 灯配合出水频率，让展示的文字水幕和图文水幕呈现出五颜六色的数字图文效果。

这种水幕时钟可以制作成大型的水景观；可作为广告媒体，由计算机程序控制显示出各种图像和文字，也可以充当大型宣传显示屏幕，表演的效果极佳；可以用于舞台展示、开业典礼等商业用途，呈现具有灵魂并且十分美妙的活动现场景观工程。如果进一步制作，可以考虑进行激光立体水幕投影的研究，使用激光控制系统编程控制，可用于室内、场馆等场所，独具新意，更能增加朦胧美感。

6.1.2 创意描述

作为创意艺术品，它带来了新的显示特色。用 LED 组成时钟，以跑马灯的形式显示时间，以水幕为其带来灵动的效果，通过水的折射，使得显示效果更为突出。自上而下的水幕可以形成不同的图案，同时可以用感应模块控制其开关。本项目的创新点在于：跑马灯显示数字，有手写变换的即时感；封装的时钟与水幕分离，可以单独使用；四个数字分别编码，控制自如；挡板旋转，控制不同位置的水滴落下，产生不同的图案；上下水循环利用。

6.1.3 功能及总体设计

该作品主要分为三个部分进行设计：时钟部分、跑马灯部分和红外避障部分。时钟部分主要功能是进行时间的设置；跑马灯部分由 51 个 LED 灯连接成电路,组成数字 8,以跑马灯的形式模仿手写效果,可显示数字 0～9;红外避障部分通过红外模块感应障碍物控制步进电机的转动,达到避障的目的。

1. 功能介绍

这种简易的水幕时钟,可以通过自己调节,使其任意显示与数字有关的信息,无论是年月日、时分秒还是倒计时,都可以完成。其灯光效果也可以根据自己的喜好,调节其跑动频率和闪烁间隔。

该水幕时钟实现了时钟的实时显示;跑马灯分位显示数字;控制不同位置水流滴落,形成既定图形;红外模块作为感应开关使用,控制步进电机运转。

2. 总体设计

要实现上述功能,需要将作品分成三部分进行设计:时钟部分、跑马灯部分和红外避障部分。

1) 整体框架图

项目整体框架图如图 6-1 所示。

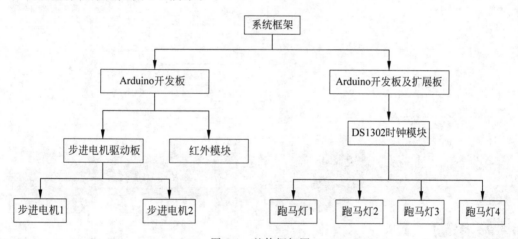

图 6-1　整体框架图

两个步进电机驱动板和一个红外模块连接到第一个 Arduino 开发板,每个步进电机驱动板控制一个电机;DS1302 时钟模块和四个跑马灯模块连接到第二个 Arduino 开发板,用作时钟模块控制跑马灯的显示。

2) 系统流程图

系统流程图如图 6-2 所示。

接通电源以后,如果红外模块触发,则步进电机运行,与步进电机粘连的挡板转动,依次挡住各个出水孔,实现水帘流动效果;时钟模块输出四个变量,控制四个跑马灯显示小时和分钟。

3) 总电路图

系统总电路图如图 6-3 所示。

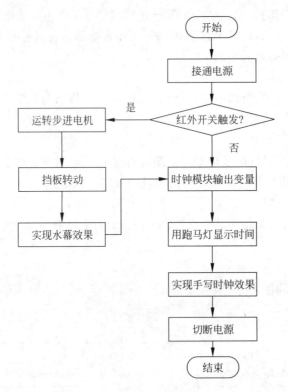

图 6-2　系统流程图

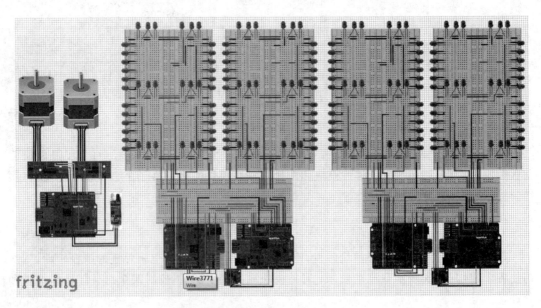

图 6-3　总电路图

如图 6-3 所示,从左到右依次是带红外避障模块的步进电机模块组、LED 小时和分钟显示模块组。

其中,步进电机模块组有一块 Arduino 开发板,分别通过 2、3、4、5 口和 8、9、10、11 口连接步进电机驱动板,7 口接入红外避障模块,然后对应的 5V 电压极和 GND 极接好即可。

LED 模块用相同的接法连接四次,类似于数字电路实验中的数码管的模式,把数字分为了 7 个横条,每个横条上所有的 LED 均为并联,地线统一连接到面包板一个口上,7 条 LED 并联路线的正极也分别按次序连接到面包板上,再以 2~8 的顺序接到开发板上。加入了时钟模块,因为是一个开发板控制两个 LED 显示电路,所以先接在面包板上,再分别接在两个开发板的 9、10、11 三个接口上。

因为总电路图比较复杂,可能导致图片不清楚,在下面也有清楚的实物接线图展示。

3. 模块介绍

本项目主要包括以下几个模块:时钟模块、跑马灯模块、步进电机及红外避障模块。

1) 时钟模块

功能介绍:设置时间,并即时显示时间,确保显示内容的正确性。将时分秒的十位和个位分别设置为变量,从而与跑马灯进行连接。

元器件清单:DS1302 时钟模块、杜邦线。

电路图:时钟模块接线图如图 6-4 所示,时钟模块电路原理图如图 6-5 所示。

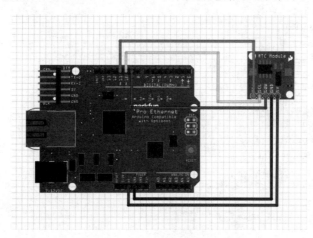

图 6-4　时钟模块接线图

相关代码:通过已知的时钟模块的引脚,改变其高低电平,产生按照既定的时钟方式计数。

```
//定义管口
#define DS1302_SCLK_PIN    9              //串行时钟引脚
#define DS1302_IO_PIN      10             //数据 I/O 引脚
#define DS1302_CE_PIN      11             //芯片 Enable 引脚
//利用结构体,定义日期、星期以及时分秒的变量,并将十位与个位提取出来
```

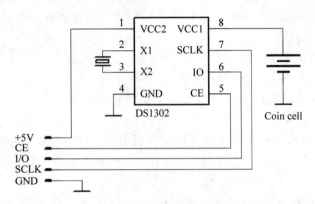

图 6-5　时钟模块电路原理图

```
#define bcd2bin(h,l)    (((h) * 10) + (l))
#define bin2bcd_h(x)    ((x)/10)
#define bin2bcd_l(x)    ((x) % 10)
typedef struct ds1302_struct
{
  uint8_t Seconds:4;                    //低位十进制数字 0～9  整型对应:1 字节:unit_8
  uint8_t Seconds10:3;                  //高位十进制数字 0～5    2 字节:unit_16
  uint8_t CH:1;                         //CH = Clock Halt,即时钟停止
  uint8_t Minutes:4;
  uint8_t Minutes10:3;
  uint8_t reserved1:1;
  union
  {
    struct
    {
      uint8_t Hour:4;
      uint8_t Hour10:2;
      uint8_t reserved2:1;
      uint8_t hour_12_24:1;             //24 小时格式
    } h24;
    struct
    {
      uint8_t Hour:4;
      uint8_t Hour10:1;
      uint8_t AM_PM:1;
      uint8_t reserved2:1;
      uint8_t hour_12_24:1;             //12 小时格式
    } h12;
  };
//在 setup 里面赋值
seconds     = 42;
minutes     = 14;
hours       = 14;
```

```
dayofweek    = 1;                                    //一周天数,1~7
dayofmonth = 4;                                      //一个月天数,1~31
month        = 5;                                    //1~12 月
year         = 2015;
//在 setup 里对十位、个位的定义
rtc.Seconds      = bin2bcd_l(seconds);
rtc.Seconds10    = bin2bcd_h(seconds);
rtc.CH           = 0;                                //1 表示时钟停止, 0 表示时钟工作
rtc.Minutes      = bin2bcd_l(minutes);
rtc.Minutes10    = bin2bcd_h(minutes);
//为跑马灯模块定义对应的端口
for( int i = 2;i < 9;i++ )                           //对端口的定义
    { pinMode(i, OUTPUT);}
    ♯ endif
//时钟与跑马灯显示相对应的函数
void run( int j)
{
  switch(j)
  {
    case 0:
    number0();
    break;
    case 1:
    number1 ();
    break;
    case 2:
    number2 ();
    break;
    case 3:
    number3 ();
    break;
    case 4:
    number4 ();
    break;
    case 5:
    number5 ();
    break;
    case 6:
    number6();
    break;
    case 7:
    number7 ();
    break;
    case 8:
    number8 ();
    break;
    case 9:
```

```
        number9 ();
        break;
        default:
        " fause ";
        break;
    }
  }
//loop 中, 将 BCD 码转换成 2 位十进制, 打印输出
sprintf( buffer, "Time = % 02d: % 02d: % 02d, ",
    bcd2bin( rtc. h24. Hour10, rtc. h24. Hour),
    bcd2bin( rtc. Minutes10, rtc. Minutes),
    bcd2bin( rtc. Seconds10, rtc. Seconds));
    Serial. print(buffer);
//loop 中, 以跑马灯, 执行对应的变量显示
run( rtc. Minutes);
//时钟在启动时, pin 为高阻, 由于存在下拉电阻, 所以一直到 DS1302 使用, 信号保持在低电平
void _DS1302_start( void)
{
  digitalWrite( DS1302_CE_PIN, LOW);
  pinMode( DS1302_CE_PIN, OUTPUT);

  digitalWrite( DS1302_SCLK_PIN, LOW);
  pinMode( DS1302_SCLK_PIN, OUTPUT);

  pinMode( DS1302_IO_PIN, OUTPUT);

  digitalWrite( DS1302_CE_PIN, HIGH);
  delayMicroseconds( 4);                //tCC = 4us
}
//以 toggleread 函数为例, 显示函数发生与停止和高低电平转换的关系
uint8_t _DS1302_toggleread( void)
{
  uint8_t i, data;

  data = 0;
  for( i = 0; i <= 7; i++)
  {  digitalWrite( DS1302_SCLK_PIN, HIGH); //时钟信号脉冲
    delayMicroseconds( 1);
    digitalWrite( DS1302_SCLK_PIN, LOW);   //时钟关闭, 日期改写
    delayMicroseconds( 1);                 //tCL = 1000ns, tCDD = 800ns

    bitWrite( data, i, digitalRead( DS1302_IO_PIN));
  }
  return( data);
}
```

2）跑马灯模块

功能介绍：由 51 个 LED 灯连接成电路，组成数字 8；以跑马灯的形式模仿手写效果，可显示数字 0～9。

元器件清单：204 个 LED 灯、杜邦线、8 个面包板。

电路图：LED 跑马灯模块连接图如图 6-6 所示，LED 跑马灯模块电路原理图如图 6-7 所示。

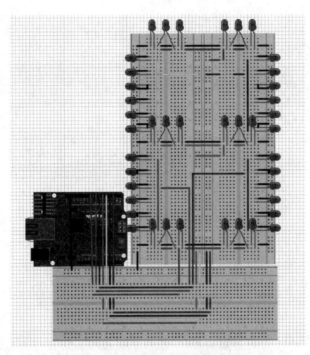

图 6-6　LED 跑马灯模块连接图

相关代码：

```
void number0 ( )                           //数字 0
{
  int De0 = 100;                           //设置延时时间
digitalWrite(2,HIGH);                      //在相应的引脚设置高低电平,控制其点亮或熄灭
delay(De0);                                //延时对应相应电平的保持时间,即点亮或熄灭的时间
digitalWrite(3,HIGH);
delay(De0);
digitalWrite(6,HIGH);
delay(De0);
digitalWrite(8,HIGH);
delay(De0);
digitalWrite(7,HIGH);
delay(De0);
```

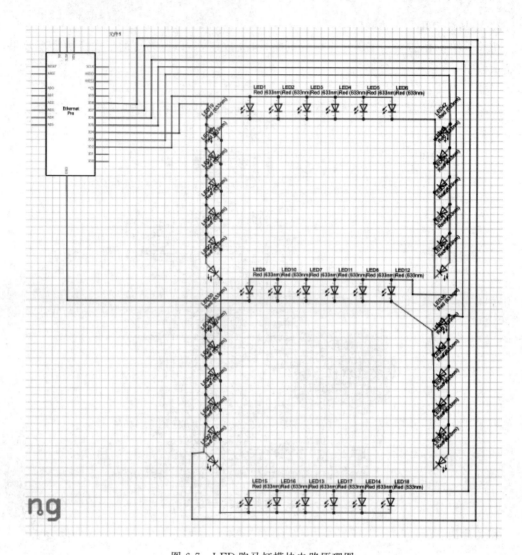

图 6-7 LED 跑马灯模块电路原理图

```
digitalWrite(4,HIGH);
delay(300);
delay(1200);                          //更改延时时间,可以调整时钟点亮的时间,从而达到
预期效果
for(int i = 2;i < 9;i++)
{ digitalWrite(i,LOW);}
}
```

数字 1～9 函数类似,这里不再列出。

3)步进电机及红外避障模块

功能介绍:两个步进电机轴同时旋转,方向相反。红外模块作为感应开关,精确度高,

每次感应到障碍物后,启动步进电机运转两个周期。

元器件清单:一个红外避障模块、两个步进电机、两个步进电机驱动器、杜邦线、面包板。

电路图:步进电机接线图如图 6-8 所示。

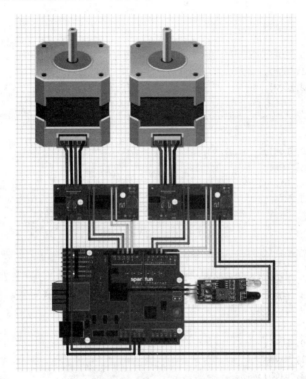

图 6-8 步进电机接线图

相关代码:

```
//设置端口
int Pin0 = 2;
int Pin1 = 3;
int Pin2 = 4;
int Pin3 = 5;                        //电机 1 接端口 2～端口 5
int Pin0f = 6;
int Pin1f = 7;
int Pin2f = 8;
int Pin3f = 9;                       //电机 2 接端口 6～端口 9
const int signal = 10;              //红外模块 out 接 10 口
int _step = 0;
int _step1 = 0;                     //两个电机的步数
boolean dir = true;                 //正转
boolean dirf = false;               //反转
```

```
int stepperSpeed = 3;                        //电机转速,3ms 一步

//四相八拍运行方式,即 A - AB - B - BC - C - CD - D - DA - A
void SteppingmotorDIR()                      //电机 1
{
switch(_step)
{
case 0:
digitalWrite(Pin0, LOW);
digitalWrite(Pin1, LOW);
digitalWrite(Pin2, LOW);
digitalWrite(Pin3, HIGH);
break;
case 1:
digitalWrite(Pin0, LOW);
digitalWrite(Pin1, LOW);
digitalWrite(Pin2, HIGH);
digitalWrite(Pin3, HIGH);
break;
case 2:
digitalWrite(Pin0, LOW);
digitalWrite(Pin1, LOW);
digitalWrite(Pin2, HIGH);
digitalWrite(Pin3, LOW);
break;
case 3:
digitalWrite(Pin0, LOW);
digitalWrite(Pin1, HIGH);
digitalWrite(Pin2, HIGH);
digitalWrite(Pin3, LOW);
break;
case 4:
digitalWrite(Pin0, LOW);
digitalWrite(Pin1, HIGH);
digitalWrite(Pin2, LOW);
digitalWrite(Pin3, LOW);
break;
case 5:
digitalWrite(Pin0, HIGH);
digitalWrite(Pin1, HIGH);
digitalWrite(Pin2, LOW);
digitalWrite(Pin3, LOW);
break;
case 6:
digitalWrite(Pin0, HIGH);
digitalWrite(Pin1, LOW);
digitalWrite(Pin2, LOW);
```

```
digitalWrite(Pin3, LOW);
break;
case 7:
digitalWrite(Pin0, HIGH);
digitalWrite(Pin1, LOW);
digitalWrite(Pin2, LOW);
digitalWrite(Pin3, HIGH);
break;
default:
digitalWrite(Pin0, LOW);
digitalWrite(Pin1, LOW);
digitalWrite(Pin2, LOW);
digitalWrite(Pin3, LOW);
break;
}
}


void SteppingmotorJudgeDIR()              //设置电机1的循环
{
if(dir)
    { _step++; }
else
    {_step -- ;}
if(_step > 7)
    { _step = 0; }
if(_step < 0)
    { _step = 7;   }
delay(stepperSpeed);
}


void loop()
{
bool sig = digitalRead(signal);
if (sig == 0)                            //红外模块感应到障碍物后输出低电平信号
  for(int k = 0;k <= 10;k++)             //可增加电机运行时间
    {
        {  for(int i = 0;i <= 4096;i++)  //电机运行两个循环
         {
             SteppingmotorDIR();
             SteppingmotorDIRF();
             SteppingmotorJudgeDIR();
             SteppingmotorJudgeDIRF();
         }
           delay(1000);
        }
    }
}
```

一个电机的运转使用两个函数实现,函数 SteppingmotorDIR()设定电机四相八拍运行方式,函数 SteppingmotorJudgeDIR()设定电机八个状态循环。如果 sig 输出低电平,则调用四个函数,使两个电机运转两周期。

6.1.4 产品展示

整体外观图如图 6-9 所示,内部结构图如图 6-10 所示。

顶部为蓄水的水箱,其中包括控制水幕图形的步进电机;下方为时钟,以跑马灯的形式动态显示时间;纸箱内部为封装完毕的电路图、Arduino 开发板和电源;底部为积水箱,添加水泵可以实现与顶部供水的连通,实现水的循环利用。

图 6-9　整体外观图

图 6-10　内部结构图

最终演示效果图如图 6-11 所示。从中可以看到显示出的动态数字,水流所在位置不同,形成不同的水幕样式,色彩明艳的灯光和水的交互也形成了较好的视觉效果。

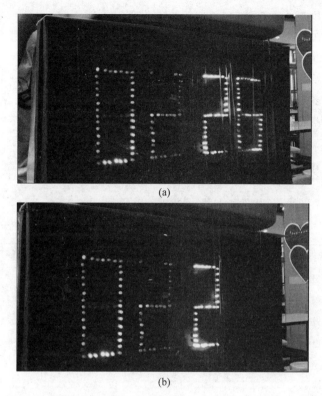

(a)

(b)

图 6-11 最终演示效果图

6.1.5 故障及问题分析

(1)问题:对于时钟模块,最初参考各种资源中的代码,但是发现在应用时,并不符合本项目的使用要求,改动量偏大,而且头文件出现错误。

解决方案:根据了解及掌握的知识,自己编写代码,进行多次调试并解决问题。

(2)问题:时钟模块中,变量要实现分位显示。最初设计通过取余和取整实现,但是,由于变量定义的位置,无法找到合适的解决办法。

解决方案:加入显示函数,更好地掌握数字的变化。找到了自带的取十位、个位的函数,即 rtc. Seconds = bin2bcd_l(seconds); rtc. Seconds10 = bin2bcd_h(seconds)。

(3)问题:尝试参照已有代码,用一个步进电机驱动器驱动两个步进电机同时转动且方向相反的代码,多次编译失败。

解决方案:使用两个步进电机驱动器驱动,减少了代码量,后期可以继续改进。

(4)问题:将步进电机函数和跑马灯函数同时写入 loop 函数后,用 delay 函数设置跑马灯以 2s 间隔亮灭,但电机不能正常工作。

解决方案：由 delay 函数完成的延时改为由步进电机函数的 for 循环实现,循环周期较长。

（5）问题：LED 灯正确连接之后,接通电源发现并不能正常点亮。

解决方案：最初采用的是比较简单的串联式,是电压不足导致,改用了并联的方式连接电路,虽然使得电路变得更加复杂,但是问题解决了。

（6）问题：在实际的连接过程中,即使是并联电路仍然存在亮度不一样的情况。

解决方案：用多根导线分别接入并联电路的不同节点,共同作为电源,类似于将原本 6 个 LED 公用一个电源改为 2 个 LED 或者 3 个 LED 公用一个电源,基本解决了亮度不一的问题。

6.1.6　元器件清单

完成本项目所用到的元器件及其数量如表 6-1 所示。

表 6-1　水幕时钟设计元器件清单

元器件名称	数　量
四种颜色 LED 灯	204
DS1302 时钟模块	1
面包板	8
小面包板	4
Arduino 开发板	4
杜邦线	若干
步进电机	2
步进电机驱动器	2
红外避障模块	1
有机玻璃板	2
ABS 塑料板	6
卡纸	4
纸箱	3
水泵	1
水箱	1

参考文献

[1]　John Boxall. 翁恺,译. 动手玩转 Arduino[M].北京：人民邮电出版社,2014.

[2]　Simon Monk. 刘椮楠,译. Arduino 编程从零开始[M].北京：科学出版社,2013.

[3]　李永华,高英,陈青云. Arduino 软硬件协同设计实战指南[M].北京：清华大学出版社,2015.

6.2　项目 29：智能鱼缸

设计者：云宏达，林贻民，贾辛甜

6.2.1　项目背景

宠物已经成为现代人生活中不可或缺的一部分，为我们带来无尽的乐趣与欢乐。除了小猫和小狗等比较传统的宠物，养鱼也成为调节家居环境，增加生活乐趣的业余爱好。而现代人生活的快节奏注定了无法在业余爱好中投入太多精力，本项目利用 Arduino 开发板，设计制作一款智能鱼缸，以便更加智能地饲养宠物。

6.2.2　创意描述

本项目分析了养鱼的需求之后，将养鱼所需的工作分解，分割为几个模块来实现智能养鱼。将养鱼需求分为调温、喂食、换水等几个模块，分别应用不同的元件来实现。另外，网络已经普及，成为了人民生活中最重要的部分。因此，本项目除了传统的手动开关与自动调节开关，加入了网络控制的环节，以期实现对智能鱼缸实时监测与调控。智能鱼缸可以实现网络控制与半自动调节的功能，具体功能为投食、调温、换水等。

6.2.3　功能及总体设计

要实现预期的目标，需要对调温、喂食、换水等各个模块分别进行设计，以完成相应的功能。另外，如何将网络控制融入项目中也是本项目要解决的问题。

1. 功能介绍

该项目最终实现的功能是：联网控制自动投食、自动换水、自动充入空气；维持鱼缸中水温恒定；一键投食、一键加温。

2. 总体设计

智能鱼缸主要由自动换水模块、投食模块、恒温模块和网络模块四部分组成，能实现保持鱼缸内水温恒定，通过网页控制喂食、换水，把水温、水位等数据上传到网页等功能。

1）整体框架图

项目整体框架图如图 6-12 所示。

2）系统流程图

系统流程图如图 6-13 所示。

3）总电路图

系统总电路图如图 6-14 所示。

3. 模块介绍

该项目主要分为四个模块：恒温模块、投食模块、换水模块和网络模块。

1）恒温模块

功能介绍：通过温湿度传感器 DHT11 实时监测水温并把数据发送给 Arduino 开发板，

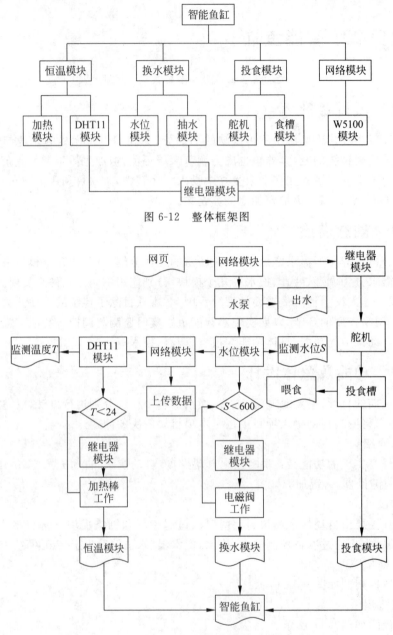

图 6-12　整体框架图

图 6-13　系统流程图

当温度小于 24℃时，Arduino 开发板控制继电器模块导通，加热棒开始工作加温；当温度等于 24℃时，停止加温，实现水温保持恒定。

元器件清单：Arduino 开发板、温湿度传感器 DHT11、继电器模块、面包板、加热棒、杜邦线。

电路图：该模块电路图如图 6-15 所示。

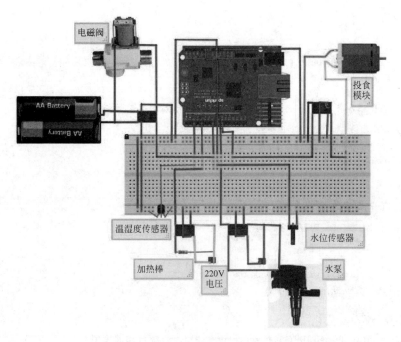

图 6-14 总电路图

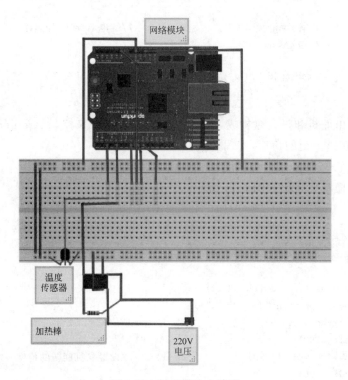

图 6-15 恒温模块电路图

相关代码：

```
#define DHT11PIN 2
int chk = DHT11.read(DHT11PIN);
  switch (chk)
  {
    case DHTLIB_OK:
              Serial.println("OK");
              break;
    case DHTLIB_ERROR_CHECKSUM:
              Serial.println("Checksum error");
              break;
    case DHTLIB_ERROR_TIMEOUT:
              Serial.println("Time out error");
              break;
    default:
              Serial.println("Unknown error");
              break;
  }
  Serial.print("Temperature (℃): ");
  Serial.println((float)DHT11.temperature, 2);        //打印温度值
  if((float)DHT11.temperature<24)                     //比较判断温度是否需要加热
  {
    digitalWrite(jiarebangjd,HIGH);                    //继电器导通,加热棒工作
  }
  else
  digitalWrite(jiarebangjd,LOW);                       //继电器开关断开,加热棒不工作
```

2）投食模块

功能介绍：由舵机和投食盒构成,通过网页或手机 APP 来控制 Arduino 开发板的输出电平,控制舵机转过一定的角度,实现投食。

元器件清单：Arduino 开发板、舵机、继电器模块、面包板、杜邦线。

电路图：该模块电路图如图 6-16 所示。

相关代码：

```
  int duojijd = 2 ;
  if(readString.indexOf("/2?on") > 0)                 //检测开关
      {
          digitalWrite(duojijd, HIGH);
          Serial.println("duojijd On");
          myservo.write(90);
          delay(500);
          myservo.write(-90);                          //设置舵机旋转的角度
          delay(500);
          delay(10000);
```

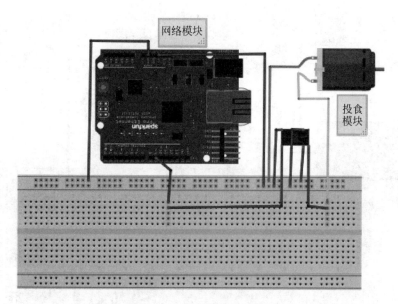

图 6-16　投食模块电路图

```
    }
    //检查收到的信息中是否有"/3?on",有则接通水泵继电器
    if(readString.indexOf("/3?on") > 0)                     //检测打开
        {
            digitalWrite(shuibengjd, HIGH);
            Serial.println("shuibengjd On");
            if(val < 600)
            digitalWrite(shuibengjd, LOW);
        }
    //检查收到的信息中是否有"/2?off",有则关闭舵机继电器
    if(readString.indexOf("/2?off") > 0)                    //检测关闭
        {
            digitalWrite(duojijd, LOW);                     //置低电平
            Serial.println("duojijd Off");
        }
    }
```

3）换水模块

功能介绍：通过网页或者手机 APP 给 Arduino 开发板发送换水指令，相应端口输出高电平，继电器模块导通，水泵开始工作，往外抽水，过滤，水位传感器（雨滴模块）监测水位高低，当到达一定水位，电磁阀开始工作，水泵停止工作，实现换水功能。

元器件清单：Arduino 开发板、水泵、电磁阀、水位传感器、继电器模块、面包板、杜邦线。

电路图：该模块电路图如图 6-17 所示。

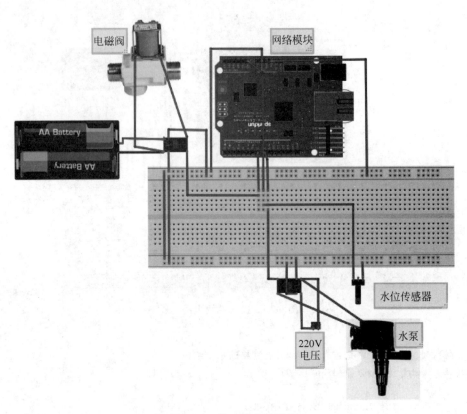

图 6-17　换水模块电路图

相关代码：

```
 val = analogRead(analogPin);                          //读取模拟值送给变量 val
data = val;                                            //变量 val 赋值给变量 data
Serial.println(data);                                  //串口输出变量 data
//检查收到的信息中是否有"/3?on",有则接通水泵继电器
if(readString.indexOf("/3?on") > 0)                    //检测打开
{
     digitalWrite(shuibengjd, HIGH);
     Serial.println("shuibengjd On");
     if(val < 600)
     digitalWrite(shuibengjd,LOW);
}
//检查收到的信息中是否有"/3?off",有则关闭水泵继电器
  if(readString.indexOf("/3?off") > 0)
  {
    digitalWrite(shuibengjd, LOW);
    Serial.println("shuibengjd Off");
  }
```

```
if(val > 600)
    {
        digitalWrite(diancifajd,LOW);
    }
else
    {
        digitalWrite(diancifajd,HIGH);
        if(val > 600)
        digitalWrite(diancifajd,LOW);
    }
```

4）网络模块

功能介绍：通过网页或手机 APP 来控制恒温模块、换水模块、投食模块的功能实现，并且实现把温度传感器收集的数据上传到网页或者 APP 客户端。

元器件清单：Arduino 开发板、W5100 网络模块、加热棒、水泵、电磁阀、水位传感器、继电器模块、面包板、杜邦线等。

电路图：该模块电路图如图 6-18 所示。

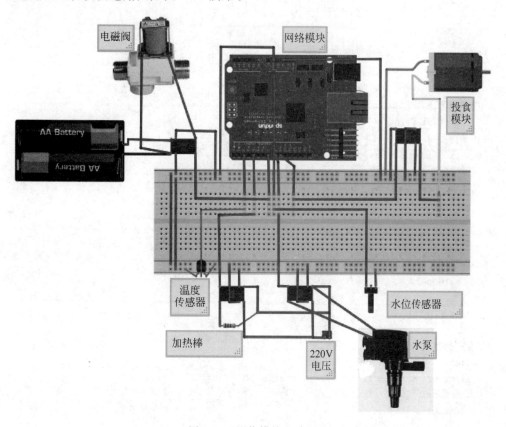

图 6-18　网络模块电路图

相关代码：

```
//检查收到的信息中是否有"/2?on",有则接通舵机继电器
  if(readString.indexOf("/2?on") > 0)
  {
        digitalWrite(duojijd, HIGH);
        Serial.println("duojijd On");
        myservo.write(90);
        delay(500);
        myservo.write(-90);                      //设置舵机旋转的角度
        delay(500);
        delay(10000);
  }
//检查收到的信息中是否有"/3?on",有则接通水泵继电器
  if(readString.indexOf("/3?on") > 0)
  {
        digitalWrite(shuibengjd, HIGH);
        Serial.println("shuibengjd On");
        if(val < 600)
        digitalWrite(shuibengjd,LOW);
  }

//检查收到的信息中是否有"/2?off",有则关闭舵机继电器
    if(readString.indexOf("/2?off") > 0)
    {
      digitalWrite(duojijd, LOW);
      Serial.println("duojijd Off");
    }
//检查收到的信息中是否有"/3?off",有则关闭水泵继电器
    if(readString.indexOf("/3?off") > 0)
    {
      digitalWrite(shuibengjd, LOW);
      Serial.println("shuibengjd Off");
    }
  readString = "";
  }
  delay(60000);
}
void SendHTML()
{
//发送标准的HTTP 响应
  client.println("HTTP/1.1 200 OK");
  client.println("Content-Type: text/html");
  client.println("Connection: close");
  client.println("");
  client.println("<!DOCTYPE HTML>");
  client.println("<html>");
```

```
    client.println("< head >< title > TEST !</title ></head >");

//每 5s 刷新一次
    client.println("< meta http - equiv = \"refresh\" content = \"5\">");
    client.println("< body >");
    client.println("< div style = \"font - size: 30px;\">");
    client.println("water level data: ");              //显示水位值
    client.println(val);                                //将 A0 采集到的模拟值输出
    client.println("temperature data: ");              //显示温度值
    client.println((int)DHT11.temperature);            //将 A0 采集到的模拟值输出
    client.println("< br />");

//2 on 按钮
    client.println("< a href = \"/2?on\" target = \"inlineframe\">
< button > weishi on </button ></a >");
//2 off 按钮
    client.println("< a href = \"/2?off\" target = \"inlineframe\">
< button > weishi off </button ></a >");
    client.println(" ");

//3 on 按钮
    client.println("< a href = \"/3?on\" target = \"inlineframe\">
< button > choushui on </button ></a >");
//3 off 按钮
    client.println("< a href = \"/3?off\" target = \"inlineframe\">
< button > choushui off </button ></a >");
    client.println(" ");
    client.println("< IFRAME name = inlineframe style = \"display:none\" >");
    client.println("</IFRAME >");
    client.println("< br /> ");
    client.println("</body >");
    client.println("</html >");
}
```

6.2.4　产品展示

该项目的整体实物图如图 6-19 所示。

6.2.5　故障及问题分析

（1）问题：无法自由地实现随时联网。

解决方案：通过计算机建立局域网，以 Arduino 接入局域网的方式实现网页端操控。最终也找到了使用互联网的方法，即设置相应的 IP 地址和子网掩码，用网线连接 W5100 和计算机即可。

（2）问题：当实现单个模块功能后，模块放到一起调试时，又出现很多的问题。

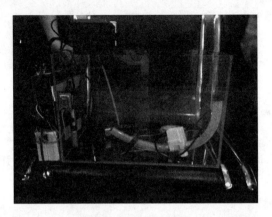

图 6-19   整体实物图

解决方案：逐个程序调试，实现预期的功能，经过反复调试，终于实现了全部功能。

（3）问题：电路的搭建比较复杂。

解决方案：由于需要的导线和电阻数量很多，有一点错误都会导致电路出错，不能正常工作。一定要仔细，重新搭建了几次才成功。

6.2.6   元器件清单

该项目使用的元器件及其数量如表 6-2 所示。

表 6-2   智能鱼缸设计元器件清单

元器件名称	数　　量
舵机	1
水泵	1
电池	8
继电器	4
面包板	1
加热棒	1
电磁阀	1
电池盒	1
杜邦线	若干
雨滴模块	1
Arduino 开发板	1
DHT11 温湿度传感器	1

参考文献

［1］ 程晨. Arduino 开发实战指南（AVR 篇）［M］.北京：机械工业出版社,2012.

［2］ Michael McRoberts. 杨继志,郭敬,译.Arduino 从基础到实践［M］.北京：电子工业出版社,2013.

［3］ 李永华,高英,陈青云.Arduino 软硬件协同设计实战指南［M］.北京：清华大学出版社,2015.

6.3　项目30：音乐天才

设计者：佟见卓，王钰

6.3.1　项目背景

1907年，美国人卡西尔发明第一台用电磁线圈产生音阶的电子琴，电子琴在国外的发展已有上百年的历史。1978年，中国引进了第一台作为研究用的电子琴，到20世纪80年代中期，中国的电子琴蓬勃发展起来，并取得了令国内外音乐界、电子琴界所瞩目的成就。利用电子琴的特殊功能，可以对演奏者进行综合音乐能力的培养，以激发他们从内心对音乐的理解热爱。一旦掌握了这种能力便能发挥自己无穷的创造力，自如地用音乐的语言表达他们内心中的各种感受。

传统电子琴演奏者通过按下键盘上的琴键，实现对应发音。本项目的音乐天才(Music Talent)利用基于压力传感器的触摸模块，以娱乐为目的，不限制演奏者的手势，只需触摸相应位置，即可弹奏出喜爱的乐曲。

6.3.2　创意描述

本项目的创新点如下：

(1) 利用触摸按键实现基本指弹功能。基于压力传感器的触摸模块，摆脱传统电子琴按键的单一形式，在琴的外观上看不到任何琴键，只需触摸相应位置即可发出不同的音调，11个琴键3个八度，让演奏变得高端有趣。

(2) LED跟弹模式。除了传统的指弹功能，为Music Talent置入了四首预置歌曲(根据需要增加)。选择喜欢的歌曲，LED灯即会亮起，按顺序节奏按下所对应的按键，即可弹奏出美妙动听的旋律，让不懂乐理知识和传统电子琴弹奏的音乐爱好者也能实现演奏家的梦想。

(3) 有趣开机音效及显示屏配合。为Music Talent编入了"超级玛丽"开机音效，一开机就有好心情。显示屏清晰大方，并加入了选择的元素。

(4) 电源、电池、充电宝三种充电模式。分别可以使用电源/计算机供电，9V电池供电，还可以使用充电宝充电。随时随地，想弹就弹。

(5) 造型炫酷，灯光柔和。精美外观，红绿交错的灯光，避免了刺眼的白光对眼睛的伤害。

(6) 音量可调节。利用1kΩ电位器与扩音器的连接，旋动按钮即可实现音量调节。无论是在空旷的室外，还是深夜的房间，多大声音，你说了算。

(7) 采用可乐瓶扩音，节能环保。

6.3.3 功能及总体设计

整个项目主要包括触摸按键的设计、LED灯的设计以及显示部分的设计等,在实现基础触摸弹奏的同时,努力让产品更美观、更易于使用。

1. 功能介绍

该产品具有触摸按键的基本指弹功能。基于压力传感器的触摸模块,摆脱传统电子琴按键的单一形式,在琴的外观上看不到任何琴键,只需触摸相应位置即可发出不同的音调。除此之外,产品中置入了四首预置歌曲(可根据需要增加),选择喜欢的歌曲,LED灯即会亮起,按顺序节奏按下所对应的按键,即可弹奏出美妙动听的旋律。

2. 总体设计

要实现上述指弹功能,项目中主要从三部分来进行设计:触摸部分、LED灯部分和显示屏部分。

1) 整体框架图

项目整体框架图如图6-20所示。

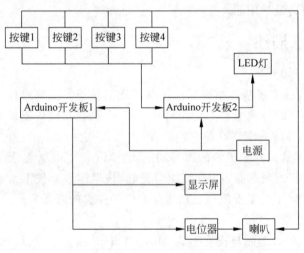

图 6-20　整体框架图

2) 系统流程图

系统流程图如图6-21所示。

3) 总电路图

系统总电路图如图6-22所示。

产品实际上用三块面包板实现:

(1) 实现触摸弹奏功能和显示屏显示功能。触摸模块一脚接面包板最上面一排,为电源。另一脚接面包板第二排,为地线。11个触摸模块的第三个引脚分别接在一块Arduino开发板数字端的2～12口。显示屏四个引脚分别接在地线、模拟+5V、4、5口。

(2) 实现LED灯亮指导跟弹功能。LED灯负极接地,正极通过电阻分别接在另一块

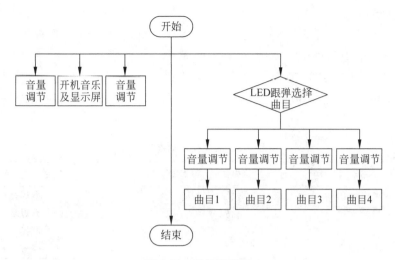

图 6-21　系统流程图

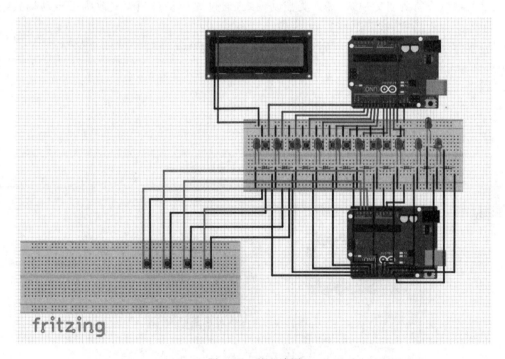

图 6-22　总电路图

Arduino 开发板数字端的 2～12 口。另外四个触摸模块,一脚接面包板最上面一排,为电源;另一脚接面包板第二排,为地线,四个触摸模块的第三个引脚分别接在开发板的模拟端的 2～5 口,实现四首歌曲的选择功能。

(3) 实现喇叭放音功能。因实物器件摆放位置限制,用小面包板,喇叭一脚接地,另一脚通过 1kΩ 电位器接在开发板的数字 13 口,调节电位器即可实现音量控制。

3. 模块介绍

该项目主要分为基于压力传感器的触摸模块、LED灯模块和显示屏模块。

1) 基于压力传感器的触摸模块

功能介绍：有点动和自锁两种模式。自锁模式，按一下输出，再按一下停止输出（输出为高电平或低电平）。点动模式，按下输出，松开停止输出。触摸模块功能选择如表 6-3 所示。

表 6-3　触摸模块功能选择

模　　式	模式配置（T 点）	电平配置（A 点）
点动高电平输出	不焊接	不焊接
自锁高电平输出	焊接	不焊接
点动低电平输出	不焊接	焊接
自锁低电平输出	焊接	焊接

卖家默认发货为自锁模式，需改为点动模式，通过焊接将自锁模式改为了点动模式，实现电子琴的弹奏形式，按下出声。

元器件清单：该模块所使用的元器件及其数量如表 6-4 所示。

表 6-4　基于压力传感器的触摸模块元器件清单

元器件名称	数　　量
触摸模块	11
面包板	1
Arduino 开发板	1
杜邦线	若干

电路图：该模块电路图如图 6-23 所示。

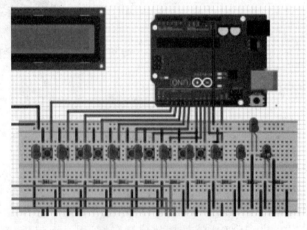

图 6-23　触摸模块电路图

如图 6-23 所示,触摸模块一脚接面包板最上面一排,为电源;另一脚接面包板第二排,为地线。11 个触摸模块的第三个引脚分别接在一块开发板的数字端 2~12 口。

相关代码:

```
//确定电子琴琴键的接口
int ledPin = 13;int capval1;int capval2;int capval3;int capval4;
int capval5;int capval6;int capval7;int capval8;int capval9;int capval10;int capval11;

//定义电子琴音调——把每个音符和频率值对应起来
#define NOTE_D5 392
#define NOTE_D6 440
#define NOTE_D7 494
#define NOTE_DL1 523
#define NOTE_DL2 587
#define NOTE_DL3 659
#define NOTE_DL4 698
#define NOTE_DL5 784
#define NOTE_DL6 880
#define NOTE_DL7 988
#define NOTE_DH1 1046
#define NOTE_DH2 1175
#define NOTE_DH3 1319
#define NOTE_DH4 1397
```

//以上定义是把每个音符和频率值对应起来,后面可以随意编写 D 调的歌曲,这里用 NOTE_D + 数字表示音符,NOTE_DH + 数字表示上面有点的那种音符(高音音符),NOTE_DL + 数字表示下面有点的那种音符(低音音符)。这样后面写起来可以较容易识别。
//定义节拍——根据时间长短分成半拍、一拍、四分之一拍

```
#define WHOLE 1
#define HALF 0.5
#define QUARTER 0.25
#define EIGHTH 0.25
```

//开机音效对应音符和节拍

```
int tune[] =
{
NOTE_DH1,NOTE_DH1,NOTE_D0,NOTE_DH1,NOTE_D0,NOTE_DH1,NOTE_DH2,NOTE_D0,NOTE_DH3,NOTE_DH1,
NOTE_D0,NOTE_D6,NOTE_D5,NOTE_D0,NOTE_D0,
NOTE_DH3,NOTE_DH3,NOTE_D0,NOTE_DH3,NOTE_D0,NOTE_DH1,NOTE_DH3,NOTE_D0,NOTE_DH5,NOTE_D0,
NOTE_D0,NOTE_D5,
};                          //这部分就是整首曲子的音符部分,用了一个序列定义为 tune,整数
float duration[] =
{
1,1,1,1,1,1,1,1,1,1,1,1,1,1,2,
1,1,1,1,1,1,1,1,1,1,2,1,
};   //这部分是整首曲子的节拍部分,也定义序列 duration,浮点(数组的个数和前面音符的个数是
一样的,一一对应)
int length;               //这里定义一个变量,后面用来表示共有多少个音符
```

```
int tonePin = 13;              //蜂鸣器的 pin
```

//设置蜂鸣器的 pin 为输出模式,进入函数主体,调用 tune 函数,进行一些基本修改
```
void setup()
{
  pinMode(ledPin, OUTPUT);  //电子琴
lcd.init();                   //开机音效
lcd.backlight();
lcd.print("Music Talent!"); //LCD 显示信息
pinMode(tonePin,OUTPUT);     //设置蜂鸣器的 pin 为输出模式
length = sizeof(tune)/sizeof(tune[0]);      //查出 tone 序列里有多少个音符
    for(int x = 0;x < length;x++)           //循环音符的次数
  {
    tone(tonePin,tune[x]);                  //此函数依次播放 tune 序列里的数组,即每个音符
    delay(150 * duration[x]);   //每个音符持续的时间,即节拍 duration,调整时间越大曲子速度
越慢,调整时间越小曲子速度越快,自己掌握
    noTone(tonePin);                        //停止当前音符,进入下一音符
  }
```

//采集电压并判断高低电平,按键设置为电动高电平输出,将按键与所对应频率的声音结合,实现基
本的指弹功能
```
void loop ()
{
digitalWrite(ledPin,LOW);
capval1 = readCapacitivePin(2);
capval2 = readCapacitivePin(3);
capval3 = readCapacitivePin(4);
capval4 = readCapacitivePin(5);
capval5 = readCapacitivePin(6);
capval6 = readCapacitivePin(7);
capval7 = readCapacitivePin(8);
capval8 = readCapacitivePin(9);
capval9 = readCapacitivePin(10);
capval10 = readCapacitivePin(11);
capval11 = readCapacitivePin(12);
if (capval1 < 2)
{ tone(ledPin,392,10); }
if (capval2 < 2)
{ tone(ledPin,440,10); }
if (capval3 < 2)
{ tone(ledPin,494,10); }
if (capval4 < 2)
{ tone(ledPin,523,10); }
if (capval5 < 2)
{ tone(ledPin,587,10); }
if (capval6 < 2)
{ tone(ledPin,659,10); }
```

```
if (capval7 < 2)
{ tone(ledPin,698,10); }
if (capval8 < 2)
{ tone(ledPin,784,10); }
if (capval9 < 2)
{ tone(ledPin,880,10); }
if (capval10 < 2)
{ tone(ledPin,988,10); }
if (capval11 < 2)
{ tone(ledPin,1047,10); }
}
uint8_t readCapacitivePin(int pinToMeasure) {
  volatile uint8_t * port;
  volatile uint8_t * ddr;
  volatile uint8_t * pin;
  byte bitmask;
  port = portOutputRegister(digitalPinToPort(pinToMeasure));
  ddr = portModeRegister(digitalPinToPort(pinToMeasure));
  bitmask = digitalPinToBitMask(pinToMeasure);
  pin = portInputRegister(digitalPinToPort(pinToMeasure));
  * port &= ~(bitmask);
  * ddr |= bitmask;delay(1);
  * ddr &= ~(bitmask);
  * port |= bitmask;
uint8_t cycles = 17;
if ( * pin & bitmask) { cycles = 0;}
else if ( * pin & bitmask) { cycles = 1;}
else if ( * pin & bitmask) { cycles = 2;}
else if ( * pin & bitmask) { cycles = 3;}
else if ( * pin & bitmask) { cycles = 4;}
else if ( * pin & bitmask) { cycles = 5;}
else if ( * pin & bitmask) { cycles = 6;}
else if ( * pin & bitmask) { cycles = 7;}
else if ( * pin & bitmask) { cycles = 8;}
else if ( * pin & bitmask) { cycles = 9;}
else if ( * pin & bitmask) { cycles = 10;}
else if ( * pin & bitmask) { cycles = 11;}
else if ( * pin & bitmask) { cycles = 12;}
else if ( * pin & bitmask) { cycles = 13;}
else if ( * pin & bitmask) { cycles = 14;}
else if ( * pin & bitmask) { cycles = 15;}
else if ( * pin & bitmask) { cycles = 16;}
* port &= ~(bitmask);
* ddr |= bitmask;
return cycles;}
```

2）LED 灯模块

功能介绍：除了传统的指弹功能，为音乐天才（Music Talent）置入了四首预置歌曲（还可根据需要增加）。选择喜欢的歌曲，LED 灯即会按照预先编辑的曲谱亮起，按顺序节奏按下所对应的按键，即可弹奏出美妙动听的旋律。

元器件清单：该模块所使用的元器件及其数量如表 6-5 所示。

表 6-5　LED 灯模块元器件清单

元器件名称	数　　量
LED 灯	11
面包板	1
Arduino 开发板	1
220Ω 电阻	11
杜邦线	若干

电路图：该模块电路图如图 6-24 所示。

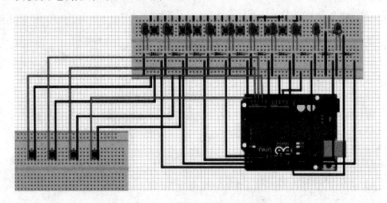

图 6-24　LED 灯模块电路图

相关代码：

```
//设置 LED 灯的接口和引脚
void setup() {

  pinMode(2, OUTPUT);
  pinMode(3, OUTPUT);
  pinMode(4, OUTPUT);
  pinMode(5, OUTPUT);                    //1
  pinMode(6, OUTPUT);
  pinMode(7, OUTPUT);                    //3
  pinMode(8, OUTPUT);
  pinMode(9, OUTPUT);                    //5
  pinMode(10, OUTPUT);
  pinMode(11, OUTPUT);
```

```
  pinMode(12, OUTPUT);
}
//曲库的编辑,并附选择功能
void loop() {
if (analogRead(2)!= 0){
  digitalWrite(7, HIGH);delay(500);digitalWrite(7, LOW);delay(50);
  digitalWrite(7, HIGH);delay(500);digitalWrite(7, LOW);delay(50);
  digitalWrite(8, HIGH);delay(500);digitalWrite(8, LOW);delay(50);
  digitalWrite(9, HIGH);delay(500);digitalWrite(9, LOW);delay(50);
  digitalWrite(9, HIGH);delay(500);digitalWrite(9, LOW);delay(50);
  digitalWrite(8, HIGH);delay(500);digitalWrite(8, LOW);delay(50);
  digitalWrite(7, HIGH);delay(500);digitalWrite(7, LOW);delay(50);
  digitalWrite(6, HIGH);delay(500);digitalWrite(6, LOW);delay(50);
  digitalWrite(5, HIGH);delay(500);digitalWrite(5, LOW);delay(50);
  digitalWrite(5, HIGH);delay(500);digitalWrite(5, LOW);delay(50);
  digitalWrite(6, HIGH);delay(500);digitalWrite(6, LOW);delay(50);
  digitalWrite(7, HIGH);delay(500);digitalWrite(7, LOW);delay(50);
  digitalWrite(7, HIGH);delay(750);digitalWrite(7, LOW);delay(50);
  digitalWrite(6, HIGH);delay(250);digitalWrite(6, LOW);delay(50);
  digitalWrite(6, HIGH);delay(500);digitalWrite(6, LOW);delay(500);
  digitalWrite(7, HIGH);delay(500);digitalWrite(7, LOW);delay(50);
  digitalWrite(7, HIGH);delay(500);digitalWrite(7, LOW);delay(50);
  digitalWrite(8, HIGH);delay(500);digitalWrite(8, LOW);delay(50);
  digitalWrite(9, HIGH);delay(500);digitalWrite(9, LOW);delay(50);
  digitalWrite(9, HIGH);delay(500);digitalWrite(9, LOW);delay(50);
  digitalWrite(8, HIGH);delay(500);digitalWrite(8, LOW);delay(50);
  digitalWrite(7, HIGH);delay(500);digitalWrite(7, LOW);delay(50);
  digitalWrite(6, HIGH);delay(500);digitalWrite(6, LOW);delay(50);
  digitalWrite(5, HIGH);delay(500);digitalWrite(5, LOW);delay(50);
  digitalWrite(5, HIGH);delay(500);digitalWrite(5, LOW);delay(50);
  digitalWrite(6, HIGH);delay(500);digitalWrite(6, LOW);delay(50);
  digitalWrite(7, HIGH);delay(500);digitalWrite(7, LOW);delay(50);
  digitalWrite(6, HIGH);delay(750);digitalWrite(6, LOW);delay(50);
  digitalWrite(5, HIGH);delay(250);digitalWrite(5, LOW);delay(50);
  digitalWrite(5, HIGH);delay(500);digitalWrite(5, LOW);delay(500);
    }
  else if (analogRead(3)!= 0){
  digitalWrite(7, HIGH);delay(800);digitalWrite(7, LOW);delay(50);
  digitalWrite(5, HIGH);delay(800);digitalWrite(5, LOW);delay(50);
  digitalWrite(6, HIGH);delay(800);digitalWrite(6, LOW);delay(50);
  digitalWrite(3, HIGH);delay(800);digitalWrite(3, LOW);delay(50);
  digitalWrite(7, HIGH);delay(400);digitalWrite(7, LOW);delay(50);
  digitalWrite(6, HIGH);delay(400);digitalWrite(6, LOW);delay(50);
  digitalWrite(5, HIGH);delay(400);digitalWrite(5, LOW);delay(50);
  digitalWrite(6, HIGH);delay(400);digitalWrite(6, LOW);delay(50);
  digitalWrite(3, HIGH);delay(800);digitalWrite(3, LOW);delay(400);
  digitalWrite(6, HIGH);delay(400);digitalWrite(6, LOW);delay(50);
```

```
      digitalWrite(5, HIGH);delay(800);digitalWrite(5, LOW);delay(50);
      digitalWrite(6, HIGH);delay(400);digitalWrite(6, LOW);delay(50);
      digitalWrite(7, HIGH);delay(400);digitalWrite(7, LOW);delay(50);
      digitalWrite(6, HIGH);delay(800);digitalWrite(6, LOW);delay(50);
      digitalWrite(2, HIGH);delay(800);digitalWrite(2, LOW);delay(50);
      digitalWrite(3, HIGH);delay(800);digitalWrite(3, LOW);delay(50);
      digitalWrite(3, HIGH);delay(400);digitalWrite(3, LOW);delay(50);
      digitalWrite(5, HIGH);delay(400);digitalWrite(5, LOW);delay(50);
      digitalWrite(3, HIGH);delay(800);digitalWrite(3, LOW);delay(800);
      }
    else if (analogRead(4)!= 0){
      }
    else if (analogRead(5)!= 0){
      }
    else if (analogRead(6)!= 0){
      }
    else if (analogRead(7)!= 0){          //可无限添加曲库中的曲目
      }
  }
```

3）显示屏模块

功能介绍：开机时伴随背景音乐显示"Music Talent"，而后显示"Please choose：1,2，3,4"，代表请演奏者选择一首预置的歌曲。

元器件清单：该模块所使用的元器件及其数量如表 6-6 所示。

表 6-6　显示屏模块元器件清单

元器件名称	数　量
显示屏	1
面包板	1
Arduino 开发板	1
杜邦线	若干

电路图：该模块电路图如图 6-25 所示。

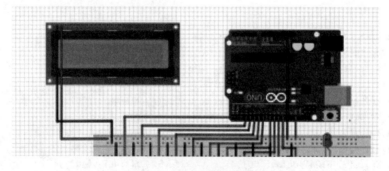

图 6-25　显示屏模块电路图

相关代码：

//显示屏相关头文件、包含的定义以及函数声明，将此代码放在 library 文件夹之下

```
# ifndef LiquidCrystal_I2C_h
# define LiquidCrystal_I2C_h
# include < inttypes.h >
# include "Print.h"
# include < Wire.h >
# define LCD_CLEARDISPLAY 0x01
# define LCD_RETURNHOME 0x02
# define LCD_ENTRYMODESET 0x04
# define LCD_DISPLAYCONTROL 0x08
# define LCD_CURSORSHIFT 0x10
# define LCD_FUNCTIONSET 0x20
# define LCD_SETCGRAMADDR 0x40
# define LCD_SETDDRAMADDR 0x80
# define LCD_ENTRYRIGHT 0x00
# define LCD_ENTRYLEFT 0x02
# define LCD_ENTRYSHIFTINCREMENT 0x01
# define LCD_ENTRYSHIFTDECREMENT 0x00
# define LCD_DISPLAYON 0x04
# define LCD_DISPLAYOFF 0x00
# define LCD_CURSORON 0x02
# define LCD_CURSOROFF 0x00
# define LCD_BLINKON 0x01
# define LCD_BLINKOFF 0x00
# define LCD_DISPLAYMOVE 0x08
# define LCD_CURSORMOVE 0x00
# define LCD_MOVERIGHT 0x04
# define LCD_MOVELEFT 0x00
# define LCD_8BITMODE 0x10
# define LCD_4BITMODE 0x00
# define LCD_2LINE 0x08
# define LCD_1LINE 0x00
# define LCD_5x10DOTS 0x04
# define LCD_5x8DOTS 0x00
# define LCD_BACKLIGHT 0x08
# define LCD_NOBACKLIGHT 0x00
# define En B00000100                    //使能比特
# define Rw B00000010                    //读写比特
# define Rs B00000001                    //注册选择比特

class LiquidCrystal_I2C : public Print {
public:
  LiquidCrystal_I2C(uint8_t lcd_Addr,uint8_t lcd_cols,uint8_t lcd_rows);
```

```
        void begin(uint8_t cols, uint8_t rows, uint8_t charsize = LCD_5x8DOTS );
        void clear();
        void home();
        void noDisplay();
        void display();
        void noBlink();
        void blink();
        void noCursor();
        void cursor();
        void scrollDisplayLeft();
        void scrollDisplayRight();
        void printLeft();
        void printRight();
        void leftToRight();
        void rightToLeft();
        void shiftIncrement();
        void shiftDecrement();
        void noBacklight();
        void backlight();
        void autoscroll();
        void noAutoscroll();
        void createChar(uint8_t, uint8_t[]);
        void setCursor(uint8_t, uint8_t);
# if defined(ARDUINO) &&ARDUINO >= 100
        virtual size_t write(uint8_t);
# else
        virtual void write(uint8_t);
# endif
void command(uint8_t);
void init();
void blink_on();
void blink_off();
void cursor_on();
void cursor_off();
void setBacklight(uint8_t new_val);
void load_custom_character(uint8_t char_num, uint8_t * rows);
void printstr(const char[]);
uint8_t status();
void setContrast(uint8_t new_val);
uint8_t keypad();
void setDelay(int, int);
void on();
void off();
uint8_t init_bargraph(uint8_t graphtype);
void draw_horizontal_graph(uint8_t row, uint8_t column, uint8_t len,   uint8_t pixel_col_
end);
```

```
void draw_vertical_graph(uint8_t row, uint8_t column, uint8_t len,  uint8_t pixel_col_end);
private:
    void init_priv();
    void send(uint8_t, uint8_t);
    void write4bits(uint8_t);
    void expanderWrite(uint8_t);
    void pulseEnable(uint8_t);
    uint8_t _Addr;
    uint8_t _displayfunction;
    uint8_t _displaycontrol;
    uint8_t _displaymode;
    uint8_t _numlines;
    uint8_t _cols;
    uint8_t _rows;
    uint8_t _backlightval;
};
# endif
//显示频的分频代码,显示间隔、显示字体都可调
LiquidCrystal_I2C lcd(0x27,16,2);               //显示屏
    String myString = "Please choose:";
    int a = 1;
    int b = 2;
    int c = 3;
    int d = 4;
    void setup()
    {
    lcd.clear();
    lcd.setCursor(1, 0);
    lcd.print(myString);
    lcd.setCursor(1, 1);
    lcd.print(a);
    lcd.setCursor(6, 1);
    lcd.print(b);
    lcd.setCursor(11, 1);
    lcd.print(c);
    lcd.setCursor(16, 1);
    lcd.print(d);

    }
```

6.3.4　产品展示

整体外观图如图 6-26 所示,基本指弹功能实现图如图 6-27 所示,LED 跟弹功能实现图如图 6-28 所示。

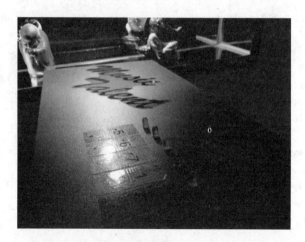

图 6-26　整体外观图

图 6-27　基本指弹功能实现图

图 6-28　LED 跟弹功能实现图

6.3.5 故障及问题分析

(1) 问题：个别琴键未被触摸时会发出声响。

解决方案：这是遇到的最大问题，解决时间在 10h 以上，尝试了各种解决办法，原因是采用 502 胶水使得触摸表面不平整、纸盒表面不平整，用胶带固定时相邻键被粘在一起导致触摸一个影响另一个、触摸模块本身有故障等。最终在表面贴了三层透明胶带使其平整，基本解决了问题。

(2) 问题：显示屏字体不突出/音响声音小。

解决方案：将 3.3V 电源改为 5V 电源接口；电池没电了，换电池或者直接插电。

(3) 问题：由于线路复杂，所用器件、模块、引脚、杜邦线数量较多，运行时常常会互相缠绕产生干扰。

解决方案：通过整理连线，优化结构，合理分配杜邦线颜色得到较好改善。

6.3.6 元器件清单

完成该项目所用元器件及其数量如表 6-7 所示。

表 6-7　音乐天才设计元器件清单

元器件名称	数 量
显示屏	1
面包板	3
Arduino 开发板	2
触摸模块	15
LED 灯	11
喇叭	1
1kΩ 电位器	1
纸盒	1
可乐瓶	1
杜邦线	若干

参考文献

[1] Arduino中文社区. Arduino 示例教程模块版——11、电子琴实验[J/OL]. http://www. Arduino. cn/thread-3272-1-1. html

[2] Arduino中文社区. Arduino 制作电子琴[J/OL]. http://www. Arduino. cn/thread-3020-1-1. html

[3] 百度贴吧. 最基础教程之跟着才子学电子琴[J/OL]. http://tieba. baidu. com/p/2422039108

[4] eDIY. Arduino 与 I2C/TWI LCD1602 模块[J/OL]. http://www. ediy. com. my/index. php/2012-10-21-15-15-03/2013-04-14-05-06-50/item/70-Arduino-i2c-twi-lcd1602-module

[5] 李永华,高英,陈青云. Arduino 软硬件协同设计实战指南[M]. 北京：清华大学出版社,2015.